U0541237

中西老龄伦理比论

A Comparative Study of Chinese and
Western Ethics on Aging

刘喜珍 著

中国社会科学出版社

图书在版编目（CIP）数据

中西老龄伦理比论/刘喜珍著.—北京：中国社会科学出版社，2019.5
ISBN 978－7－5203－4308－4

Ⅰ.①中… Ⅱ.①刘… Ⅲ.①老年学—伦理学—对比研究—中国、西方国家 Ⅳ.①B82－052②C913.6

中国版本图书馆 CIP 数据核字（2019）第 071360 号

出 版 人	赵剑英
责任编辑	朱华彬
责任校对	张爱华
责任印制	王　超

出　　版	中国社会科学出版社
社　　址	北京鼓楼西大街甲 158 号
邮　　编	100720
网　　址	http://www.csspw.cn
发 行 部	010－84083685
门 市 部	010－84029450
经　　销	新华书店及其他书店
印　　刷	北京君升印刷有限公司
装　　订	廊坊市广阳区广增装订厂
版　　次	2019 年 5 月第 1 版
印　　次	2019 年 5 月第 1 次印刷
开　　本	710×1000　1/16
印　　张	19
插　　页	2
字　　数	341 千字
定　　价	88.00 元

凡购买中国社会科学出版社图书，如有质量问题请与本社营销中心联系调换
电话：010－84083683
版权所有　侵权必究

国家社科基金后期资助项目

出版说明

　　后期资助项目是国家社科基金设立的一类重要项目，旨在鼓励广大社科研究者潜心治学，支持基础研究多出优秀成果。它是经过严格评审，从接近完成的科研成果中遴选立项的。为扩大后期资助项目的影响，更好地推动学术发展，促进成果转化，全国哲学社会科学工作办公室按照"统一设计、统一标识、统一版式、形成系列"的总体要求，组织出版国家社科基金后期资助项目成果。

全国哲学社会科学工作办公室

目 录

第一章 比较研究概论 (1)
第一节 比较研究的现状、目的与意义 (1)
一 比较研究的现状 (1)
二 比较研究的目的 (2)
三 比较研究的意义 (3)
第二节 比较研究的内容、视角与方法 (3)
一 比较研究的内容 (3)
二 比较研究的视角 (11)
三 比较研究的方法 (12)

第二章 中西传统伦理比论 (15)
第一节 道德文明的两种摇篮 (17)
一 农耕经济与商业经济 (18)
二 血缘与家国 (22)
三 业缘与城邦 (25)
第二节 家族本位与个人本位 (27)
一 祖先崇拜与传统孝道 (28)
二 家族的基本特征及其尊老伦理探源 (35)
三 家族共有与个人私有 (39)
四 家族利益至上与个体利益至上 (41)
第三节 宗法伦理与契约伦理 (43)
一 人子与公民:身份差异 (43)
二 父权与法权:权利差异 (47)
三 宗法人伦关系与契约人伦关系:人伦结构差异 (53)
四 "父慈""子孝"与平等友爱:代际伦理关系差异 (58)

第三章 中西老龄利益伦理比论 (64)
第一节 利益与利益伦理 (64)
一 客观的"内在的必然性" (65)
二 利益伦理及其主要内容 (66)
第二节 人口老龄化的社会伦理效应 (69)
一 老龄人口赡养比上升 (70)
二 人口老龄化的代际经济效应 (74)
三 代际伦理关系的变化 (78)
第三节 老龄利益伦理的基本原则 (86)
一 权利平等:价值基础原则 (86)
二 制度正义:制度建构原则 (89)
三 帕累托最优:分配优效原则 (94)

第四章 中西老龄制度伦理比论 (99)
第一节 全球化的社会伦理影响 (100)
一 中西方经济合作、政治对话与文化交流不断扩展 (101)
二 老龄伦理问题日益凸显 (102)
第二节 应对人口老龄化的中西制度伦理共识 (103)
一 中西方共同面临的社会伦理问题 (103)
二 中西方共同遵循的底线伦理原则 (104)
第三节 中西老龄制度伦理互补的契合点及其建构特征 (105)
一 中西老龄制度伦理互补的契合点 (106)
二 老年社会福利制度的伦理建构特征 (107)

第五章 中西老龄关怀伦理比论 (112)
第一节 老龄人口生活质量指标体系的伦理优化 (112)
一 老龄人口生活质量指标体系的优化设计 (113)
二 老年道德关怀提出的价值依据及特点 (119)
三 老年道德关怀质量指标的测评 (125)
第二节 中西老龄关怀伦理的差异 (135)
一 崇祖尽孝与敬神博爱:文化根源差异 (135)
二 家庭养老与社会养老:关怀形式差异 (137)
三 德行不朽与回归上帝:终极目标差异 (139)
第三节 三位一体的道德关怀网络 (141)

一　政府善治 ……………………………………………………… (143)
　　二　社区关怀 ……………………………………………………… (148)
　　三　家庭孝养 ……………………………………………………… (150)

第六章　中西老龄健康伦理比论 ………………………………… (159)
第一节　老龄健康公平的影响因素与评价指标 ………………… (159)
　　一　老龄健康公平的内涵 ………………………………………… (160)
　　二　老龄健康公平的影响因素 …………………………………… (161)
　　三　老龄健康公平的评价指标 …………………………………… (162)
第二节　实现老龄健康公平的价值依据与伦理要求 …………… (163)
　　一　健康风险与老龄健康不公平现象 …………………………… (163)
　　二　实现老龄健康公平的价值依据 ……………………………… (172)
　　三　实现老龄健康公平的伦理要求 ……………………………… (173)
第三节　中西老龄社会医疗保障制度的差异 …………………… (180)
　　一　初级老龄社会的美国医疗保障制度 ………………………… (180)
　　二　深度老龄社会的英国、瑞典医疗保障制度 ………………… (181)
　　三　超级老龄社会的德国医疗保障制度 ………………………… (184)
　　四　中国医疗保障制度概况 ……………………………………… (185)

第七章　中西善终伦理比论 ………………………………………… (188)
第一节　向死而生与"向死亡的自由" …………………………… (188)
　　一　向死而生 ……………………………………………………… (189)
　　二　"向死亡的自由" ……………………………………………… (190)
第二节　临终需求与临终关怀 …………………………………… (194)
　　一　老年人的临终需求 …………………………………………… (195)
　　二　老年临终关怀的伦理原则 …………………………………… (197)
第三节　丧葬伦理论 ……………………………………………… (205)
　　一　传统丧葬制度的起源及其社会伦理功能 …………………… (205)
　　二　当前丧葬活动存在的主要问题 ……………………………… (210)
　　三　文明丧葬的伦理要求 ………………………………………… (212)

第八章　全球化视镜下中西老龄伦理优化发展的基本原则 ……… (215)
第一节　基于老年主体论的人本原则 …………………………… (215)
　　一　血亲之爱与神启之情 ………………………………………… (216)

二　老者为尊与弱者优先 ································· (218)
第二节　基于老年权利论的全球正义原则 ····················· (222)
　　一　契约正义与血缘正义 ································· (222)
　　二　全球正义视角下老年权利保障 ························· (225)
第三节　基于老年生存论的国际善政原则 ····················· (228)
　　一　国际善政的含义及其可能性 ··························· (228)
　　二　国际善政与老年贫困人口的生存及发展 ················· (229)

第九章　个案比较评析 ······································· (232)
第一节　孝亲与虐老的道德交锋 ····························· (233)
　　案例一　捐肾救父母的孝子和孝女 ························· (233)
　　案例二　大爱无声的孝老爱亲道德模范 ····················· (236)
　　案例三　虐老法不容　夫妻双获刑 ························· (239)
　　评析 ··· (240)
第二节　社会养老保障：老人的守护神 ······················· (242)
　　案例一　一位美国老人的退休生活 ························· (242)
　　案例二　瑞典老人的"三乐" ······························ (243)
　　案例三　贫困村的老人 ··································· (243)
　　评析 ··· (245)
第三节　"道德银行""万能保姆"与护理保险 ················· (247)
　　案例一　"道德银行" ···································· (248)
　　案例二　"万能保姆"安康通 ······························ (250)
　　案例三　德国的老人中心"勒沃库森市" ···················· (251)
　　评析 ··· (254)
第四节　安全之地还是恐怖之狱 ····························· (258)
　　案例一　"被"住进养老院的老人 ·························· (259)
　　案例二　逃离敬老院 ····································· (260)
　　案例三　四季常青的养老院 ······························· (261)
　　案例四　亚利桑那州的太阳城 ····························· (261)
　　评析 ··· (262)
第五节　安乐死的伦理抉择 ································· (268)
　　案例一　孝子购农药助母安乐死 ··························· (269)
　　案例二　杀你皆因爱你 ··································· (270)
　　案例三　携手尊严死亡 ··································· (270)

  评析 ………………………………………………………………（271）
第六节 回归自然的生态殡葬 ……………………………………（274）
  案例一 92岁老人丧事从简 …………………………………（274）
  案例二 数百万元的"豪华葬礼" ……………………………（275）
  评析 ………………………………………………………………（275）

主要参考文献 ……………………………………………………………（282）

后 记 ……………………………………………………………………（293）

第一章 比较研究概论

第一节 比较研究的现状、目的与意义

一 比较研究的现状

以英国、瑞典、德国等为代表的西方发达资本主义国家于20世纪50年代进入老龄社会,我国于2000年左右跨入老龄社会。第六次全国人口普查资料显示,截至2010年11月1日零时,全国总人口为1370536875人。60岁及以上人口为177648705人,占全国总人口的13.26%;其中65岁及以上人口为118831709人,占全国人口总数的8.87%。60岁及以上人口的比重比2000年人口普查时上升2.93个百分点,65岁及以上人口的比重比2000年人口普查时上升1.91个百分点。[①]截至2017年底,我国60岁及以上老年人口2.41亿人,占总人口17.3%。从1999年2017年的18年间,老年人口净增1.1亿。中国社会科学院财政与贸易经济研究所在《中国财政政策报告2010/2011》中指出,至2030年,我国65岁及以上人口占比将超过日本,届时成为全球人口老龄程度最高的国家;至2050年,我国将进入深度老龄化阶段。[②]

人口老龄化所带来的不仅是经济挑战,还带来了一系列社会伦理问题。在应对人口老龄化挑战和解决相关老龄化社会问题的过程中,中西方正在改变过去采取单一化经济手段或人口策略的思路,力图从社会伦理视角重新审视老龄社会及其老龄问题。人口结构老龄化视镜下的老龄伦理问题成为近年来伦理学界研究的一个重要课题,也是全社会共同关

[①] 《2010年第六次全国人口普查主要数据公报(第1号)》,凤凰网(http://news.ifeng.com/mainland/detail_ 2011_ 04/28/6037911_ 0. shtml)。

[②] 社科院:《2030年中国将成老龄化程度最高国家》,中国网(http://www.china.com.cn/aboutchina/zhuanti/zgrk/2011 - 05/30/content_ 22668179. htm)。

注的焦点。

关于老龄伦理问题的研究，学界已取得一系列成果，主要集中在代际伦理、老龄道德、孝文化、老年再婚以及临终关怀等方面。老龄伦理的中西比较研究刚刚起步，尚未形成系统性的研究成果。本书在借鉴学界相关研究成果的基础上，立足老龄社会背景下的中西老龄伦理现状，对中西老龄伦理的差异性、互补性及其优化发展路径做一初步探讨。中西老龄伦理比论是以中西方共同应对人口结构老龄化的客观需要为出发点，以中西传统伦理差异以及"未富先老"与"先富后老"的国情差异为基础，集中围绕老龄利益伦理、老龄制度伦理、老龄关怀伦理、老龄健康伦理以及善终伦理，并结合相关典型案例评析，对老龄伦理问题所进行的一种跨文化的比较研究。

黄建中在《比较伦理学》中分析了"中西道德之异同"，为探讨中西传统伦理的差异性提供了理论参考。肖群忠在《孝与中国文化》中论述了"孝与友爱：中西亲子关系之差异"；李桂梅在《中西家庭伦理比较研究》中阐述了"养老方式的不同：中西子女之爱"以及"中西亲子伦理的不同问题及对策"。这两本著作主要从中西亲子关系的差异性这一角度对相关老龄伦理问题进行比较分析，为中西老龄伦理的比较研究提供了有益参考。此外，中西文化比较研究的其他相关著作与论文也为本书提供了丰富的参考素材。

二 比较研究的目的

本书立足于家族本位与个人本位的价值观念差异、宗法伦理与契约伦理的传统伦理属性差异以及"未富先老"与"先富后老"的现实国情差异，重点围绕老龄利益伦理、老龄制度伦理、老龄关怀伦理、老龄健康伦理以及善终伦理进行中西比较研究，并通过典型个案评析，为中西老龄伦理的互补与优化提出具有操作性的社会伦理方案，并为全球化视镜下中西老龄伦理文化的融合互渗及发展共赢提供具体的社会伦理实践路径。

比较研究的目的主要有以下两个方面。第一，为中西老龄伦理文化的交流互鉴及其共同发展搭建一个理论平台，并探究具体的实践路径。第二，为积极应对人口老龄化挑战，实现中国社会老龄伦理制度优化，提出具有操作性的社会伦理方案与制度伦理设计建议。

三 比较研究的意义

通过挖掘中西传统伦理差异及其与老龄伦理的相关性,并以老龄利益伦理、老龄制度伦理、老龄关怀伦理、老龄健康伦理以及善终伦理为焦点,对中西老龄伦理进行系统的比较研究,将丰富中西伦理比较研究的内容,对老年伦理学的发展起到积极的推动作用,具有十分重要的理论价值。

实际应用价值主要体现在以下三个方面。第一,为实现中国社会老龄伦理的制度优化,积极应对人口老龄化挑战,提供一些具体可行的社会伦理实践方案。第二,对改善老龄民生、提高老龄人口生活质量,并以代际伦理关系的和谐发展推进社会主义和谐社会建设,具有重要的现实意义。第三,随着人口结构老龄化从发达国家向发展中国家的扩展,老龄伦理问题越来越成为一个全球性问题。进行中西老龄伦理的比较研究,旨在为解决老龄化国家的老龄社会伦理问题提供具有一定参考价值的伦理方案;同时,为中西老龄伦理文化的融合互补及其制度优化提出相关伦理原则以及具体的实践路径。

第二节 比较研究的内容、视角与方法

一 比较研究的内容

老龄伦理的核心问题是如何通过老龄利益伦理规制、老龄制度伦理建构、老龄道德关怀的有效实施、老龄健康伦理支持体系的优化以及圆德善终,来切实提升老龄人口的生活质量。由此,老龄利益伦理、老龄制度伦理、老龄关怀伦理、老龄健康伦理、善终伦理构成了老龄伦理的核心,老龄权利保障、老龄制度正义、老龄道德关怀网络的建构、老龄健康公平以及善终"优死"成为破解老龄社会伦理问题的关键。本书在分析中西传统伦理差异及其与老龄伦理相关性的基础之上,重点围绕上述五个方面进行比较研究,并通过典型个案评析,挖掘中西老龄伦理的差异性与互补性;同时,对中西老龄伦理文化的相融互鉴及其制度优化加以探究。具体内容拟从以下八个部分展开:

第一部分,中西传统伦理比论。主要研究中西传统伦理的差异性及其与老龄伦理的相关性。中西传统伦理的差异性主要体现为家族本位与个人

本位的价值观念不同、宗法伦理与契约伦理的伦理属性不同。封闭的地理环境与开放的地理环境是孕育中西两种不同道德文明的摇篮，也是造成中西方传统伦理差异性的自然因素。封闭的地理环境与发达的水系资源培育了华夏的农耕文明；开放的地理环境与优越的海洋资源则催生了古希腊的商业文明。农耕文明以血缘为纽带，形成的是家国一体的社会政治结构；商业文明以业缘为基础，建立的是家国分离的城邦制国家。农耕经济与商业经济的经济基础的不同以及由此产生的社会政治结构的差异，正是造成家族本位与个人本位的价值观差异的根本原因。家族本位的价值观注重家族整体利益，这是因为农耕经济以家庭为生产单位、以家族为基层社群，个人没有独立的私有财产，只有依靠家族的共同财产，个人才能生存下去；也只有坚持家族利益至上，才能保证整个家族绵续不绝、族业兴盛不衰，并由此实现以家统国的社会政治伦理目标。个人本位的价值观强调个体利益至上，这与古希腊城邦以契约关系解构血缘关系、以法权取代王权的历史变革密切相关。

农耕经济与商业经济的经济生产形式差异，血缘与业缘的社会建构基础不同，家国一体与家国分离的社会政治结构的区分，家族共有与个人私有的财产关系差异，以及家族利益至上与个人利益至上的价值取向不同，分别是产生宗法伦理与契约伦理及其差异性的经济根源、血脉根源、价值根源。宗法伦理与契约伦理的差异性主要体现在四个方面：人子与公民的身份差异；父权与法权的权利差异；宗法人伦关系与契约人伦关系的人伦结构差异；"父慈""子孝"与平等友爱的代际伦理关系差异。上述差异对现代中西方老龄伦理的差异性及其互补性产生了深远的影响，主要体现在以下三个方面。

一是形成了不同的代际伦理互动模式。正义是现代社会制度伦理建构的根本价值依据，是代际互动的核心伦理精神。代际公正的有效实现以代际平等、代际互惠、代际补偿为主要理念。由于家庭养老在我国长期存在，且目前在农村仍然占主导地位，因而，"反哺"模式是当前我国主要的代际伦理互动模式。它体现了代际间抚育与赡养的双向伦理互动，其实质是基于孝道伦理的家庭内代际互惠。个人本位的价值观与契约伦理对现代西方"接力式"代际伦理互动模式的形成产生了直接影响，其实质是基于契约伦理的社会性代际互惠。

二是形成了家庭道德关怀与社会道德关怀的场域差异。由于传统的农耕经济生产形式、家族本位的价值观念以及宗法人伦结构的影响，我国自宗法社会至今，家庭都是老龄道德关怀的主要场域，孝亲养老是子代义不容辞的道德义务与法律责任。它一方面强化了子代对父母的孝养责任，促进了抚育与赡养的良性代际伦理互动；另一方面，基于孝道的家庭道德关怀在一定程度上却是当代中国社会养老保障制度不健全乃至产生制度性缺陷的肇因之一。相反，在古希腊城邦时期，由于契约关系摧毁了原始的氏族血缘关系，法权取代了父权与王权，血缘关系不再是个体依存的主要社会关系，以法权为基础的契约关系成为个体最为重要的社会关系。由此，契约伦理成为古希腊城邦时期一切伦理关系的核心，代际关系的实质是契约关系。所以，养老并非子代的法定义务，也就不可能形成家庭养老模式，而这却为现代西方社会养老保障制度的建立与发展以及老龄道德关怀的制度伦理建构做了坚实的历史铺垫。

三是各具特色的中西传统伦理文化成为现代中西老龄伦理文化发展并形成自身道德特色的血脉根源，其差异性则是现代中西老龄伦理文化互补与融合的历史文化基因，它们为中西老龄伦理的制度优化提供了极具参考价值的道德文化资源。

第二部分，中西老龄利益伦理比论。每一个社会的经济关系首先是作为利益表现出来的，利益是道德的基础。利益就是需要的满足，需要既有客观性，也有主观性，由此，利益具有主客一体性。利益是主体的内在需求与外部客观条件相统一所达到的一种自足的生活状态。"未富先老"是我国老龄化社会的基本国情，加之社会转型与全球经济一体化的影响，当前中国社会的利益关系变得错综复杂，代际利益关系成为社会利益关系的一个重要方面。老龄利益伦理的研究正是着眼于现实的代际利益矛盾，以老年一代与年轻一代及未来代之间的实际利益需求为切入点，以最大限度地满足各代的正当利益诉求为目的。老龄利益伦理就是关于有效调整代际利益关系、化解代际利益矛盾的伦理原则及其制度伦理建构模式的总和，主要包括代际利益冲突及伦理规制两个方面。

我国于 2000 年左右进入老龄化社会，人口结构老龄化产生了一系列深远的社会影响，它就像一把双刃剑，既带来了"人口红利"，也产生了一些需要引起高度关注的社会伦理问题。目前，一些西方发达国家和包括中国在内的部分发展中国家正处于顶部老龄化时期，社会养老保障、国民收入再分配、物质资源代际配置以及消费与积累的平衡等问题随着老龄人口的规模增长以及老龄人口比例上升已经或正在凸显出来，甚至在一定程度上带来了一些消极的社会经济影响。第一，随着老龄人口赡养率的上升，社会养老负担逐渐加重。同时，由于现阶段我国劳动年龄人口进入负增长，少儿抚养比和老年抚养比出现了双增长，因此，未来一段时间内劳动力资源供给短缺，社会发展动力不足。第二，国民收入分配与物质资源配置在一定范围内出现代际不均衡。第三，代际伦理关系发生新变化。这些问题涉及的核心范畴就是利益及利益伦理，而代际利益伦理是重中之重。如何通过公正的社会制度伦理建构有效化解代际利益冲突，是积极应对人口老龄化和破解老龄社会伦理问题的关键。

利益伦理与国民收入分配密切相关，国民收入分配包括初次分配和再分配，当下劳动者主要参与初次分配，老年群体主要参与国民收入再分配即二次分配。中西方在这一点上基本相同，这就从宏观上决定了中西方老龄利益伦理基本原则具有相对的一致性，当然其侧重点具有一定的差异性。权利平等是老龄利益伦理的价值基础原则，是一切分配制度由以达到正义目标的价值之源。制度正义是老龄利益伦理的制度建构原则，包括制度设计正义与制度实施正义。从帕累托改进到帕累托最优是老龄利益伦理的分配优效原则，是国民收入再分配的一种理想状态。

第三部分，中西老龄制度伦理比论。人口结构老龄化视镜下基于道德共识的中西制度伦理互补是老龄制度伦理的中心议题。老龄制度伦理的研究既要立足中西方现实国情差异和老龄伦理的现状，又要从全球化视野对中西两制的异同加以比较。以最低限度的道德共识为基础，探寻中西老龄制度伦理相融互补的契合点，是优化中西社会制度和破解老龄社会伦理问题的有效途径。中西老龄制度伦理的比较研究具体包括以下三个方面的内容。

其一，全球化的社会伦理影响。全球化包括各国之间经济领域的合作共赢、政治领域的协商对话以及文化领域的融合互渗，这是一种横向的全球化。人口结构老龄化则是一种纵向的全球化，其纵向性体现为个体的老龄化与社会的老龄化两个方面。全球化尤其是人口结构老龄化的共同背景决定了中西方面临着许多共同的社会问题，老龄社会伦理问题就是其中之一。如何有效地解决老龄社会伦理问题，积极应对人口老龄化地挑战，并通过相应的社会制度伦理建构来进一步提高老龄人口的生活质量，不仅是当前我国亟待解决的重大民生问题与社会发展的瓶颈问题，也是西方老龄型发达国家亟须破解的一个社会难题。

其二，应对人口老龄化的中西制度伦理的共识。中西方在达成最低限度道德共识的基础上，探寻一种异中求同、优势互补的制度伦理，成为优化中西社会制度、破解老龄社会伦理问题的现实需要与有效途径。代际公正是全球正义在人口结构老龄化背景下的具体要求，它既是中西方应对人口老龄化挑战的制度伦理共识和全球制度文明发展的共同价值基点，也是立足于全球化时代的人类公共理性与全球正义这一共享性价值观念的普遍伦理准则。

其三，中西老龄制度伦理的差异及其契合点。中西方在经济制度、政治制度与文化制度上均存在巨大差异，而中西老龄制度伦理的互补性恰恰也存在于其差异性之中。公平与效率的优先等级不同是中西老龄制度伦理的主要差异。社会福利制度不仅是西方发达资本主义国家自由市场经济制度的重要组成部分，也是中国特色社会主义市场经济体制的基本构成要素。进一步健全和完善以社会养老保障与医疗保障为重点的社会福利制度是当代中国社会的重要发展目标之一。由此，社会福利制度建设及其发展成为中西老龄制度伦理互补的一个契合点。基于底线公平与老龄民生幸福的社会福利制度具有以下三个基本特征：全民普享、权利差等；公平至上、弱者优先；政府主导、责任共担。

第四部分，中西老龄关怀伦理比论。老龄关怀伦理主要包括两个方面的内容。一是以老龄群体为核心的代际伦理互动关系。它具体包括以下三层伦理关系：宏观社会层面，老年一代与年轻一代以及未来代之间的社会伦理关系；中观家庭层面，父母与子代之间的家庭伦理关系；微观个体层面，老年人自身内在的个体伦理关系。二是以老龄群体为关怀受众、以道德关怀为实践方式的主体道德活动与社会制度伦理建构。利益是一切社会关系的基础。"人们为之奋斗的一切，都同他们的利益有关"[①]。代际伦理关系的实质是代际利益关系，国民收入分配与社会资源配置的不均衡以及由此产生的利益偏差是产生代际利益冲突的根本原因，代际利益矛盾及其伦理规制是关怀伦理由以产生的经济根源与社会伦理依据。由于老年群体的生理弱势性及其社会地位的边缘化，他们在利益分配过程中往往是获利较少者。因此，通过实施老龄道德关怀并进行相应的制度伦理建构来合理调整国民收入分配，完善社会资源配置，进一步促进代际伦理关系良性循环，由此提升老龄人口整体生活质量，是人口结构老龄化背景下中西方所共同面临的社会伦理课题。关怀伦理是代际伦理关系与道德关怀实践的有机统一，其现实途径是老龄道德关怀网络的建构。老龄关怀伦理的具体研究内容由以下三个方面构成。

其一，老龄人口生活质量指标体系的伦理考察。老龄关怀伦理以提升老龄人口生活质量为宗旨，立足于老龄人口生活质量指标体系的伦理考察。整合并优化现有的生活质量指标体系，凸显"道德关怀"这一隐性

---

① 《马克思恩格斯全集》第一卷，人民出版社1995年版，第187页。

要素，并将"道德关怀质量指标"作为一项独立的一级指标纳入老龄人口生活质量指标体系，将使原有的生活质量指标体系更加完善，这对于全面提升老龄人口生活质量必将产生积极的社会伦理推动作用。

其二，中西老龄关怀伦理的差异。主要体现在三个方面：崇祖尽孝与敬神博爱的文化根源差异；家庭孝养与社会养老的关怀形式差异；德行不朽与回归上帝的终极目标差异。家族本位与个人本位的价值观差异、宗法伦理与契约伦理的传统伦理差异以及"未富先老"与"先富后老"的现实国情差异，分别是造成中西老龄关怀伦理差异性的历史根源与现实原因。中西老龄关怀伦理既存在差异性，又具有一定的互补性，在全球经济一体化与人口结构老龄化的共同背景之下，随着居家养老在我国的逐步推广与不断完善，二者将在融合互补中趋同。

其三，老龄道德关怀网络的建构。作为一种主体多元、层次多样、利益共赢的社会道德实践，老龄道德关怀及其制度伦理建构是一项极为复杂的社会伦理系统工程。从伦理互动关系看，它是一个以老龄群体为核心，由子女与亲友、邻里与社区、政府与社会有机构成的道德关怀同心圆。政府善治是实现国民收入分配的帕累托最优配置的制度伦理基石；社区关怀是改善老龄人口民生的有效途径；家庭孝养是老龄道德关怀的重要形式。由此，政府善治、社区关怀、家庭孝养构成了"三位一体"的道德关怀网络。

第五部分，中西老龄健康伦理比论。老龄健康伦理是维护老年人生命健康的伦理原则与实践方式的统一。《维也纳国际老龄行动计划》指出，各国应该"严肃地认识到，生活素质的重要性并不亚于长寿，因此应当尽可能地让老年人能够在自己的家庭和社会，享受一种被珍视为社会整体一部分的充实、健康、有保障和令人心满意足的生活。"[1] 健康状况是决定老年人口生活质量的重要砝码，健康老龄化是老龄社会的发展目标。长寿、康乐、幸福是老龄健康伦理的三个基本原则。它的实现需要三个方面的保障：一是老年医疗保障与为老健康服务相统一，这是政府的重要职能，是宏观领域的老年健康伦理保障；二是社区健康支持与家庭健康关怀相结合，这是中观领域的老年健康伦理保障；三是身、心健康相一致，这是老年个体自身的健康要求与道德体认，是微观领域的老年健康伦理保障。

---

[1] 参见全国老龄工作委员会办公室编《国外涉老政策概览》，华龄出版社2010年版，第232页。

西方发达国家的老年医疗保障制度与老年健康支持体系现已较为完善，与之相比，我国存在较大的差距。当前，我国在老龄健康公平建设方面需要进一步完善老年医疗保障制度，健全老年健康支持体系，逐步加大政府对老年人口的医疗卫生资源投入，提高社区为老健康服务能力与家庭老年病残照护的专业水平，加快发展老龄健康服务产业。

第六部分，中西善终伦理比论。善终伦理是由对死亡的道德领悟而真切地把握生命整体过程，并以临终关怀与安乐死的伦理抉择以及文明丧葬来实现"优死"的生命伦理实践。"向死而生""死而后生"是中国传统伦理思想关于死亡的生存伦理，对此，儒家、道家、佛家各有不同的实践路径。古希腊时期的朴素唯物主义者坚持"向死亡的自由"。中世纪基督教神学的复活论为信徒提供了一种信仰层面的死亡终极关怀。在现代西方哲学中，海德格尔（Martin Heidegger）将"本真地为死而在"作为每个人此生此在的确定状态，并认为"向死的自由"① 就是在死亡的不可逾越之境中实现主体自身的自由。"向死而生"与"向死亡的自由"在一定程度上彰显出中西善终伦理的差异性。

尊重原则、舒适照护原则和消减痛苦原则是老年临终关怀的三个伦理原则。目前，安乐死在西方部分发达国家已经合法化；而在中国内地尚未合法化，一部分人由此陷入安乐死的伦理抉择困境。

当前，丧葬活动存在的主要问题有：坟墓占用了一定数量的耕地，薄养厚葬、赎洗心债、借尸还魂、迷信复燃。慎终追远、回归自然、尚俭适宜是文明丧葬的伦理要求。

第七部分，全球化视镜下中西老龄伦理优化发展的基本原则。主要有基于老年主体论的人本原则、基于老年权利论的全球正义原则和基于老年生存论的国际善政原则。人本思想是中西方老龄伦理文化孕生的共同道德源点，故而人本原则成为中西方老龄伦理文化融合互补和优化发展的首要原则。基于老年主体论的人本原则强调老者为尊、弱者优先。基于老年权利论的全球正义原则具体包含以下两个层面的内容：国家层面老年主体的权利保障，特别是老龄型国家老年人的权利保障；国际视野下老年群体的普遍权利主张及其实现。基于老年生存论的国际善政是指发展程度不同的国家立足老龄人口生存现状，并重点关注老年贫困人口，通过国际人道主义援助、资源跨国流转与国际共享等方式，将老年社会关怀由本国辐射到

---

① [德]马丁·海德格尔：《存在与时间》，陈映嘉、王庆节译，生活·读书·新知三联书店1987年版，第306页。

他国以至全球，逐步提高全球老年人口生活质量，最大限度地消除国际老年贫困现象，推进全球代际正义。

第八部分，个案比较评析。主要从家庭伦理与社会伦理两个层面选取相关典型案例，并对之进行伦理评析。从家庭伦理角度看，老龄伦理问题主要包括家庭内部老年一代对子女的抚育和关爱，以及子代对老年父母的赡养和照护。田世国捐肾救母、曹于亚捐肾救父，以骨血生命传续着孝道伦理美德；年近九旬的陈九，半个世纪以来，用善良与母爱温暖着有三个残疾男人的"四口之家"；王冬梅，二十多年来毫无怨言地照料瘫痪养父与高龄婆婆；孟佩杰，一位"90后"女大学生，从八岁开始就一人挑起了照料养母的重担，养母只照顾她三年，她却要照顾养母一辈子。他们用至善谱写感人至深的故事，用无声的大爱传扬孝老爱亲的伦理美德，是当之无愧的道德模范。然而，在现实生活中不孝养甚至虐待父母长辈的情况亦非少见。"孝亲与虐老的道德交锋"映射了当前人们对于孝养的两种截然相反的态度。

社会伦理层面的案例评析，围绕老龄阶段的主要事件，分别从生、养、死、葬四个方面列示典型案例或相关活动与现象，并加以评析。社会养老保障是政府通过国民收入再分配来保障老龄人口的基本生存需求并不断提升其生活质量的制度伦理机制，是幸福晚年的守护神。"道德银行"是一种建立在自愿自为与互助互利基础之上的社会道德实践模式。助老呼叫关爱系统以灵活、及时、快捷的服务方式减少了老龄人口的病亡风险，为老龄道德关怀提供了技术伦理支持。护理保险为解决老龄人口的长期照护问题提供了具有法律效力的风险防范制度保障。以德国老人中心沃勒库森市为典范的德国护理保险实践与老年护理模式为我国拓展老年护理保险市场提供了有益的参考，也为老年护理伦理的研究与实践提供了可资借鉴的范例。养老院究竟是安全之地还是恐怖之狱，不仅要看它是否有齐备的硬件设施，还要看其能否满足老年人的精神心理需求。北京的四季青敬老院与美国亚利桑那州的太阳城分别是中西方老龄人口颐养天年的养老机构典型代表。让人感到心寒的敬老院，老人们只能选择逃离。

安乐死与丧葬活动都涉及临终关怀，目前中西方在安乐死的立法与实践上存在较大的差异。中国首例安乐死案昭示了安乐死的立法空缺使人们在面临安乐死的伦理抉择时，处于生死两难的伦理困境。台湾八旬老人为结束病妻痛苦将其钉死而获刑九年的事件，在台湾激起轩然大波，此案对于安乐死在台湾的立法起到了一定的助推作用。八十五岁的英国著名指挥家爱德华·唐斯（Edward Douns）与七十四岁妻子携手尊严死亡，虽是凄美,却无痛无憾。厚葬与节葬的强烈反差在一定程度上反映出人们对于丧葬文明两种不同的道德态度。儒家传统的丧葬礼制以孝道为伦理根基,主张敬哀与适宜,而非厚葬与繁缛的礼数。生态殡葬、回归自然、网上祭奠、追思承志,打破殡葬垄断、抑制"被厚葬",尊重传统、因地制宜,是文明丧葬的伦理要求。

二 比较研究的视角

本书拟从纵横两维视角对中西老龄伦理进行比较研究。"中西传统伦理的差异性"主要从纵向视角进行探讨。"传统"是一种时间阈限。大体来说,中国传统伦理思想是指从殷周至鸦片战争以前的古代伦理思想;西方传统伦理思想主要是指古希腊罗马奴隶制时代的伦理思想以及欧洲中世纪封建社会的伦理思想。中西传统伦理的差异性分析就是紧紧围绕老龄伦理这一核心问题,对先秦时期、秦汉至明清时期中国古代社会的伦理思想与古希腊罗马奴隶制时代以及欧洲中世纪的伦理思想所进行的跨时空、跨地域比较研究。本书从经济基础决定上层建筑的历史唯物主义出发,围绕道德与利益的关系这一伦理学的根本问题,从农耕经济与商业经济的经济形式差异、家族本位与个人本位的价值观念差异、宗法伦理与契约伦理的伦理属性差异三个方面,对中西传统伦理的差异性及与老龄伦理的相关性展开研究。

"中西老龄利益伦理比论"采用的是横向视角,从宏观上分析了人口结构老龄化的社会伦理影响,在此基础上提出老龄利益伦理的三个基本原则,即权利平等、制度正义、分配优效。

"中西老龄制度伦理比论"主要采用横向视角。它立足于全球化与人口结构老龄化这一中西共同的社会背景,从全球化的社会伦理影响、应对人口老龄化的道德共识以及中西制度伦理互补的契合点三个方面进行制度伦理的比较研究。在探寻最低限度道德共识的基础上,以基于底线公平与老龄民生幸福的社会福利制度为契合点,为中西老龄制度伦理的相融互补及其共同优化提出相关社会伦理对策,并为中西老龄制度伦理文化的交流与共同发展设计了可行的实践路径。

"中西老龄关怀伦理比论"主要是一种横向视角的研究。它以老龄人口生活质量指标体系的伦理优化设计为基础,以横向性异比为主,阐释老龄关怀伦理的中西三维差异性。同时,构建基于"互联网+"的政府善治、社区关怀、家庭孝养"三位一体"的老龄道德关怀网络。

"中西老龄健康伦理比论"采用纵横交叉视角进行比较研究。老龄健康伦理是指与老龄人口健康有关的社会伦理问题以及解决这些问题所应遵循的伦理原则及其具体道德规范的总称。健康公平是健康机会公平与健康结果公平的有机统一。关于健康公平的影响因素与评价指标、实现老龄健康公平的价值依据与伦理要求这几个方面的内容，采用横向视角进行同比研究。

选取初级老龄化社会的美国、深度老龄化社会的英国与瑞典以及超级老龄化社会的德国，对其医疗保障制度进行分析，反观当前我国医疗保障制度存在的不足，并提出相应的改进路径。这是一种纵横交叉视角的异比分析。

"中西善终伦理比论"中关于中西死亡观的差异，主要从纵向视角进行异比分析；老龄临终关怀的伦理原则与文明丧葬的伦理要求从横向视角进行同比与异比的综合分析。

"全球化视镜下中西老龄伦理优化发展的基本原则"从纵横综合视角进行分析。血亲之爱与神启之情、血缘正义与契约正义的分析是一种纵向视角的比较研究。从"未富先老""先富后老"以及"未富将老"的不同国情出发，从横向视角进行比较分析，提出基于老年生存论的国际善政原则。

"个案比较评析"根据具体情况分别进行横向或纵向分析与点评，或从纵横综合视角加以评析。

三 比较研究的方法

第一，多学科交叉研究的方法。以伦理学研究为基础，主要结合道德社会学、福利经济学和医学伦理学等进行多学科交叉研究。"中西传统伦理比论"主要是从伦理学视角加以分析；"中西老龄利益伦理比论""中西老龄制度伦理比论""中西老龄关怀伦理比论""中西老龄健康伦理比论""中西善终伦理比论""全球化视镜下中西老龄伦理优化发展的基本原则"六个方面的研究，均以伦理学为基础，分别结合福利经济学、道德社会学以及医学伦理学等相关理论进行综合探讨；"个案比较评析"既有伦理学基本原理的阐释，又结合道德社会学、福利经济学与医学伦理学等相关理论进行综合评析。

第二，异比和同比相结合的比较研究方法。中西老龄伦理的比较研究，既要揭示老龄伦理的中西差异性，又要探寻其互补性，还要阐明人口结构老龄化背景下二者的融合趋同与共同发展。从历史视角挖掘中西传统伦理的差异性，主要采用异比的研究方法。

中西老龄利益伦理的比较研究，从人口老龄化的社会伦理效应入手，探讨老龄利益伦理的三个原则，主要采用同比的研究方法。虽然"未富先老"与"先富后老"是中西方人口老龄化的一个重大差异，然而，目前一些西方发达国家和包括中国在内的部分发展中国家正处于顶部老龄化时期，这一点是相同的。社会养老保障、国民收入再分配以及消费与积累的平衡等问题，随着老龄人口规模的增长以及老龄人口比例的逐年上升已经或正在凸显出来，甚至带来了一些消极的社会影响，这些问题在中西方都是客观存在的，只不过某些方面程度不同而已，这就为探寻中西方共同认可的老龄利益伦理原则奠定了客观经济基础。权利平等、制度正义、分配优效是协调代际利益矛盾、促进代际正义的三个基本伦理原则，这在中西方具有一致性，是为同比研究。

老龄制度伦理的研究主要采用同比研究法。在概述中西两制的本质对立性及其制度伦理差异性的基础上，以人口结构老龄化背景下的最低限度道德共识为基点，探寻中西老龄制度伦理的互补性及其具体契合点。代际正义作为全球正义的具体要求，既是中西方应对人口老龄化的制度伦理共识，也是立足于全球化时代的人类公共理性与社会正义这一共享性价值观念的普遍伦理原则。基于底线公平与老龄民生幸福的社会福利制度为中西两制的融合互补提供了伦理契合点，也为中西方老龄伦理的制度优化铺设了一个道德实践平台。

老龄关怀伦理的研究，以对老龄人口生活质量指标体系的伦理整合与优化设计为基础，首先采用异比法阐述中西老龄关怀伦理的三维差异，然后用同比与异比相结合的综合比较法对老龄道德关怀网络的中西差异性及其互补性加以论述。在由政府善治、社区关怀、家庭孝养构成的"三位一体"的道德关怀网络中，中西方占主导地位的道德关怀形式是不同的。目前，我国农村仍然以家庭孝养为主，城市则以社会养老保障为主，呈现出老龄道德关怀的城乡二元差异性。西方发达国家整体上以社会养老保障为主。然而，随着我国农村新型社会养老保障制度的不断完善，社会养老保障正在逐渐替代家庭孝养而成为主导性的老龄道德关怀形式。

老龄健康伦理的研究，采用同比法分析老龄健康公平的影响因素与评价指标、实现老龄健康公平的价值依据与伦理要求；采用异比法阐明中西老龄医疗保障制度的差异，并对我国老龄医疗保障制度的优化提出若干对策与建议。

关于中西善终伦理的比较研究。"向死而生"与"向死亡的自由"采用纵向异比的研究方法；临终关怀的伦理原则、文明丧葬的伦理要求，采用的是横向同比与异比相结合的综合性比较研究方法。

全球化视镜下中西老龄伦理优化发展的基本原则，采用异比与同比相结合的比较研究法。

第三，个案分析的方法。这是"个案比较评析"所采用的主要研究方法。在"个案比较评析"中，根据具体情况分别采用多学科交叉研究的方法以及比较研究的方法。

第二章　中西传统伦理比论

中西传统伦理的差异主要体现为家族本位与个人本位的价值观念不同、宗法伦理与契约伦理的伦理属性不同。家族本位注重家族整体利益，这是因为中国古代社会生产以农耕经济为主，以血缘为纽带，以家庭为生产单位，以家族为基层社群，只有坚持家族利益至上，才能确保整个家族绵延不绝、族业兴盛不衰，并实现以家统国的政治伦理目标。个人本位坚持个体利益至上，这与古希腊城邦以契约关系解构氏族血缘关系、以法权取代父权与王权的历史变革以及以业缘和私有财产关系为基础的城邦商业经济的兴起密切相关。农耕经济与商业经济的生产形式差异、家族共有与个人私有的财产关系差异、血缘与业缘的社会建构基础的不同、家国一体与家国分离的社会政治结构的区分，是产生宗法伦理与契约伦理及其差异性的根本原因。宗法伦理与契约伦理在个体身份、权利属性、人伦结构以及代际伦理关系方面均存在显著的差异。中西传统伦理差异对现代中西方老龄伦理的差异性产生了极为深远的影响。

第一，形成不同的代际伦理互动模式。基于血缘的家族本位价值观与以父权制为基础的宗法人伦结构，使"父慈子孝"成为中国传统社会代际伦理关系的基本原则，由此形成了抚育与反哺并存的代际伦理互动模式，注重家庭亲情回馈。这种模式仍然是当前我国的主导性代际伦理互动模式。它一方面使代际血缘关联与亲伦关爱持久不衰；另一方面，在一定意义上却是我国社会养老保障制度不健全乃至产生制度性缺陷的社会伦理肇因。

古希腊城邦基于公民权利与义务对等性的契约伦理对形成现代西方平等友爱的代际伦理关系产生了深远的影响，并在此基础上形成了"接力式"代际财富流动模式和"有距离的亲密"的代际情感回报模式。

第二，形成家庭道德关怀与社会道德关怀的场域差异。尊老、敬老与养老是祖先崇拜的现实反映与道德延伸。在中国传统宗法社会，家庭养老以孝道为伦理基石，孝亲养老既是宗法伦理的基本要求，也是宗法社会的法律规范。因此，传统社会的家庭养老本质上是一种具有宗法伦理性质的道德关怀实践。家庭养老延续至今，仍然是当前我国的主要养老形式之一。可见，不论是中国古代宗法社会还是近现代社会，家庭都是老龄道德关怀的主要场域，以孝亲养老为主要内容的道德关怀是子代义不容辞的责任，是贯穿每个人一生的道德义务与法定责任。在现代社会，养老成为政府的重要职责，也是全社会的共同责任。

尊老、养老的道德观念同样存在于古希腊，但由于契约关系摧毁了原始的氏族血缘关系，法权取代了父权与王权，财产的个人私有取代了财产的家族共有，血缘关系没有成为个体最为重要的社会关系，养老并非子代的法定义务，因而没有形成家庭养老模式，也就不可能产生系统化的老龄关怀伦理文化。然而，契约关系取代血缘关系成为古希腊城邦时期社会关系的核心，它产生了基于法权的契约伦理，这就为现代西方社会养老保障制度的兴起及发展奠定了社会伦理基础，也为其社会性老龄道德关怀模式的制度伦理建构作了历史铺垫。

第三，关于中西老龄伦理的融合互补及制度优化。在人口结构老龄化的背景下，如何提高老龄人口的生活质量是中西方共同面临的社会问题。以利益伦理，制度伦理和关怀伦理、健康伦理和善终伦理为核心，进行制度伦理的优化设计，是破解老龄社会伦理问题的根本途径。如果说，在当代中国，老龄伦理是以孝道为根基，老龄道德关怀建立在社会养老、家庭孝养和个体自养有机统一的基础之上，那么，在西方发达国家，老龄伦理则主要是以法权为基石，其较完善的社会养老保障制度为老龄道德关怀的有效实施提供了坚实的保障。现代中西方老龄关怀伦理的差异性主要体现在三个方面：以孝道为根基与以法权为基础的制度保障基石之差异；家庭道德关怀与社会道德关怀的关怀形式差异；物质赡养与精神赡养的侧重点的差异。这些差异在一定意义上都是中西传统伦理的差异性所致。

我国尊老伦理文化源远流长，传统宗法社会以孝道为核心的老龄关怀伦理文化为构建现代社会老龄道德关怀网络提供了极为重要的道德资源。以"反哺"式代际财富流动和家庭亲情回馈为表现形式的老龄道德关怀正是传统孝道伦理在当代中国得到传承的结果。西方自古希腊至近代，都没有形成系统性的老龄关怀伦理文化，但从19世纪80年代开始，西方一些发达国家开始实行社会养老，并制定了相关的社会养老保险法。德、英、法等国自进入老龄化社会以来，不断完善社会养老保险法，构建了较为完善的社会养老保障制度，并在此基础上形成了以"接力式"代际财富流动和"有距离的亲密"的情感回报为具体形式的老龄道德关怀模式。

由此看来，中西传统伦理既有差异性，又有互补性，其差异性是造成现代中西老龄伦理差异性的历史文化根源，其互补性则是实现两者融合，并有效促进中西社会制度尤其是老龄伦理制度优化发展的道德渊源与伦理文化基因。

第一节 道德文明的两种摇篮

中西老龄伦理的差异性，从根源上看，来自中西方传统伦理的不同，传统伦理的差异性又是由中西方不同的地理环境、经济生产方式、社会政治结构以及道德关怀的场域差异所决定的。马克思指出："人们自己创造自己的历史，但是他们并不是随心所欲地创造，并不是在他们自己选定的条件下创造，而是在直接碰到的、既定的、从过去继承下来的条件下创造。"[1] 这里的"条件"就包含地理环境这一自然要素。地理环境对社会文化与社会意识的形成虽然没有决定性意义，但其文化效应是不可忽视的，不同的地理环境是孕育中西两种不同道德文明的摇篮，是造成中西方伦理文化差异性的自然因素。封闭的地理环境与发达的水系资源孕育了华夏的农耕文明，农耕经济以血缘为纽带，产生的是家国一体的社会政治结构。开放的地理环境与优越的海洋资源为古希腊发展工商业与海上贸易提供了天然条件，形成了以工商业为主的经济生产形式，它以业缘为基础，建立的是家国分离的城邦制国家。

血缘曾经是维系两种古老文明的纽带，然而，在从原始氏族制迈向文明社会的进程中，这根血缘纽带在古希腊被彻底撕毁。而在中国夏商时期，以血缘为纽带的氏族遗制基本上留存下来。带有原始氏族性质的血缘关系在古代中西方的不同遭遇，正是造成中西伦理文化差异性的社会历史根源。在中国古代宗法社会，形成了以孝道为道德根基、以父权制为制度伦理载体的尊老伦理思想，以及以家庭孝养为主要实践形式的老龄关怀伦理文化。作为西方文化发源地的古希腊，随着氏族血缘关系的解体，业缘与私有财产关系成为城邦经济发展的重要基础，业缘取代血缘的结果是产生了基于法权的契约伦理，它凸显个人本位的价值观，强调主体权利与义务的对等性。在代际伦理关系上，虽有尊老与养老伦理思想的萌芽，但更倾向于建立一种代际平等友爱的伦理互动关系，这就为现代西方社会养老

---

[1] 《马克思恩格斯选集》第一卷，人民出版社2012年版，第669页。

保障制度的建立与发展提供了制度伦理文化支持。

一　农耕经济与商业经济

农耕经济与商业经济这两种不同的经济生产形式，首先是由古代中西方差异极大的自然地理环境所决定的，自然因素是造成中西文化差异以及这些差异所涉及的一切事物的一个重要因素。当然，自然地理环境并不是社会经济发展的唯一决定因素，一个社会的生产方式及其经济生产形式是人们的生产实践与客观地理环境共同作用的结果。

我国古代社会生产以农耕为主，这与其封闭的地理环境和发达的水系资源密切相关。古老的华夏大地东临浩瀚的太平洋，南部是印度洋，西北边陲是戈壁黄沙，西南有横断山脉与世界屋脊青藏高原，北部是大漠与原始森林。虽然有很长的海岸线，但面对浩瀚无边、波涛汹涌的大海，人们只能望洋兴叹，海洋没能成为交通要道，海上贸易就不可能发展起来。中国古代陆路交通也是障碍重重，在与唯一邻近的文明古国印度之间矗立着喜马拉雅山这道不可逾越的屏障。这样，中国在相当长的时间里与外部世界几乎没有什么联系，处于一种封闭状态。与之形成鲜明对比的是，当时的古希腊拥有世界上最为发达的海岸线以及星罗棋布的良港湾峡，海运与陆运形成资源互补之势，优越的海陆资源不仅带动了古希腊城邦手工业与商业经济的发展，还打开了通往世界的门户，并实现了对外殖民扩张。

值得庆幸的是，在古代中国相对封闭的地理圈内部，有着广阔的平原与草原，河流众多，水草肥美，人口相对集中，这对农耕生产与畜牧业的发展十分有利。考古发掘出的河套文化、河姆渡文化、仰韶文化、龙山文化和三星堆文化等都是华夏文明的源头，它们大多诞生在河谷地带与冲积平原。如：河套文化是我国旧石器时代中期的一种文化，遗址包括水洞沟和沙拉乌苏河河岸。[①] 河姆渡文化是长江中下游新石器时代的一种早期文化，其遗址中发掘出伐木用的石斧、石凿，农耕用的骨耜，狩猎用的骨镞等生产工具，刻有绳纹与动植物花纹的陶器，还发现了大量稻谷遗迹，说明农业生产已成为当时的主要生产形式。[②] 仰韶文化产生于新石器时代晚期，遗物以其上有彩绘的几何形图案或动物形花纹的彩陶而闻名，又称彩

[①] 周谷城：《中国通史》上册，上海人民出版社 1957 年版，第 23 页。
[②] 《辞海》（第六版缩印本），上海辞书出版社 2010 年版，第 721 页。

陶文化，曾盛行发达于黄河流域。① 生产工具以刀、斧、凿、锛等磨制石器为主，生产以农业为主，辅以渔猎，同时饲养家畜。② 龙山文化亦称黑陶文化，是我国新石器时代末期的一种文化，广泛分布于山东半岛、河南地区和杭州湾地区和辽东半岛等地。③ 生产工具有较发达的磨制石器，如石镰、蚌镰等。经济生产以农业为主，畜牧业较为发达。④ 这几个典型的史前文化期表明，水域是我国原始社会的人们繁衍生息的重要资源，因为靠近水域的地方土地都比较肥沃，利于农耕生产，原始的农耕生产方式对自给自足的小农经济的形成产生了直接影响，黄河、长江以其源远流长的水系资源优势成为华夏文明的摇篮。然而，仅有两河还不足以孕育出灿烂的中华文化，我们祖先的足迹遍及东北的黑龙江、乌苏里江流域，中原的渭河、黄河流域，以及南方的江汉、江淮流域。⑤ 封闭的地理环境与肥美的水草资源正是孕育自给自足的小农经济的天然沃土。

中国社会虽几经改朝换代，版图时有变更，但封闭性的自然地理环境始终未变，因而几千年以来一直保持着自给自足的小农经济生产形式，遵循着祖辈流传下来的风习，并以独特的祖先崇拜承载着孝道伦理文化，传续着家族本位的价值观念与道德重任，编织起一张以血缘为纽带的宗法伦理之网，形成了以家庭为场域的老龄道德关怀模式，以及家国一体的社会政治结构，而家与国的一体化将这种独特的老龄道德关怀模式由家庭扩展至整个社会，孝道成为上至天子下至庶民必须遵守的普遍伦理准则。

古希腊地处欧洲南部，其领域涵盖希腊半岛、爱琴海诸岛、克里特岛以及小亚细亚西部沿海地区，海陆交错，气候温和。内陆多山，蕴藏着丰富的矿产资源，为发展采矿业、手工业与制陶业提供了有利条件。沿海地带与山谷土地肥沃，遍布多种果树林木，宜于农牧。尤其是希腊半岛三面临海，有着许多天然的良港和湾峡，地中海海域海水相对平静，岛屿众多，不仅有利于希腊各岛之间的来往，还极易同当时先进的东方各国进行商贸往来和文化交流，向南渡过地中海即可到达埃及，向东经小亚细亚即可到巴比伦。开放的地理环境与优越的海陆资源促进了古希腊人们之间的经济交往，推动了希腊各城邦之间及其与周边国家之间的经贸往来和文化交流。古希腊人就是从东地中海起航，来到文明先启的东方古国，用葡萄

---

① 周谷城：《中国通史》上册，上海人民出版社1957年版，第24页。
② 《辞海》（第六版缩印本），上海辞书出版社2010年版，第2212页。
③ 周谷城：《中国通史》上册，上海人民出版社1957年版，第24页。
④ 《辞海》（第六版缩印本），上海辞书出版社2010年版，第1193页。
⑤ 参见徐行言主编《中西文化比较》，北京大学出版社2004年版，第31页。

美酒、橄榄油、天然矿石、陶土与金石工艺品等特产，换取他们所需要的粮食、精美饰品乃至奴隶等。可以说，古希腊主要依托海上贸易与对外殖民扩张，形成了以工商业为主的经济生产结构。

其次，中国传统宗法社会延续了原始的氏族血缘关系，而古希腊彻底摧毁了这种氏族血缘关系，从而形成了不同的社会伦理关系与经济生产形式。中国自古以农业立国，在自给自足的小农经济社会中，家族是社会的基层组织，它是一种同姓、同祖的男系血缘亲团，由一个共同祖先繁衍出的众多个体小家庭组成，这些个体小家庭是真正意义上的生产单位。家族成员往往聚族而居，世代居住在同一块土地上，不仅同续祖脉、共创家业，还将生产经验、文化习俗以及伦理传统代代相传。血缘的维系与自给自足的小农经济是相辅相成的，因为小农经济基本上囿于家族范围之内，以满足本家族成员的日常生活消费需求和极为简单的再生产为主要目的，在自身范围内具备了一切再生产和扩大再生产的条件，虽有商品交换，但范围十分有限。重农抑商是中国古代历朝的经济政策倾向，它严重阻碍了商品经济的发展。"工商众则国贫"①，"士农工商，四民有业。学以居位曰士，辟土殖谷曰农，作巧成器曰工，通财鬻货曰商"②。"士农工商"的排序反映了人们对四种不同职业及其社会地位的认识，在中国人的传统观念中，士、农、工、商各居一艺，士为贵，农次之，工商为最次，社会职业的等级化尤其是工商职业的贱化在很大程度上是中国传统社会长期以来农耕经济的强势与优势使然。

早在殷商时期，农业与家庭手工业相结合的小农经济生产就已成为社会生产的主要形式，也是人们生存的最基本和最重要的手段。小农经济社会以家庭为生产单位，以家族为基层社群，以血缘为交往纽带，以地缘为活动域限，社会关系主要体现为一种以血缘为纽带的宗法人伦关系。在农耕经济社会中，男性是主要劳动力。《说文》云："男，丈夫也，从田从力，言男用力于田也。"《汉书》说："力田为生之本也。"③ 在父权制宗法社会里，老年人尤其是男性年长者居于人伦之网的顶端，他们不仅以祖先代言人的身份受到家族成员的普遍敬重，而且以丰富的人生阅历与长期积累的生产经验成为知识权威，在文化传承的过程中起着桥梁作用。中国传统社会的宗法人伦结构是以父子关系为轴心，代际伦理关系一方面体现

---

① 《荀子·富国》。

② 《汉书·食货志》。

③ 《汉书·文帝纪》。

为"父慈""子孝"的权威与服从的关系；另一方面体现为抚育与反哺的双向伦理互动关系。在这两重关系中，社会更强调子孝与反哺，二者恰是一种基于孝道的尊老伦理与老龄关怀伦理。因此，在传统农耕经济社会里，社会伦理文化主要体现为一种以血缘关系为纽带、以父权制为载体、以"父慈""子孝"为基本原则、以家庭为关怀场域、以反哺为道德实践方式的老龄关怀伦理文化，它对当代中国的家庭养老模式与厚生养老伦理制度产生了极为重要的影响。

农牧业曾是古希腊经济的基础，手工业也是其重要组成部分。然而，古希腊人并不满足于这种自产自销的生存方式，尤其是随着人口的增长，克里特岛与希腊半岛有限的地域与农产品越来越难以满足人们的生存需要，进行对外贸易与扩张成为古希腊人的必然选择。他们凭借优越的海洋资源与高超的航海技术穿行于各岛屿之间，以自己的产品与他人及周边国家进行商品交换，如克里特—迈锡尼人用于对外交换的商品有橄榄油、葡萄酒、木材、毛织品等农林牧产品，还有精美的陶器、矿产资源，以及石瓶、金属瓶等工艺品[1]。公元前8世纪至公元前6世纪是希腊奴隶制形成的时期，铸币的出现使商品交换更为便捷，希腊各地及其与周边国家之间的商业贸易日渐频繁，出现了大批职业化的商人，商贸中心逐渐发展成为城市。与此同时，希腊开始大规模向外移民，在爱琴海诸岛、小亚细亚海岸、黑海沿岸、意大利南部和西西里等地建立了上百个移民城邦，以城市为中心、以工商业为主的社会经济结构初步形成。

希腊城邦时期的商业经济是契约经济的雏形，它以氏族血缘关系的解体为前提，以财产私有制取代了氏族财产共有制，以法权取代了父权与王权，以代际间权利与义务的对等性取代了父权制下代际间的绝对不平等关系，形成了个人本位的价值观。这一系列变化经历了一个漫长的演变过程，对现代西方社会养老保障制度的建立与发展以及老龄道德关怀的实施产生了重要影响。第一，老龄道德关怀由氏族事务、家庭美德转变为社会事务与社会责任。在原始氏族时期，养老是整个氏族与部落的事情。随着一夫一妻制家庭的出现，尤其是进入奴隶制社会以来，养老逐渐成为一种家庭责任与家庭美德，这在中国宗法社会十分突出。但在希腊城邦时期，由于个人私有财产的合法化，个体逐渐摆脱了对家庭的血缘依附性，赡养老人并非是子女必须承担的法定义务。同时，老年人的权威地位在基于商

---

[1] 参见徐行言主编《中西文化比较》，北京大学出版社2004年版，第46页。

业经济的契约关系中大大削弱乃至逐渐消失，崇尚独立与自由、平等与竞争的伦理精神远远高于尊老孝亲的伦理美德，契约伦理成为希腊城邦时期的主流伦理思想。当然，这并不意味着对孝亲伦理的背叛或抛弃；相反，希腊城邦时期是有孝亲养老的伦理思想乃至相关法律规定的（见本章第三节"四、'父慈''子孝'与平等友爱：代际伦理关系差异"的相关论述）。资本原始积累与近代产业革命所创造的巨大社会财富为现代西方社会养老保障制度的建立奠定了坚实的经济基础，人权运动的日益兴起与法治理念的高扬为社会养老保障制度的建立与完善提供了权利支持与法律保障。现代西方社会养老保障制度的建立最终实现了养老的社会化，以厚生养老为主要内容的老龄道德关怀成为一种社会善行与政府的法律责任。第二，从满足老年人的基本生存需求向全面提升老龄人口生活质量转变，老龄关怀伦理的制度建构正在由制度的伦理化转化为伦理的制度化。这一点中西方具有一定的相融性。

二 血缘与家国

封闭的地理环境和独特的水土资源决定了农业与家庭手工业相结合的自给自足的小农经济必定成为中国传统社会占主导地位的经济生产形式，这种相对狭隘的经济生产无须频繁的人口迁移，人们往往世代居住在同一块土地上，共同劳动，互通有无，形成血缘亲团。夏商奴隶制度的建立基本上没有打破原有氏族性质的血缘关系，而是保留并承续了父系社会原始血缘关系的遗风，将其直接转化为血缘性宗法等级制度，这对以后中国社会几千年的文明进程产生了深远的影响。

血缘关系是小农经济的天然纽带，在宗法社会里，血缘关系主要是父系这单一方面，"以父宗而论，则凡是同一始祖的男系后裔，都属于同一宗族团体，概为族人"[①]。"血的共同"是立家立族的根本。所谓家族，是指别籍、异财、分爨的若干个体家庭的综合体，是个体家庭的扩大。在家族内部，亲属的远近按照血缘系谱来确定，非血缘关系者是绝不可能进入这个家族的。母系亲属是外亲，有别于父系本宗。家族的亲属范围包括自高祖而下的所有男系后裔，即自高祖至玄孙的九个世代，也就是九族。家族是宗法社会的基层组织，组成家族的许多独立的个体家庭则是社会生产的基本单位，血缘关系是家族最为重要的特征，离开血缘关系，家族就不可能存在。

---

① 瞿同祖：《中国法律与中国社会》，中华书局1981年版，第2页。

以血缘关系为纽带的家族既是个体的生养之所，也是个体家庭的综合体与其上一级组织形式，还是宗法社会的基层社群，是组成国家的基本单位。孟子云："人有恒言，皆曰'天下国家'。天下之本在国，国之本在家，家之本在身。"① "身"指个体自身。在宗法社会里，这个"身"还有"身份"的含义。宗法社会是一个身份社会，而身份的确定是以血缘关系为基础的，一切宗法人伦关系都离不开血缘关系。在家庭与家族中，个体身份主要通过长幼、亲疏、尊卑、夫妇等关系体现出来。在国家中，身份集中体现为一种社会身份，其差异主要通过社会地位与职业角色的不同来表现，如君与臣、官与民、上级与下级的等级身份差异以及士、农、工、商的职业身份差异。国是家的放大，是无数个体家庭与大家族的集合体，社会身份的差异尤其是等级身份的不同是血缘关系在社会关系上的一种人伦投影。在君臣、父子、夫妇、兄弟、朋友"五伦"中，父子、夫妇、兄弟之间是家族关系，君臣关系是一种拟父子关系，朋友关系也通常是按照家族关系来处理的，因此，宗法社会的一切人伦关系都是家族关系或拟家族关系。家国一体的社会政治结构是血缘关系由家庭向社会延展的结果，是血缘关系在国家制度上的一种政治伦理投射。

西周以"孝"为主的道德规范与金字塔式的宗法等级结构就是建立在血缘关系的基础上的。孝道是人类社会发展到一定阶段，随着私有财产的出现而产生的，其本质是对父母和子女之间抚育与赡养关系的法伦理规定。"孝"首先反映了基于血缘的"亲亲"关系。"亲亲"是人类的一种天生的情感，在自给自足的小农经济社会中，"亲亲"之情尤为强烈，它是凝聚家族所有成员的情感之链，是确保家族绵延不绝的血脉之源。奉养父母是孝道的根本要求，是"亲亲"的重要体现。典籍对孝养之道多有记载，如，《尔雅·释训》曰："善事父母为孝。"《孝经》云："夫孝，始于事亲，中于事君，终于立身。"② 传宗接代是孝道的另一重要内涵。《易经》曰："天地之大德曰生。"《大戴礼记·曾子大孝》载："孝有三：小孝用力，中孝用劳，大孝不匮。"《孟子》云："不孝有三，无后为大。"③ 都把传宗接代放在孝道之首，这不仅是为了延续先祖血脉，保证家族人丁繁庶、祖业兴盛不衰，也是为了使天地生生之德亘古永续。传宗

---

① 《孟子·离娄上》。
② 《孝经·开宗明义》。
③ 《孟子·离娄上》。

接代从男女交合的本能行为升华为一种具有孝道内涵的社会伦理行为，这是血缘关系社会伦理化的结果。此外，孝道还有祭祖追孝之意，这也是不忘血根、追念先祖、延续家族香火的日常道德行为。因此，孝道是一种以血缘关系为基础的宗法道德规范，它贯穿于每个家族、每个家庭以及每个人的过去、现在与未来。

　　基于血缘关系的"亲亲"之情，在家族内部具体体现为以父权制为基础的长幼人伦之序，它扩展至整个社会，则体现为等级"尊尊"的宗法人伦秩序。中国古代宗法社会是按照家的模式来建构的，家国一体的社会结构实质上是"宗统"与"君统"的高度合一，血缘以及基于血缘的父权制是宗法社会的人伦基石。《吕氏春秋·孝行览》曰："故爱其亲，不敢恶人；敬其亲，不敢慢人，爱敬尽于事亲，光耀加于百姓，究于四海，此天子之孝也。"《孝经》规定了从天子到诸侯、卿大夫、士以及庶人的孝道要求，社会身份不同，孝行自然殊异，基于血缘的孝亲之情却无异，它成为一切宗法关系和人伦秩序的源点。中国人对家庭人伦关系的高度重视，其根源就在于农耕经济社会中千丝万缕的血缘关联。孔子曰："仁者，人也，亲亲为大。"① 他认为"亲亲"是做人的根本。孟子云："事孰为大，事亲为大。"② 又说："孝之至，莫大乎尊亲。"③ "人人亲其亲，长其长，而天下平。"④ 孟子强调"亲亲"要推己及人。"亲亲"是儒家所有道德规范与伦理原则的始基，是实现"仁""礼"结合的社会理想模式的出发点。曾子曰："事父可以事君，事兄可以事师长；使子犹使臣也，使弟犹使承嗣也；能取朋友者，亦能取所予从政者矣。"⑤ "事君不忠，非孝也！莅官不敬，非孝也！"⑥ "孝"在曾子这里既是伦理原则，又是政治原则，移孝作忠或忠孝合一正是基于血缘关系的一种孝道移情与伦理升华。《孝经》曰："先王有至德要道，以顺天下，民用和睦，上下无怨。"⑦ 这个顺治天下的"至德要道"就是孝道，由孝到忠的道德转换本质上是社会关系拟血缘化的结果，是家庭伦理向社会伦理、政治伦理的扩展与升华。

---

① 《礼记·中庸》。
② 《孟子·离娄上》。
③ 《孟子·万章上》。
④ 《孟子·离娄上》。
⑤ 《大戴礼记·曾子立事》。
⑥ 《大戴礼记·曾子大孝》。
⑦ 《孝经·开宗明义》。

三 业缘与城邦

公元前8世纪至公元前6世纪，希腊各城邦的奴隶制普遍建立起来，从整个希腊来看，这个时期大部分城邦农业自然经济为基础，在政治上以贵族政体为主。① 在这两百多年里，由于城邦制适应了生产力发展的要求，推动了希腊经济的全面发展，冶炼、制陶、酿酒、造船与建筑等行业发展尤为迅速，出现了大规模的手工作坊与冶炼场，甚至还有使用两百名水手的三层桨远洋船只，形成了较为发达的工商业与海上贸易。随着城邦经济的发展，人口不断增加，为了解决城邦内日益增多的人口居住与生计问题，同时为了拓展贸易市场，希腊开始了大规模的殖民运动。特洛伊战争以后，雅典人在伊奥尼亚和大多数岛屿上建立了殖民地，伯罗奔尼撒人在意大利南部和西西里建立了殖民地，另有一些殖民地建在希腊的其他地方。有文献记载的希腊殖民城邦有140多个。殖民地和母邦之间保持着密切的联系，它们效法母邦的政治制度与经济制度，沿袭其宗教仪式、社会文化与传统风习，但它们又是各自独立的，在政治、经济上，母邦无权控制它。② 殖民地城邦建立以后，以发展经济为重心，经济利益关系成为母邦与子邦关系的一个重要方面，业缘逐渐成为希腊城邦社会经济发展的纽带。

所谓业缘，是指以工商业为基础并从中发展出来的社会关系。如果说中国宗法社会是以血缘为纽带，那么，希腊城邦社会则是以业缘为基础。这首先是因为部落迁徙、大规模的海外移民与殖民扩张使不同种族混合杂居，血缘关系与种族观念日益淡薄。随着土地私有制的确立，社会财富集中在氏族贵族手中，贫富分化加剧，阶级分化日趋明显，财产关系最终摧毁了原有的氏族血缘关系。随着自由民与奴隶阶级关系的形成，以城市为中心的城邦奴隶制国家出现了。城邦与地区的划分取代了原来的部落划分，氏族与部落各自独立的经济地位被打破，形成了以奴隶制生产方式为基础的共同的经济关系。初建的城邦国家政权往往为氏族贵族所掌控，城邦内部除了奴隶与奴隶主两大对立阶级之间的斗争，还有平民与氏族贵族、工商业奴隶主与氏族贵族之间的斗争，代表氏族贵族势力的贵族党与代表工商业者势力的民主党之间进行着激烈的斗争。当时雅典是民主派掌

---

① 参见汪子嵩、范明生、陈村富、姚介厚编《希腊哲学史》第1卷，人民出版社1988年版，第30页。
② 同上书，第32—36页。

权，斯巴达是贵族掌权，各城邦以雅典和斯巴达为中心形成两大对立的阵营，内战连绵，氏族贵族最终失败，取而代之的是"僭主政治"。僭主多数出身平民，他们致力于城邦经济建设，得到了工商业奴隶主和广大平民的拥护。但随着工商业奴隶主的势力不断壮大，他们越来越不满僭主的统治，强烈要求取得政治上的统治权。经过反复的斗争，工商业奴隶主的寡头政治或民主政治推翻了"僭主政治"。[①] 从城邦政权更迭的过程可以看到，不同阶级之间的政治斗争背后是经济利益的交锋，而不论是政治斗争还是经济斗争，都是不同阶级之间、不同党派之间以不断发展的工商业为基础的一种利益博弈。可以说，以工商业为基础的业缘成为希腊城邦经济发展的重要纽带。

各城邦从不同的经济利益与政治需要出发，形成结盟或对立的关系，而不再根据民族血缘的不同来建立邦际关系。[②] 在长期的经济、政治交往过程中，不同民族与部落的原始血缘界限被打破，统一的希腊民族与城邦国家联盟逐步形成，共同的经济利益关系与城邦联盟的形成为希腊各城邦之间的经济交往奠定了基础。此外，希腊海陆交错、良港湾峡众多的地理优势与海洋资源，为希腊本土的人们进行商品交换及其与各殖民城邦和邻国之间进行商贸往来提供了良好条件，以工商业为基础的业缘逐渐成为社会关系的重要方面与城邦经济发展的纽带。

费孝通先生曾说："血缘是身份社会的基础，而地缘却是契约社会的基础。"[③] 所谓地缘，是指受特定地理环境影响而形成的生产、生活方式，以及由此发展而来的社会关系。地缘是希腊城邦经济发展的重要条件，是形成希腊城邦业缘特色的客观因素，而业缘是古希腊在城邦产生与工商业兴起的过程中逐渐发展而来的契约性社会关系。从上可见，封闭的地缘→血缘→父权→家国一体是中国传统社会的宗法伦理模式；开放的地缘→业缘→法权→家国分离是希腊城邦国家的契约伦理模式。

以业缘为基础的契约经济强调公民之间权利与义务的对等性、主体交往的平等性，血缘不再是维系家庭亲情的纽带，"亲兄弟明算账"的利益规则成为社会交往的基本规则，这对西方契约性代际伦理关系的形成及中西老龄伦理的差异性产生了直接影响。第一，长幼尊卑的

---

① 参见罗国杰、宋希仁编《西方伦理思想史》上卷，中国人民大学出版社1985年版，第23页。
② 参见汪子嵩、范明生、陈村富、姚介厚编《希腊哲学史》第1卷，人民出版社1988年版，第17页。
③ 费孝通：《乡土中国 生育制度》，北京大学出版社1998年版，第74页。

等级观念渐渐淡化，代际平等的观念逐步形成。而在中国传统社会，"父慈""子孝"、长幼有序是不可动摇的人伦原则。第二，希腊城邦个人私有财产的合法化与中国宗法社会的家族财产共有制形成鲜明对比，前者使个人成为独立的社会主体而不再依附家庭，后者使个人永远囿于家的樊篱。前者使得赡养父母并非子女的法定义务，因为钱财各归己有，赡养父母是子女的自愿选择，对老年一代的赡养逐渐转变成一种社会行为。在家族财产共有制下，钱财在整个家族内部互通有无，每个人的生、老、病、死都在家庭中完成，代际间抚育与反哺的道德责任永远是相辅相成、不可分割的，因而形成了以血缘为纽带的孝道伦理。第三，基于业缘的契约经济主要依靠法律来调整主体间的利益关系，代际间抚育与赡养的责任关系依靠法律加以约束。而以血缘为基础的农耕经济主要通过宗法道德规范来维系等级统治秩序，抚育与赡养的代际关系深深地烙着"父慈""子孝"的血亲印痕，它既是伦理原则，又是法律原则。第四，中西方关于老龄道德关怀的家庭化与社会化的场域差异，以及现代社会家庭养老与社会养老的主导性养老形式的不同，在一定意义上都根源于血缘与业缘的社会基础差异以及宗法伦理与契约伦理的本质属性差异。

第二节　家族本位与个人本位

　　家族本位与个人本位的价值观念不同是中西传统伦理文化的根本差异之一。如果说农耕经济是中国宗法社会形成家族本位价值观的经济根源，那么，祖先崇拜则是其社会文化根源。在中国传统社会，家族制度是一种相对稳定的社会制度。作为家族制度运行载体的宗族组织虽几经起伏，却存续了几千年。宗族组织最初仅限于权贵之家。春秋战国时期，带有原始血缘遗制的周代宗法制宗族组织解体以后，汉魏时期形成了门阀士族制。宋明以后，宗族组织逐渐发展成为一种平民化的基层社会组织，而不再限于权贵之家。[①] 宗族组织的平民化与大众化为家族制度的发展提供了广泛而坚实的社会基础，家族构成了中国传统社会的基本单元以及社会结构的重要组成部分，这就是形成家族本位价值观的社会制度根源。相对封闭的地理环境与自给自足的自然经济为孕育家族本位的价值观提供了天然的沃

[①] 李卓：《中日家族制度比较研究》，人民出版社2004年版，第48—50页。

土。此外，家国同构的社会政治结构对家族本位的形成与发展也产生了重要影响。

西方早在古希腊时期就形成了农业、手工业、商业并重的经济结构，这与中国传统社会长期保持的以自给自足的自然经济为主的农耕经济结构形成鲜明对比。尤其是希腊城邦建立以来，契约关系解构了原有的家族血缘关系，以平等交换为基础的商品经济迅速发展起来，与之相伴的是基于个体自由与公民权利的民主政治体制的建立，这一切逐渐孕育出西方个人本位的价值观以及崇尚平等、独立、自由的伦理精神。

一　祖先崇拜与传统孝道

家族本位价值观念的形成与祖先崇拜存在着密切的关联。所谓祖先崇拜，就是把祖先视为具有超自然力的精神存在，活着的后人通过祭祀活动与祖先进行灵魂交流，追思承志，表达感恩之情，并期望获得护佑与恩泽的一种精神信仰活动。它是建立在灵魂不灭和鬼神敬畏等观念的基础之上，通过一系列丧祭活动来实现的。

远古时代的人们相信灵魂是不灭的，人死后灵魂离开身躯继续活动。如果灵魂无"家"可归，那么它或成为旷野孤魂，或附着于一个活着的人而给其带来厄运。为了安顿逝者的灵魂，同时使活着的人平安无恙，人们举行相应的丧葬活动来安顿死者、表达哀思，并祈求赐福。《礼记·檀弓下》云："葬于北方，北首，三代之达礼也，之幽之故也。"意为将死者葬于都城之北，头也朝北，因为这是灵魂归升之所。古人相信灵魂不灭，认为存在一个"归人"世界。

灵魂不灭的观念确立以后，世界便成了灵的世界和肉的世界的双重统一体，人们认为鬼神乃一体。《礼记·祭法》云："人死曰鬼。""鬼"就是离开身躯继续活动的人的灵魂，它具有超自然的神力，能够洞察人间世事，或降祸或赐福给世人。"祭如在，祭神如神在。"[①] 意思是说，先祖虽已离世，但英灵永存，祭祖就如同他们健在，要像对待神明一样敬祭之。"鬼神之明必知之""鬼神之罚必胜之"[②] 反映了先民对灵魂不灭、鬼神有知的体认，他们对"鬼神"即祖先怀着一种十分复杂的敬畏心理。《论语》载："禹致孝乎鬼神。"[③] 这里的"鬼神"就是祖先，因为只有对祖

---

① 《论语·八佾》。
② 《墨子·明鬼下》。
③ 《论语·泰伯》。

先才谈得上"孝",对"鬼神"顶礼膜拜表明禹有着极为浓烈的祖先崇拜观念,这可以视为"孝"的最初形式,也是孝道隐含于祖先崇拜的较早记载。当然,这只是"孝"观念的萌芽,而非完整意义上的孝道。

殷商时期,建立在灵魂不灭与鬼神敬畏之上的祖先崇拜发展成为一种普遍的社会现象。商俗尚鬼,"先鬼而后礼"①。在殷人看来,先祖虽已离世,但他们只是到了另一个世界,这个世界是现实世界的翻版,有着等级之分、贫富之别,死而不灭的先灵与活着的人一样,仍然享用着世间的一切,而这一切是由活着的人提供的。"幽明两界好像只隔着一层纸,宇宙是人、鬼共有的;鬼是人的延长,权力可以长有,生命也可以长有。"②子孙后代要像孝养现世的父母长辈那样,为已逝的父母长辈找好安身之所,举行一定的安葬仪式告知世人他们与此间世界的分离,也作为其向另一个世界的"报到",由此形成了一套送葬、善终、祭祀的礼仪制度。丧葬活动虽没有涵盖祖先崇拜的全部内容,但它是祭祖的开始、祖先崇拜的开端,也是祖先崇拜的重要社会伦理载体。具有神秘色彩的原始丧葬活动渲染出祖先崇拜的神圣性与肃穆性,古代繁缛的丧葬礼仪正是祖先崇拜的现世投影与崇祖敬宗的集中体现。

随着祖先崇拜观念的不断强化,祭祖制度在周代趋于完善。如果说殷人由于崇拜鬼神而受制于神道或天道,从而压抑了对人道的自觉,那么,周取代殷则使神道或天道让位于人道,或者说人道借助于神道与天道而得到解蔽与彰显。至西周,以"孝"为主的宗法道德规范随着祖先崇拜观念的强化、祭祖制度的完善以及宗法等级制度的建立而最终形成。③侯外庐等人指出:"为了维持宗法的统治,故道德观念亦不能纯粹,而必须与宗教相混合。"④"在宗教观念上的敬天,在伦理观念上就延长而为敬德。同样地,在宗教观念上的尊祖,在伦理观念上也就延长而为宗孝,也可以说'以祖为宗,以孝为本'。"⑤周代的孝道规范主要体现为祭祀先祖与敬养父母两个方面⑥,反映了祖先崇拜与孝道的内在关联,也就是说,敬天、尊祖、崇孝是有机统一的,这正是孝道规范与宗教伦理相辅相成的必

---

① 《礼记·表记》。
② 郭沫若:《中国古代社会研究》,人民出版社1954年版,第48页。
③ 参见朱贻庭主编《中国传统伦理思想史》(第四版),华东师范大学出版社2015年版,第19—20页。
④ 侯外庐、赵纪彬、杜国庠:《中国思想通史》第一卷,人民出版社1957年版,第95页。
⑤ 同上书,第94页。
⑥ 参见朱贻庭主编《中国传统伦理思想史》(第四版),华东师范大学出版社2015年版,第20—21页。

然要求。

祭祖活动主要有家祭、墓祭、祠祭，所祭祀的祖先为同宗直系祖先。家祭是在家族内供奉直系祖先的牌位，在每年的某一固定时间进行祭祀。墓祭就是扫墓，一般在清明节前后祭扫。祠祭是最重要的祭祖活动，在同宗大家族所修建的专门祠堂中进行。宗祠里供奉着祖先的牌位，这里就是祖先的"家"，也是宗族的圣殿，族人每年要在规定时间里齐集祠堂，按固定仪式共祭祖先。[1]《礼记·王制》载："天子七庙，三昭三穆，与大祖之庙而七。诸侯五庙，二昭二穆，与大祖之庙而五。大夫三庙，一昭一穆，与大祖之庙而三。士一庙，庶人祭于寝。"反映了周代祭祖制度的等级性。祭祖制度随着宗族制度的演变而变化，经历了从强到弱、祭祖权力由社会上层向社会下层逐步扩大、专门祭祖的家庙由特权阶层向庶民普及的过程。祭祖活动反映了后人对祖先的敬仰与追思之情，目的在于承志、睦族、旺家业，贯穿于其中的人伦纽带就是孝道。

如果说原始的丧祭活动披上了一层神秘的宗教面纱，那么，儒家孝道的推行则使丧祭活动日益摆脱原始的宗教意义而染上浓厚的人伦色彩。"事死如事生，事亡如事存，孝之至也。"[2] 以丧祭活动为载体的祖先崇拜将孝道从冥界延续到现实，反映了祖先崇拜的孝道伦理功能。孔子曰："宗庙致敬，鬼神著矣。孝悌之至，通于神明，光于四海，无所不通。"[3] 宗法等级制度使孝道的道德辐射效应得到无限扩张，孝道成为沟通阴阳两界的隐形桥梁，它既是祖先的神力在现实世界得以延伸的精神之源，也是祖先崇拜的人伦根基和稳固家族制度的伦理准则。祖先崇拜内蕴的孝道主要体现在以下四个方面。

第一，别人伦差等。"辨君臣、上下、长幼之位"，"别男女、父子、兄弟之亲，婚姻、疏数之交"，是我国古代礼法制度的基本功能，也是孝道之根本。《礼记·丧服小记》云："亲亲，尊尊，长长，男女之有别，人道之大者也。""亲亲""尊尊"体现了家族内部子女对父母长辈的孝敬之情和尊长对子代的关爱之心，"长长"表达了为弟对兄长的敬顺之意。与丧葬一样，祭祖亦要体现"亲亲""尊尊""长长"以及男女之别。《礼记·大传》云："上治祖祢，尊尊也；下治子孙，亲亲也；旁治昆弟；合族以食，序以昭穆。别之以礼义，人道竭矣。"《礼记·祭统》载："夫

---

[1] 李卓：《中日家族制度比较研究》，人民出版社2004年版，第223—224页。
[2] 《中庸》第十九章。
[3] 《孝经·感应》。

祭有昭穆。昭穆者，所以别父子、远近、长幼、亲疏之序，而无乱也。是故有事于大庙，则群昭、群穆咸在，而不失其伦，此之谓亲疏之杀也。"都是讲祭祖要依礼而行，体现人伦义理。"昭穆"是古代十分重要的宗法礼制。宗庙次序，始祖庙居中，以下父子（祖、父）递为昭穆，左为昭，右为穆。① 祭祀先祖时，子孙要按照长幼、尊卑、亲疏之序排列行礼，体现了严明的宗法等级性，每次祭祖活动就是整个家族各种角色的一次大会操。《荀子·礼论》云："礼者，谨于治生死者也。"传统礼法制度的等级性贯穿于每个人由生到死的全过程，生时恪守礼法，死后以礼葬祭，代代相续，"生，事之以礼；死，葬之以礼，祭之以礼。"② 生、死、丧、祭的一体性反映了儒家孝道的彻底性，从天子至庶民概不例外。将家族内部之孝道扩展至整个社会，移孝作忠，以维护宗法等级制度，是祭祖的政治伦理功能，也是祖先崇拜的社会道德目标，所谓"资于事父以事君而敬同。贵贵、尊尊，义之大者也"③，以祭祖为主要形式的祖先崇拜成为推行孝道、维护宗法人伦秩序的重要活动载体。

第二，感恩，即感谢列祖列宗的代代生养之恩与抚育之恩。"祭者，所以追养继孝也。"④ "追养继孝"即追养先祖、侍奉双亲，继续尽孝。为什么尊亲已逝，还要追养之？就是为了感恩。古人强调孝子事亲有三道："生则养，没则丧，丧毕则祭。养则观其顺也，丧则观其哀也，祭则观其敬而时也。"⑤《曾子·本孝篇》曰："故孝子之于亲也，生则有义以辅之，死则哀以莅焉，祭祀则莅之以敬，如此而成于孝。"养、葬、祭是在不同阶段对先祖和已逝父母表达感恩之情的行为，三者一体化于孝道孝行之中。"水源木本，理不可忘。但思身所自来，则由吾父而吾祖，一一追溯，虽十世、百世固不得以为远也。奉先思孝，古训昭垂。帝王且然，况大夫、士庶哉。"⑥ 铭记祖先与父母的恩德，父母有生之年，孝养之；去世后，以礼葬祭。这首先是因为父母生我之不易，"子生三年，然后免于父母之怀"⑦，"三年之丧，达乎天子；父母之丧，无贵贱，一也"⑧。三

---

① 《辞海》（第六版缩印本），上海辞书出版社2010年版，第2405页。
② 《论语·为政》。
③ 《礼记·丧服四制》。
④ 《礼记·祭统》。
⑤ 同上。
⑥ 参见费成康主编《中国的家法族规》（修订版），上海社会科学院出版社2016年版，第284页。
⑦ 《论语·阳货》。
⑧ 《中庸》第十八章。

年之丧,自天子以至庶民无异,祭祖感恩亦如此。《礼记》云:"天下之礼,致反始也,致鬼神也,致和用也,致义也,致让也。致反始,以厚其本也;致鬼神,以尊上也;致物用,以立民纪也;致义,则上下不悖矣;致让,以去争也。合此五者,以治天下之礼也,虽有奇邪而不治者,则微矣。"① "致鬼神"是"五礼"之一,指举行宗庙祭祀活动来缅怀、报答"鬼神","鬼神"实际上是被神秘化的祖先,其位为"上"。"致鬼神,以尊上"就是说,祭祀祖先不仅是表达感恩之情,也在潜移默化中引导后代尊敬长上、奉行孝道。

父权家长制确立以后,以祭祖活动为礼仪载体的祖先崇拜逐渐制度化、普及化,成为民众日常生活不可缺少的重要活动。在宗法等级制度下,天子、诸侯、卿大夫、士、庶人的宗祠规模与祭祖排场自然存在很大的差别,但祭祀尤其是祠祭作为家族最盛大而庄严的活动,都要尽财力搞得隆重些,祭祖规模虽依家族地位、财力、身份而异,但对祖先的感恩之心是相同的,所以孔子强调:"宗庙致敬,不忘亲也。"② 祖先崇拜作为一种神圣的礼仪活动,随着祭祖的制度化而逐渐成为一种根植于中国人心中的代代相续的道德文化,它承载的是后辈对先祖的感恩之心,表达的是对在世父母与长辈的"反哺"之情,体现了下一代与上一代以及过去所有同祖世代之间永远割不断的血脉亲情。它对于形成抚育与"反哺"的良性代际伦理互动关系和维护宗法社会的等级人伦秩序产生了十分重要的社会伦理影响。

第三,孝亲养老。我国古代发达的家族制度为以孝道为根基的祖先崇拜提供了本土性的信仰平台。以家庭为生产单位、以家族为基层社群的自给自足的农耕经济生产形式,决定了我国传统社会的物质生产和日常生活主要在个体家庭与大家族中进行,这样,本家族的祖先便成为族人的共同偶像与精神寄托。家族中的年长者作为祖宗的后继者,是偶像的化身与现世的祖宗。原始社会父系氏族时期是父权制的发端期,形成了以男子为中心的"大家族",部落中的男性最年长者就是"活菩萨",是权威与神力的象征,在部落中享有至上的权威,自然受到氏族成员的普遍敬重。周朝保存了以血缘为纽带的氏族遗制,在殷制的基础上建立了一套完整的宗法等级制度,其中包括"立子立嫡之制",它明显偏重父权,祖父在则祖父为家长,父亲在则父亲为宗长,如果祖与父均不在世,则嫡长子为家长,

---

① 《礼记·祭义》。
② 《孝经·感应》。

世袭的嫡长子为族人兄弟所共宗（尊），称为"宗子"。"宗，尊也，为先祖主也，宗人之所尊也。"① 家族成员都由"宗子"管教，他掌控着家族财产，指挥家族生产，负责本族祭祀，对家族成员甚至有生杀大权。春秋时期，铁器与牛耕的使用推动了社会生产力的快速发展，封建私有土地开始出现并发展起来，动摇了以"王有"为形式的奴隶制土地制度，西周宗法等级统治体系四分五裂，最终"礼崩乐坏"。② 但作为宗法制度重要基础的父权家长制并未消亡，而是在封建社会中存续下来并得到进一步强化。家族中家长的权力是至高无上的，家族成员都必须绝对服从家长、尊敬家长并奉养家长。个人从属于整个大家族，个体的价值就在于光宗耀祖、扬名后世，这就是中国传统文化一以贯之的孝道。可见，在父权家长制下，祖先崇拜与家族本位是紧密相连的。一方面，祖先崇拜为家族本位价值观的形成提供了信仰层面的道德实践机制；另一方面，家族本位的价值观念使祖先崇拜不断强化，并实现了从社会上层到平民的普及化，其道德辐射效应不断扩张，二者内在联系的纽带就是孝道伦理。

祭祖一方面是祭祀先祖；另一方面意在通过追思承志，对现世的父母尊长表达孝养之心，祖先崇拜反映到现实生活就体现为尊老、养老的孝道与孝行。虽然宗法等级制度强调"天无二日，土无二王，国无二君，家无二尊"③，但始发于祖先崇拜的孝道与孝行在现实生活中超越了父权家长制下男性尊长至上的性别偏好，不论是对父还是对母，为人子者都必须恪守孝养之道，所谓"资于事父以事母而爱同"④。《孝经·孝纪行》曰："孝子之事亲也，居则致其敬，养则致其乐，病则致其忧，丧则致其哀，祭则致其严，五者备矣，然后能事亲。"《孝经·丧亲》曰："生事爱敬，死事哀戚，生民之本尽矣，死生之义备矣，孝子之事亲终矣。"这里的"亲"指双亲及其他长亲。"昔者，明王事父孝，故事天明。事母孝，故事地明。"⑤ 孔子在这里将孝养的对象明确为父母亲。"对死人顶礼膜拜，必须对活人尽孝，崇祖就是崇孝。"⑥ "祖先崇拜，是中国的宗教，祖先崇拜的仪式，是在家庭中进行的。"⑦ 家庭中，父母为上；家族中，年龄最

---

① 《白虎通·宗族》。
② 参见朱贻庭主编《中国传统伦理思想史》（第四版），华东师范大学出版社2015年版，第27页。
③ 《礼记·丧服四制》。
④ 同上。
⑤ 《孝经·感应》。
⑥ 李卓：《中日家族制度比较研究》，人民出版社2004年版，第229页。
⑦ 韦政通：《中国文化概论》，吉林出版集团有限责任公司2008年版，第54—55页。

长者至尊。由于我国古代社会生产是以家庭为基本单位进行的，人的生、养、死、葬都在家庭内完成，所以，孝亲养老成为家庭的重要功能。

"祭者，教之本也。"① 祭礼包含着极其丰富的人伦内涵，是实行道德教化的重要途径。孔子云："修宗庙，敬祀事，教民追孝也。"②《礼记·祭统》曰："夫祭有十伦：见事鬼神之道焉，见君臣之义焉，见父子之伦焉，见贵贱之等焉，见亲疏之杀焉，见爵赏之施焉，见夫妇之别焉，见政事之均焉，见长幼之序焉，见上下之交焉。""外则教之以尊其君长，内则教之以孝于其亲"③ 是祭礼的基本功能。历代统治者都十分重视祭祀的德教功能，尤其是把它作为传承孝道与实现老龄道德关怀的重要载体。"祀乎明堂，所以教诸侯之孝也。食三老五更于大学，所以教诸侯之悌也。祀先贤于西学，所以教诸侯之德也。耕籍，所以教诸侯之养也。朝觐，所以教诸侯之臣也。五者，天下之大教也。"④ 天子在明堂祭祀祖先，以教导诸侯遵守孝道；在大学用食礼款待三老五更，以教育其敬长；在小学祭祀先贤，以教育其修德；为宗庙祭祀而亲耕籍田，以教育其祭养神明。祖先崇拜通过一系列祭祖活动实现了从宗教性礼仪到世俗伦理道德活动的转化，使孝道由家庭道德升华为社会道德与政治道德。

在家族本位观念的影响和祖先崇拜的道德文化熏染之下，祭祖、孝亲、敬长、养老成为人们日常生活不可缺少的道德实践活动。祖先崇拜是产生孝道伦理并形成家族本位价值观的始发因缘，将孝道从冥界延续到现实是祖先崇拜的最终目的；移孝作忠是祖先崇拜作为宗教伦理、孝道作为血亲伦理，与社会政治伦理相结合的一种道德实践转换。由此可见，灵魂不灭→鬼神体认→祖先崇拜→道德教化→孝亲养老→移孝作忠，是传统宗法社会通过祖先崇拜实施道德教化并推行孝道的内在规律。

第四，致和。《礼记·祭义》曰："立爱自亲始，教民睦也；立教自长始，教民顺也。教以慈睦，而民贵有亲；教以敬长，而民贵用命。孝以事亲，顺以听命，错诸天下，无所不行。"以孝道为根基，由"亲亲"而"爱人"，行"仁"于天下，使家族和睦、天下太平，是礼法制度的社会伦理目标。《孝经》曰："生则亲安之，祭则鬼享之。是以天下和平，灾害不生，祸乱不作。故明王之以孝治天下也如此。"⑤ 孝养、

---

① 《礼记·祭统》。
② 《礼记·坊记》。
③ 《礼记·祭统》。
④ 《礼记·祭义》。
⑤ 《孝经·孝治》。

礼葬、敬祭，始终如一，是孝道的内在要求，也是实现代际和谐、族业兴旺、天下太平的治道。《礼记·祭义》云："祭日于坛，祭月于坎，以别幽明，以制上下。祭日于东，祭月于西，以别内外，以端其位。日出于东，月生于西，阴阳长短，终始相巡，以致天下之和。"祭祀日月要合于"阴阳长短"之变化，以达天下之和平，祭祀先祖与故亲也是如此，所谓"吉凶异道，不得相干，取之阴阳也。丧有四制，变而从宜，取之四时也"①。

二　家族的基本特征及其尊老伦理探源

传统宗法社会就生产而言，家庭是基本单位；从社会结构来看，家族是基层社群。家族是由众多个体小家庭组成的，这些个体小家庭由同一男性祖先的子孙所组成，世代聚居在一起，形成特定的地缘关系，并按照一定的规范组织生产、处理日常事务。家族具有四个基本特征：第一，以同宗男性血缘关系为纽带；第二，以个体家庭为基本单位；第三，聚族而居或有相对稳定的聚居区；第四，按照宗法规范实行家长制管理。

同姓、同祖的男系血缘亲团形成家族，离开同宗血缘关系，家族就不可能存在。《尔雅·释亲》云："父之党为宗族。"意思是说，由父系血缘关系繁衍而出并依父系为姓的所有个体家庭组成宗族。"宗族"与"家族"在一般情况下可通用，但"宗"字更凸显血统秩序，即长幼、尊卑、亲疏之序；"家族"之"家"似乎更能表示属于同宗血统的所有个体家庭及其成员亲如一家的温情。宗族可以是几个家族的集合。个体家庭的出现是形成家族的前提。母权制氏族公社时期形成了母系"大家族"，即男子居住在女方，世系以母系计，人们知母而不知父，这是群婚时代的"大家族"。至父权制时期，形成了父系"大家族"，即女子居住在男方，世系与财产继承依父系计，但它还不是宗法规范意义上的家族。随着原始公社制度的解体，父系"大家族"逐渐分裂为若干个体家庭，后来逐渐过渡到一夫一妻制，即由父母与子女所构成的家庭。这是形成宗法社会家族制度的历史前提。西周保留了以血缘为纽带的氏族遗制，在此基础上逐步建立了"大宗率小宗"的宗法制度，这是一种以家族为基层单位、由上统下、既"亲亲"又"尊尊"的等级制度。春秋战国时期，虽然以周天子为"天下之大宗、大宗率小宗"的血缘

---

① 《礼记·丧服四制》。

宗法等级统治体系瓦解了，但以父权制为基础的家族制度并未被摧毁；相反，它几经演变而得到巩固，成为封建宗法制度的核心要素与重要载体。家族就是始于同一祖先的男系血缘关系的若干个体家庭，按照宗法规范组成的社会群体，即同姓、同祖的男系血缘团体。①《礼记》曰，"亲亲以三为五，以五为九。上杀，下杀，旁杀而亲毕矣"②，"四世而缌，服之穷也，五世而袒免，杀同姓也，六世亲属竭矣"③，表明家族血缘亲团是以四世为限、断于缌服。④

家族的同宗血缘性是中国人历来认祖归宗并产生祖先崇拜的始发因缘，是形成几千年以来抚育与反哺的代际伦理互动关系的血亲根基。它在一定意义上也是形成我国传统的家庭养老模式并延续至今的血脉根源，是形成基于孝道的老龄关怀伦理文化的历史渊源。

聚族而居是家族的地缘特征。中国自古以来一直是一个农业大国，自给自足的小农经济生产形式决定了人口几乎不需要流动，个体家庭的生产具有较强的稳定性，同一宗姓的人们往往世代居住在同一块土地上并组成村落，共同劳动、互通有无，保持着家族从祖先到子孙的香火绵绵不绝，共同维系着家族所有成员的生存，确保祖业兴盛不衰。费孝通先生曾指出："血缘是稳定的力量。在稳定的社会中，地缘不过是血缘的投影，不分离的。"⑤"地域上的靠近可以说是血缘上亲疏的一种反映"⑥。聚族而居或相对稳定的居住地的形成是传统农耕生产方式下同宗血缘关系的一种空间投影。

聚族而居的直接好处是便于协作生产。我国古代社会是典型的农业社会，生产力水平极低，农业收成的好坏在很大程度上取决于自然条件和人们的生产经验，在一定意义上，社会是靠一代又一代人的生产经验和劳动技能的积累与传承而获得发展的。聚族而居的地缘性农业生产方式决定了老年一代所积累的生产经验与劳动技能成为宝贵的社会财富。从社会经济根源看，尊老伦理思想及厚生关怀伦理文化的形成与我国古代以农业为主的经济生产方式和聚族而居的地缘性特征密切相关。老年人由于积累了丰富的生产经验和劳动技能，对文化传统和社会风习也比较了解，因而成为

---

① 李卓：《中日家族制度比较研究》，人民出版社2004年版，第163页。
② 《礼记·丧服小记》。
③ 《礼记·大传》。
④ 瞿同祖：《中国法律与中国社会》，中华书局1981年版，第3页。
⑤ 费孝通：《乡土中国 生育制度》，北京大学出版社1998年版，第70页。
⑥ 同上。

生产经验与劳动技能的传播者，传统知识与社会文化的传递者。他们的大脑是社会发展与群体财富集聚必不可少的知识储存库，当他们能用一生积累的宝贵经验与丰富阅历对劳动技能和文化知识的传播进行控制时，其权威地位自然是无可置疑的。①

父权家长制是统理家族的基本制度。家族是个体家庭的扩大，是个体家庭的综合体。家族不只是一个生儿育女的社会单元，而且是一个处理政治、经济、法律、祭祀等复杂事务的基层社群。② 家庭本是社会的细胞，但在宗法社会，与其说个体家庭是组成社会的因子，毋宁说家族是组成社会的基本单元，家族与个体家庭的关系如同树的根干与枝叶，所谓"同姓从宗，合族属"③，就是说同姓者皆要服从家长，以聚合族人。"宗，尊也，为先祖主也，宗人之所尊也。"④ 宗者家族之主也，宗子权就是家长对家族的统率权。一个由父母及其子女两个世代组成的家庭，父亲是家长；三个世代的家庭，祖父为家长，以此类推。家族的经济权、财产权、法律权、宗教祭祀权等都掌控在家长手中。父祖作为家族的首脑，对家族中的所有人，包括他的妻妾、子孙及其妻妾，未婚的女儿孙女，同居的旁系卑亲属，以及家族中的奴婢，都有掌控权。⑤

家长的绝对权力首先来自其对家族财产权的控制。我国古代礼法禁止家族成员个人拥有私财。《礼记》云，父母在，"不有私财"⑥；"父母在，不敢有其身，不敢私其财"⑦；"子妇无私货，无私蓄，无私器，不敢私假，不敢私与"⑧。对于私用家财者，历代法律规定按财产价值大小处以不同的笞杖。如《唐律疏议》一二《户婚》规定，"卑幼私辄用财"，十匹笞十，十匹加一等，罪止杖一百。《宋刑统》一二《户婚律》对"卑幼私用财"有同样的处罚规则。明、清律规定，"卑幼私擅用财"，二十贯笞二十，每二十贯加一等，罪止杖一百。⑨ 父母在而别籍异财，比起私擅用财其罪更大，唐、元、明、清律均将其列为不孝之罪。唐宋时处徒刑三

---

① ［美］乔恩·亨德里克斯、戴维斯·亨德里克斯：《金色晚年——老龄问题面面观》，程越、过启渊、陈奋奇译，上海译文出版社1992年版，第52页。
② 韦政通：《中国文化概论》，吉林出版集团有限责任公司2008年版，第54页。
③ 《礼记·大传》。
④ 《白虎通·宗族》。
⑤ 瞿同祖：《中国法律与中国社会》，中华书局1981年版，第5—6页。
⑥ 《礼记·曲礼上》。
⑦ 《礼记·坊记上》。
⑧ 《礼记·内则》。
⑨ 瞿同祖：《中国法律与中国社会》，中华书局1981年版，第15页注释③。

年,明清时杖刑一百。祖父母、父母死后,若丧服未满也不得别籍异财,否则同样要受到法律的惩处。如《宋刑统》规定,"父母在及居丧别籍异财",处徒刑一年。① 父祖对财产的支配权只有在其死后并服丧期满才消除,否则,子孙即使成年并已成家、立业,也不能别籍异财,正如瞿同祖先生所言:"家庭范围或大或小,每一个家都有一家长为统治的首脑。他对家中男系后裔的权力是最高的,似乎是绝对的,并且是永久的。子孙即使在成年以后也不能获得自主权。"②

祭祀权进一步维护了家长的绝对权威。众多个体小家庭之所以能聚合一体组成家族,是因为它们都源自共同的祖先,有着共同的血根。祖先崇拜与同族意识是形成家族凝聚力的内在精神依据。祭祖与家族制度是紧密相连的,中国的家族无不把祭祖视为神圣的义务代代传承。祭祖不仅是为了追思先祖,更要借助这种神圣的宗教性仪式凝聚族人,促进整个家族和睦相处,同时教导人们尊老敬长、奉行孝道。家族之家长又称族长,一般是辈尊年长且德高望重者。家长作为主祭人,无疑是祖先的化身与代言人,"家长权因家族祭司(主祭人)的身份而更加神圣化,更加强大坚韧"③。可见,在崇祖观念影响下,父权家长制成为教导人们"奉先思孝"④、厚生养老的强大隐性社会机制。

家长不仅是主祭人,还是整个家族的最高法官,对族内纠纷具有处断权。如《清律例》规定:"妇人夫亡,无子守志者合承夫分,须凭族长择昭穆相当之人继嗣。"⑤ 在宗法等级统治下的父权制时代,家族被视为社会政治制度与法律制度运行的基本单元,也是社会的初级司法机构,法律明确赋予家长在家族司法中的决权地位。家长以每一基层单位法人或主权者的身份对家族的每一成员、每一家庭负责,进而对国家负责。这就是齐家、治国的社会伦理基础,是家族本位的政治伦理实践方式,是"家邦"式国家的法伦理治道。家长在族内的最高裁决权与惩罚权无疑强化了传统宗法社会的长老统治,这也是通过孝道伦理实现以家治国的宗法伦理机制。

---

① 瞿同祖:《中国法律与中国社会》,中华书局1981年版,第16页。
② 同上书,第6页。
③ 同上书,第5页。
④ 《商书·太甲中》。
⑤ 《清律例》八,《户律》,《户役》,"立嫡子违法"条,转引自瞿同祖《中国法律与中国社会》,中华书局1981年版,第23页。

三　家族共有与个人私有

依血缘聚合而成群体是氏族社会中的人们战胜自然、求得生存的一种手段。随着原始社会末期奴隶制生产关系开始萌芽，氏族血缘关系发生变化，氏族社会渐趋解体。然而，氏族血缘关系的变化与氏族社会解体的程度在中西方具有很大的差异性。夏商时期，我国在没有摧毁氏族血缘组织的情况下直接建立了奴隶制国家，整个社会结构保存了以血缘为纽带的氏族遗制，氏族首领摇身一变成为奴隶主贵族，"家邦式"国家建立起来。[①] 这正是形成传统宗法社会家族本位价值观念的血缘根基，同时，它也成为私有制经济发展尤其是商品经济发展的严重桎梏。

与之相反，在古希腊，开放的地理环境、不同行业之间较为频繁的经济交往以及大规模的海外移民与殖民扩张，撕毁了原始的氏族血缘纽带，形成了不同民族混居的生活方式，地缘与业缘相结合的新的生产方式和生活方式为城邦国家的建立奠定了基础。在大规模的移民与向外扩展的殖民运动中，社会关系发生了深刻的变化。土地私有制逐渐确立起来，土地与其他财产日益集中在少数氏族贵族手中，工商业的发展催生了新的工商业奴隶主，财产关系最终摧毁并替代了旧的氏族血缘关系。随着自由民和奴隶阶级的形成，以城市为中心的城邦国家诞生了。[②] 以雅典为例，忒休斯（Theseus）建立雅典国家时，将全体公民划分为贵族、农民和手工业者三个阶级，只有贵族能担任公职。公元前6世纪梭伦（Solon）改革，根据公民的地产和收入多少将其分为四个阶级，并赋予相应的政治权利和义务。罗马城邦也经历了相似的道路。塞尔维乌斯·图利乌斯（Serlias Tallius）以希腊为榜样尤其是借鉴梭伦改革制定新的制度，设立新的人民大会处理城邦事务，有没有资格参加这个大会，不依据是否是 Populus Romanus，即道地的罗马人民或平民来决定，而是依据是否服兵役而定。凡应服兵役的男子都按其财产分为六个阶级，对前五个阶级规定了相应的最低财产限额，第六个阶级为无产者。"这样，在制度中便加入了一个全新的因素——私有财产。公民的权利和义务，是按照他们的地产的多寡来规定的。于是，随着有产阶级日益获得势力，旧的血缘亲属团体也就逐渐遭到排斥；氏族制度遭到了新的失败。"[③] 由此可见，氏族血缘关系的解体

[①] 李桂梅：《中西家庭伦理比较研究》，湖南大学出版社2009年版，第26页。
[②] 参见罗国杰、宋希仁编著《西方伦理思想史》上卷，中国人民大学出版社1985年版，第21—22页。
[③] 《马克思恩格斯选集》第四卷，人民出版社2012年版，第130页。

与私有财产关系的确立在古希腊罗马城邦的建立与发展过程中起到了关键作用,尤其是私有财产关系的确立具有决定性意义。恩格斯指出:"由子女继承财产的父权制,促进了财产积累于家庭中,并且使家庭变成一种与氏族对立的力量;财产的差别,通过世袭贵族和王权的最初萌芽的形成,对社会制度发生反作用。""财富被当做最高的价值而受到赞美和崇敬,古代氏族制度被滥用来替暴力掠夺财富的行为辩护。"[①] 财产的私有化从根本上动摇并最终瓦解了氏族血缘组织的经济基础。个人财产合法化的需要,依财产划分社会阶级的需要,以及使有产者剥削无产者的权利永久化的迫切现实需要,使国家这种暴力机关应运而生。国家的最初功能就是保障个人获得的财产不为氏族制度的共产制所侵犯,使私有财产神圣化,并宣布这种神圣化是整个人类社会的最高目的,从而使不断加速的私有财富积累合法化。[②] 由氏族财产共有制转变为财产私有制是中西方从原始社会进入奴隶制社会的共同规律,但是,财产私有制在古代中西方有着重要区别。个人以及独立的个体家庭拥有私财且受到法律保护是古希腊城邦国家的重要特点,这与中国宗法社会的家族财产共有制有着重大差异。

古希腊氏族血缘关系解体的后果之一是在西方没有形成尊卑、长幼、亲疏的等级人伦关系,而彰显的是平等、独立、自由的价值观念。另一个后果是父权家长制的崩解,这使得西方不可能产生基于父权制及以孝道为核心的宗法观念与宗法道德,而突出的是天赋人权与法律面前人人平等的法权观念,产生了基于主体权利与义务对等性的契约伦理。与这一历史进程相伴随的是个人意识与个体家庭意识的觉醒,个人的独立性与个体家庭的独立地位得到社会的确认,膨胀的私欲使个人私有财产与个体家庭的私财不断积累,个体价值的大小也以财富的多少来衡量,种种变化的最终结果就是私有财产的合法化与神圣化。这必然导致个人主义盛行,个人本位逐渐成为希腊城邦的主导价值观,这也是现代西方个人本位乃至个人主义产生的端倪。

中国古代社会带着浓厚的血缘族团性质跨入文明社会的门槛,建立的是以家族为基本单元的"家邦"式国家。个人从属于家庭乃至整个家族,个体利益要无条件地服从家族整体利益,个人没有独立自主的价值。所谓的个体家庭没有独立的财产权,个人更不可能拥有私财,个人的命运、个体家庭的生存与发展完全系于整个家族的兴衰。相对稳定的农业生产方式

---

① 《马克思恩格斯选集》第四卷,人民出版社 2012 年版,第 122 页。
② 同上书,第 122—123 页。

与聚族而居的地缘特征进一步巩固了家族血缘关系,并使宗法制度在嬗变中得到繁衍和长期延续。财产制度是社会经济结构的重要形式,也是维系社会意识和道德关系的制度基础,正如列宁所言:"思想的社会关系不过是物质的社会关系的上层建筑,而物质的社会关系是不以人的意志和意识为转移而形成的,是人维持生存的活动的(结果)形式。"① 从一定意义上说,个体独立性的丧失与个体价值的消解以及家族本位的形成正是由宗法制度下家族财产共有制所决定的。

四 家族利益至上与个体利益至上

家族本位与个人本位作为两种不同的价值观,其根本差异在于利益导向的不同,家族本位坚持家族利益至上,个人本位强调个体利益为重。不同的经济生产形式与社会伦理关系是造成这种差异性的根源。

古希腊开放的地理环境与人口的经常性流动为自由贸易提供了良好的条件,由此形成了以手工业和商业为核心的业缘与地缘相结合的经济生产形式,以及自由、开放、平等的人际交往模式。它强调个人作为社会主体的平等性,注重个人才智的发挥。城邦民主政体的建立为主体之间进行平等的经济交往提供了基本的制度伦理支持,主体之间形成的是一种权利与义务相对应的契约伦理互动关系,个体利益至上是其基本利益导向。个人本位就是以个体利益至上为核心内容的一种价值观,它强调个体的自由与独立、价值与尊严、生存与发展,认为正义的社会制度应该保证个体的自由、独立、平等及其基本权利。社会是由独立的个人组成的,个体才是真正的社会实体,个体价值是社会价值的基础,社会整体利益是无数个体利益的集合。当二者发生冲突时,个体利益要服从社会整体利益,但社会整体利益要以个体利益的实现为价值旨归。

古希腊时期智者派的奠基人普罗塔哥拉(Protagoras)指出:"人是世间万物的尺度,是一切存在的事物所以存在、一切非存在事物所以非存在的尺度。"② 他把独立自在的、感性的个人作为判断一切事物的标尺,彰显了人在宇宙中的主体地位。德谟克利特(Democritus)则认为:"人是一个小世界。"③ 在他看来,雅典民主制度下的每一个公民都有独立的意志与人格,以自己的方式参与城邦国家这个大世界的活动。德谟克利特以

---

① 《列宁专题文集——论辩证唯物主义和历史唯物主义》,人民出版社2009年版,第171页。
② 参见周辅成编《西方伦理学名著选辑》上卷,商务印书馆1964年版,第27页。
③ 同上书,第74页。

"原子"隐喻人的独立自在性,认为"事物的性质只是人们约定俗成的东西,在自然中存在的只有原子和虚空"①。社会大厦是由无数独立的原子即个体组成的,原子的活动在社会中就表现为个体独立人格的发展。他还认为,人的自利性决定了人与人之间是相互倾轧的,"人们若不相互倾轧,则法律将不必禁止任何人随心所欲地生活了。"② 然而,德谟克利特又主张"国家的利益应该放在超乎一切之上的地位上,以使国家能治理得很好。"③ 在他看来,国家利益至上并非否定个体利益与个体幸福;相反,城邦国家的价值目标就在于通过善治让人们过上一种自由、平等而且有尊严的幸福生活。柏拉图(Plato)在《理想国》中指出:"人既各有所求,而又需多数之他人供给之,于是各本其愿欲而合群成为团体。凡由此群此团体联络而成之全部,即名之曰国家。"④ 从这句话中我们可以看到,古希腊人的群体意识与国家观念是以强烈的个人意识与个体利益为基础的,这一点与宗法制度下家族意识对个人意识的湮灭、家族利益对个体利益的钳制有很大的差异性。综上所述,在希腊城邦时代,独立的个人成为社会的因子,个体家庭是组成社会的基本单元,个体的独立人格与自足价值、自由与尊严是古希腊人所追求和颂扬的,这正是个人本位的伦理本质。

智慧、勇敢、公正、节制是古希腊的四大美德。智慧居首,表明成功更多地取决于个人的聪明才智。它强调基于个人利益与个人幸福的社会公正,而不是个人对家庭与社会的无条件服从、奉献以及自我牺牲;强调代际间人格平等、权利平等、互惠互利,而不是下一代对上一代的绝对服从与义务性赡养。"西方自柏拉图已不以对父之孝,对君之忠,对夫妇朋友之和与信为德本,而归其本于智。"⑤ 这里的"智"有三层含义:一是求真之智,即真理性认知,以实现人与自然界的和谐为本;二是求福之智,即个体的自我认知及其对个人价值与个人幸福的追求;三是求善之智,即对制度进行道德反思,并建构一种基于法权的正义社会制度。这三点分别是个人本位的哲学根基、道德建构方式及其价值目标。

在中国传统宗法社会里,个人与个体小家庭都绝对地服从于大家族,个体的独立性与个体价值已为家庭与家族所吞噬,个体利益为家族利益乃

---

① 参见周辅成编《西方伦理学名著选辑》上卷,商务印书馆1964年版,第72页。
② 同上书,第86页。
③ 同上。
④ [古希腊]柏拉图:《理想国》,郭斌和、张竹明译,商务印书馆1957年版,第75页。
⑤ 黄建中:《比较伦理学》,山东人民出版社1998年版,第89—90页。

至国家利益所消解。相对封闭的地理环境与聚族而居的生活方式是商业与贸易的天然障碍，加上重农抑商的历史传统，形成的只能是自给自足的地缘性农业生产方式与狭隘的家族内人际交往模式。"三纲五常"是传统宗法伦理的基本要义，"三纲"即"君为臣纲、父为子纲、夫为妻纲"，无不体现着尊卑、长幼、亲疏的等级人伦秩序。就代际伦理关系而言，它突出的是以父权制为基础、以孝道为核心的下一代对上一代的服从与赡养义务。"五常"即仁、义、礼、智、信，强调的仍然是基于血缘关系的人伦之序。因此，在传统宗法社会里，家族利益是至上的；个体价值在于光宗耀祖、扬名后世，个体利益完全消融在家族利益之中，所谓"立身行道，扬名于后世，以显父母，孝之终也"①。

第三节　宗法伦理与契约伦理

我国古代奴隶制社会由于保留了以血缘为纽带的氏族遗制，形成了以父权制为基础的宗法伦理。古希腊城邦国家对氏族血缘关系的彻底摧毁，产生的是以法权为基础的契约伦理。宗法伦理与契约伦理的差异性主要体现在以下四个方面：人子与公民的身份差异；父权与法权的权利差异；宗法人伦关系与契约人伦关系的人伦结构差异；"父慈""子孝"与平等友爱的代际伦理关系差异。

一　人子与公民：身份差异

在父系社会后期，随着生产力的发展和剩余产品的增多，出现了财产的私人占有现象，原始社会开始向奴隶社会过渡。然而，人类在从原始氏族制向文明的奴隶制转化的过程中，中西方经历了不同的道路。我国夏商奴隶制是在没有打破原始氏族血缘组织的基础上直接建立起来的，整个社会结构保留了以血缘为纽带的氏族遗制。商代的奴隶主阶级就是由部落首领和氏族贵族直接转化而来的，其内部关系依靠宗族血缘纽带来维系。不仅如此，由于被征服部落整体的奴隶化，形成了所谓的种族奴隶，他们聚族而居，基本上保持着氏族社会的组织结构，这就使奴隶也带着浓厚的血缘族团性质。②西周的宗法等级制就是建立在氏族血缘关系的基础之上

---

① 《孝经·开宗明义》。
② 沈善洪、王凤贤：《中国伦理思想史》（上），人民出版社 2005 年版，第 46—47 页。

的，它有三项根本制度："一曰立子立嫡之制，由是而生宗法及丧服之制，并由是而有封建子弟之制，君天子臣诸侯之制。二曰庙数之制。三曰同姓不婚之制。"① 周人以"三制"为基础，以血缘关系为纽带，建立了一个天子→诸侯→卿大夫→士→庶民的金字塔式的宗法等级体制。《礼记·大传》曰："别子为祖，继别为宗，继祢者为小宗。"这句话集中概括了西周宗法制度的特点。这种纵贯上下、以上统下、族权与政权相结合的社会结构是以父系血缘关系为基础、以家族为网结构成的。家族是组成社会的基层实体，个人从属于大家族，既没有独立的财产权，也没有独立的个体身份，更谈不上自足的个体价值，只有相对于家族的人子身份，即下对上、幼对长、卑对尊、妇对夫的从属关系，乃至小家长对大家长、小宗对大宗、大宗对天子的服从关系；反之，则是一种家长式的统领关系，整个社会就是"以天下为一家，以中国为一人"② 的一个大家。

春秋战国时期，以血缘关系为基础的西周宗法等级制度虽然被打破了，但其内蕴的对上服从、对下统领的关系始终没有改变，而是在中国封建社会长期延续。个人的身份主要体现为家族的成员，而不是具有独立人格、独立财产权与政治权利的社会公民。统治阶级内部依财产多少、官职大小等分成不同的等级，对下具有绝对的统治权乃至生杀权，对上却永远是一种从属与服从的关系。除了皇帝，其他官员，包括位居一人之下、万人之上的宰相，对上都自称奴才、不才、鄙人，就是为了表明从属、服从上级。这种矛盾性实际上是父权家长制在家国同构的社会政治制度中的反映，是移孝作忠的结果。奴隶、农奴以及妇女没有自己的财产，只是主子的私产，更谈不上个体的独立与自由、尊严与价值。因此，在以血缘关系为纽带、以父权制为载体、以君主专制为特征的宗法社会中，人子是个体的主要身份。

古希腊处于开放的地理环境中，其发源地地中海海域以其发达的海陆交通连接着欧亚世界。西部山岭丘谷蕴藏着丰富的矿产资源，遍布果树，为金属工业、陶器制作以及园艺业的发展提供了天然条件。东部海岸线发达，有不少优良的港湾，十分利于航海。丰富的矿产资源、优越的地理环境带动了城邦经济的发展，成就了古希腊较为发达的手工业、商业与航海业。经济的繁荣与人口的流动是紧密联系在一起的。海上贸易扩大了经济

---

① 参见朱贻庭主编《中国传统伦理思想史》（第四版），华东师范大学出版社 2015 年版，第 16—17 页。
② 《礼记·礼运》。

交往的范围，促进了人口流动杂居，古希腊人不再囿于固定的生活地域，而是借助地中海这个天然的航道，用橄榄油、葡萄酒、工艺品去换取埃及、小亚细亚、西西里的粮食、金属与奴隶①，原有的以血缘为纽带的社会关系受到冲击。从公元前 8 世纪到公元前 6 世纪，希腊人开始大规模的海外移民，他们在爱琴海诸岛、小亚细亚海岸、黑海沿岸、意大利南部以及西西里建立了数以百计的移民城邦。② 当这些城邦发展到一定规模时便再次移民去开拓新的殖民地。大规模的海外移民与不同种族的混居彻底瓦解了以血缘为基础的氏族组织，代之而起的是以地缘、业缘以及私有财产关系为发展基础的新城市与城邦。在罗马，除了仿照希腊依财产多少对应服兵役的男子进行阶级划分，还成立了新的百人团大会取代库里亚大会，成为新的公民权利机关。③ 这样，"库里亚和构成它们的各氏族，像在雅典一样，降为纯粹私人的和宗教的团体，并且作为这样的团体还苟延残喘了很久，而库里亚大会不久就完全消失了。"④ 同时，"为了把三个旧的血族部落也从国家中排除出去，便设立了四个地区部落，每个地区部落居住罗马城的四分之一，并享有一系列的政治权利。"⑤ "这样，在罗马也是在所谓王政被废除之前，以个人血缘关系为基础的古代社会制度就已经被炸毁了，代之而起的是一个新的、以地区划分和财产差别为基础的真正的国家制度。"⑥ 以地缘、业缘以及财产关系为基础的城邦经济是一种利益主体平等交往、共同获利的契约经济，它的发展需要民主政治体制的保护。契约经济与民主政体的有机结合催生了公民这一社会主体，个体在城邦中的基本社会身份就是公民而不是家庭成员。因此，在西方，"公民"这一概念是伴随着城邦国家的建立、契约经济的发展以及民主政体的形成而诞生的。

希腊城邦中的公民具体是指能够参与司法活动以及担任官职的这部分居民，也就是行使一定行政权力的人。城邦实行直接民主制，公民通过参加公民大会、陪审法庭等来直接参与城邦重大事务的讨论与决策。公民内部是平等的，城邦治权归属于全体公民。如在雅典十天一次的公民大会上，讲台向全体公民开放，"如果涉及城邦事务的问题，那么，不论是木

---

① 李桂梅：《中西家庭伦理比较研究》，湖南大学出版社 2009 年版，第 19—20 页。
② 参见徐行言主编《中西文化比较》，北京大学出版社 2004 年版，第 60 页。
③ 《马克思恩格斯选集》第四卷，人民出版社 2012 年版，第 144 页。
④ 同上。
⑤ 同上书，第 144—145 页。
⑥ 同上书，第 145 页。

工、机匠、靴工、商人、水手、富人、穷人、贵人、贱人，一律可自由起立发言"①。然而，当时雅典城邦的公民人数很少，因为占人口半数的妇女、占人口约三分之一的奴隶以及迁居雅典的外国人及其后裔都不是公民，他们都没有政治权利。还有一部分公民由于债务危机而沦为债务奴隶，不再具有公民身份，公民人数因此不断变化。梭伦执政时以法律的形式免除了公民债务，规定雅典人都是城邦公民，不能被当作奴隶，由此稳定并提高了普通公民的政治地位，扩大了城邦国家政权的社会基础，为贵族政治转向民主政治奠定了社会基础。② 梭伦改制废除了贵族在政治上的身份世袭特权，公民按财产收入情况分为四个等级，其中第一、二等级的人可以担任国家最高官职；第三等级可担任低级官职；第四等级不能担任官职。他设立"四百人会议"，负责准备与审理公民大会的提案，行使公民大会的部分职能。它由四个部落各选出一百人组成，第一、二、三等级的公民均有权当选。另外设立了陪审法庭，凡是雅典公民都可以被选为陪审员来参与案件的审理。这样，以财产权替代了贵族的身份世袭特权，所谓的贵族门第只有与财产相结合才具有实际的政治意义。贵族身份是先赋的，而财产具有自致性。世袭的贵族身份反映出贵族与平民、奴隶之间与生俱有的不平等的政治关系。财产具有可变更性，财产关系中的个体是独立、平等的权利主体，财产权对贵族身份世袭权的替代是民主政治斗争的胜利。虽然这种所谓的金权政治（Timocracy）仍是有产者的特权政治，是财产和特权的平等联合，但它用相对平等的财产特权取代了世袭的不平等身份特权，因而是一个历史的进步，是民主政治（Democracy）的开端，是公民这一权利主体的历史性胜利。

公民是一种社会身份，是政治权利与经济权利的特有标识，反映出臣民作为主人对城邦国家的治权，体现了组成社会有机体的个人与作为整体的国家之间不可分割的关系，即权利主体与国家这个社会实体之间相互依存的关系。人子是一种家族身份，表明其归属于大家族并绝对服从家长，它凸显的是家长权威而非个体权利。君主专制政体强化了人子的道德义务，掩盖甚至消解了其作为社会成员的基本权利。家国同构与移孝作忠将君民关系扩大为拟父子关系，提升了君父的权威性与独裁性，映衬出子民的服从性与依附性。公民身份表明社会成员之间是一种基于法权的契约关系，这正是现代西方平等友爱的代际伦理关系产生的重要历史缘由。

---

① 参见周辅成编《西方伦理学名著选辑》上卷，商务印书馆1964年版，第20页。
② 参见焦国成主编《公民道德论》，人民出版社2004年版，第14—15页。

二 父权与法权：权利差异

春秋战国时期是一个"礼崩乐坏"的时代，封建生产方式开始形成，郡县制取代了分封制，封建官僚制取代了世卿世禄制，族权与政权分离，以周天子为天下之大宗、"大宗率小宗"的血缘性宗法制度逐渐解体。但是，宗法制度的一些基本原则并没有绝迹，而是依托新的封建制度而长期存在于中国社会，并随着生产方式的变化和社会制度的变迁而嬗变，具体体现在以下五个方面。第一，嫡长子继承制贯穿整个封建时代。第二，宗族制度几经起伏，得到延续与发展。第三，家国一体的社会结构延续下来并得到巩固。第四，宗法等级制度的内核——以父权家长制为基础、以血缘关系为纽带，"辨君臣、上下、长幼之位"，"别男女、父子、兄弟之亲，婚姻、疏数之交"[①]的等级观念与严明的等级制度也留存下来了，并长久地渗透在封建体制中，以家国同构的形式获得新生。第五，政权、族权、神权和夫权相互渗透的政治伦理格局依然存在。宗法制度的这些重要特征及其基本原则在新的土壤中逐渐演变成封建性的宗法伦理制度。

如前文所述，随着西周宗法制的瓦解，原有的血缘性宗族组织也被摧毁，但由于新的封建制度仍然是一种家国一体的政治伦理制度，家族是组成社会的基本单位，治国须先治家，因此，作为宗法制的具体活动形式与宗法伦理载体的宗族制度长期保存下来。秦汉以后，郡县制取代分封制，政权与族权进一步分离，各地的强宗巨族受到朝廷的严厉打击，原有的宗族制度被打破，但宗族成员之间始终存在着种种关联。东汉至魏晋南北朝时期，依托于宗法封建大土地所有制的门阀士族崛起，它以九品中正制为基础、以血缘关系为纽带，形成了所谓的门阀制度。这是一种以家族为基础的地方性组织，它不仅是统治阶级与被统治阶级相区分的一个重要标志，也是统治阶级中部分家族与其他家族相区别的一个标志，也就是说，它是封建等级制度在家族中的深刻表现及制度化形式。隋唐时期，科举制取代了九品中正制，打破了"上品无寒门，下品无贵族"的垄断局面，在黄巢起义的扫荡下，门阀士族走向衰落，其宗族组织也随之瓦解。至宋明时期，官僚地主与庶民地主兴起，为了管摄天下人心，收宗族，厚风俗，使人不忘本，在理学家的倡导下，宗族组织开始重建，修族谱、建宗祠、置业田、立族长、定族规的宗族制度在各地相继复兴。至宋代，宗族组织已发展成为社会结构中带有普遍性的重要基层组织，即它已经成为一

---

① 《礼记·哀公问》。

种平民化、大众化的社会组织，而不再限于权贵之家。明代中叶后，宗族组织遍及全国，庶民之家已修族谱。① 可见，宗族组织并未随着西周宗法制度的灭亡而消失，而是随着社会制度的变迁经历了一个从贵族化到平民化的过程。具体来说，宗法制度就是以宗族作为社会活动的基本单元，以单向的父系血缘关系为根干而繁衍出根式辐射状的社会人伦之网，按照"亲亲""尊尊"的原则来构建人伦关系与社会秩序，并通过家国同构的方式实现政治、伦理与法律一体化统治的政权组织形式。它不仅是一种政治制度、法律制度，也是一种伦理制度。宋代以后宗族组织的平民化与普遍化，在家国一体的社会政治结构中适应了统治阶级"齐家、治国、平天下"的政治伦理需要，成为教化民众、实施社会控制的重要工具。

父权家长制是宗法伦理的内核。《说文》将"父"解释为"矩也。家长率教者。从又举杖"②。"父"字包含着统治与权力之意。父权包括家长对家族成员的管教权、经济权、法律权、祭祀权等家族内的一切权力，甚至包括生杀权，它是法律赋予的。"父而赐子死，尚安复请！"③ 君之于臣，父之于子，都有生杀大权，但生杀权后来只适用于君臣之间而不适用于父子之间了。在宗法社会里，父权制与君主专制互为表里。从中国古代社会历史发展的情况来看，父权制贯穿始终，它与宗法制度如影随形，并随着专制制度的强化而不断强化。荀子曰："君者，国之隆也；父者，家之隆也。隆一而治，二而乱。"④《礼记·丧服四制》云："天无二日，土无二王，国无二君，家无二尊，以一治也。"在家国一体的社会结构中，父权制强化了宗族意识与宗法人伦关系，使尊卑、长幼、亲疏的等级观念持久地渗透到每个大家族、每个小家庭以及每一个人心中，个体的自主性、独立性完全消融在家族利益与国家利益之中。父权制是宗法制度的载体，是君主专制的人伦基石；君主专制是父权制在家国同构的社会结构中的放大，是封建特权借助父权制这种温情脉脉的人伦之网所进行的极端社会控制。从经济根源来看，宗法父权制与君主专制归根到底都是由自给自足的小农经济生产方式决定的。在小农经济社会里，以血缘关系为纽带的宗族组织及其宗法伦理适应了地主阶级控制农民的需要，因而宗法制度不但在中国封建社会得到承袭，而且随着中央集权的强化而不断加强。另

---

① 李卓：《中日家族制度比较研究》，人民出版社 2004 年版，第 48—50 页。
② 《康熙字典》（标点本），上海辞书出版社 2008 年版，第 642 页。
③ 《史记》卷八七《李斯列传》，载（汉）司马迁《史记》，韩兆琦主译，中华书局 2008 年版，第 1744 页。
④ 《荀子·致仕》。

外，缺乏凝聚力的自给自足的小农经济正是由于宗法关系的维系而成为封建社会的主要生产形式，庞大的家族以及无数个体小家庭也正是依靠血缘关系与宗法伦理保持着相对的稳定性。然而，中国传统社会家族结构的相对稳定性是以丧失个体自由、个体独立以及个体价值为高昂代价换取的。父子关系是中国传统社会家族关系的根基，它体现的是上一代与下一代之间权威性与服从性的关系，这种关系受到宗教性的孝道伦理的支持，同时它也强化了孝道观念，使父权发挥到顶峰，并使君王一统天下的政治伦理格局成为历史的必然。

古希腊由于摧毁了原始的氏族血缘关系，并通过大规模的海外移民与殖民扩张，建立了以业缘与私有财产关系为基础的城邦国家。公元前8世纪，古典时代的希腊城邦开始形成。它以独立的城市为中心，向周围的乡村辐射，相互隔离的希腊各地区分别建立起卫城和城堡。工商业是城邦经济的重要发展形式，它是一种建立在贸易自由与主体平等交往基础之上的契约经济，其主要特征是利益主体之间权利与义务的对等性。当然，这种契约经济还很不成熟，但它是近现代西方契约经济的雏形。法权是契约经济的核心理念，是保护经济活动各方的利益并实现其交互主体性的基础。在希腊城邦社会结构中，公民与城邦之间的利益关系以及公民相互间的利益关系要远远高于家庭内部成员之间的血缘关系。公民与城邦以及公民之间的社会互动及其利益关系主要由法律加以规约，这样，以法权为基础的契约关系便成为城邦社会关系的主要方面。

法权内含着主体权利平等的要求。这里的主体既指独立的城邦，又指具有公民权的个人。以契约关系解构血缘关系、以法权取代王权是古代希腊社会走向文明的两大巨变。忒休斯改革以后，雅典成为一个城邦式政治联合体，而非家族式血缘聚合体。各城邦作为独立的政治单位，相互之间构成了法律上对等的权利与义务关系，这就大大削弱了以血缘关系为基础的王权政治，于是城邦国家意义上的法权政治出现了。公民身份及其权利与义务不再由血缘世袭身份来决定，而是依据其所拥有的财产多少来确定。城邦联盟这种基于财产权利的政治联合体实质上是财产特权的联合，但它用自致的、相对平等的财产特权代替了先赋的、绝对不平等的身份世袭特权，这正是公民权利平等的内在要求，是法权的重要体现。公民作为组成城邦的基本要素，是一个超越了血缘、父权以及王权的实体，反映出尊重个体的独立人格、保护个体基本权利以及维护合法的私有财产权的民主政体正在形成。雅典首席将军伯利克里（Perikles）宣称："我们的制度之所以被称为民主政治，因为政权是在全体公民手中，而不是在少数人手中。解决私人争执的时候，每个人在法律上都是平等的；让一个人负担公职优先于他人的时候，所考虑的不是某一个特殊阶级的成员，而是他们有真正才能。任何人，只要他能够对国家有所贡献，绝对不会因为贫穷而在政治上湮没无闻。正因为我们的政治生活是自由而公开的，我们彼此间的日常生活也是这样的。……在我们私人生活中，我们是自由的和宽恕的；但是在公家的事务中，我们遵守法律。"① 这既是城邦的民主政治宣言，也是法权宣言。

保障公民的基本权利是基于法权的城邦国家的重要职能。亚里士多德（Aristotle）在《政治学》中阐述了城邦的性质："城邦是若干家庭和种族结合成的保障优良生活的共同体，以完善的、自足的生活为目标。"② 他还论述了公民与城邦的关系，"城邦正是若干（许多）公民的组合"③，"（一）凡有权参加议事或审判职能的人，我们就可以说他是那一城邦的公民；（二）城邦的一般含义就是为了要维持自给生活而具有足够人数的一个公民集团"④，"凡享有政治权利的公民的多数决议，无论在寡头、贵族或平民政体中，总是最后的裁断具有最高权威"⑤。他强调了公民的基本生存权利与政治权利。公民是自己的主人，平等是城邦民主政体的价值基础，"公民政治依据的是平等或同等的原则"，大家轮番进行统治。民主政体必然以公民共同的利益为施政目标，以正义为价值依据，"真正的公民必定在于参与行政统治，共同分享城邦的利益"，"当执政者是多数人时，我们就给这种为被治理者的利益着想的政体冠以为一切政体所共有的名称：政体或共和政体。"⑥ "共和政体"是基于法权的民主政体，维护全体公民的共同权益，"不损害别人，给予每个人他应得的部分"⑦，并实现政治上的善即公正，是其价值目标。

古希腊发生的以契约关系解构血缘关系、以法权取代王权的历史变革，同样发生在古罗马。以公民权利侵蚀家长权利是古罗马以法权变革王

---

① 参见周辅成编《西方伦理学名著选辑》上卷，商务印书馆1964年版，第38—39页。
② 参见苗力田主编《亚里士多德全集》第九卷，中国人民大学出版社1994年版，第92页。
③ [古希腊] 亚里士多德：《政治学》，吴寿彭译，商务印书馆1965年版，第109页。
④ 同上书，第113页。
⑤ 同上书，第199页。
⑥ 参见苗力田主编《亚里士多德全集》第九卷，中国人民大学出版社1994年版，第86—87页。
⑦ [罗马] 查士丁尼：《法学总论——法学阶梯》，张企泰译，商务印书馆1989年版，第5页。

权的关键。罗马法分为公法与私法两类。"'公法是有关罗马国家稳定的法（ius quod ad statum rei Romanae spectat）'，即涉及城邦的组织和结构"①，是关于国家利益的法律。私法是调整个人利益的法律，"家父权"属于私法领域。在罗马父权制家庭中，家父握有很大的权力。"拥有自己法（proprio iure）的罗马家庭被界定为对家长即'家父（pater familias）'的服从"②。"家父权"具有终身性、广泛性③，主要包括对子女、奴隶的支配权（potestas），对妇女的夫权（manus），财产权，甚至包括卖子权（ius vendendi）和生杀权（ius vitae ac necis）。④ 罗马时期的"家父权"与我国宗法社会的父权具有诸多相似之处，但这两种父权存续的时间及其社会影响具有很大差异。在罗马城邦时期，大规模的海外移民、各族混居特别是城邦联盟的确立架空了氏族的功能，基于血缘关系的"家父权"受到剧烈冲击。民主政体的形成催生了"公民"这一社会主体，公民权利逐渐消解了"家父权"。"公民"反映的是个体与国家以及个体之间具有对等性的权利与义务关系，在商品经济迅速发展的城邦社会结构中，公民身份所涵盖的权利与义务关系要远远重于人子身份所包含的家庭内部成员之间的血缘关系，前者为公法所调整，后者由私法来规范。"儿子积极完成其对国家所负各种义务中最重要的义务，纵使不取消他父亲的权威，一定也会削弱这种权威。"⑤ 个体在国与家中身份不同，在公法和私法范围内的责、权、利也就相应地具有差异性，作为公民其权利与义务的对等性和作为人子其权利与义务的不对称性形成鲜明对比，二者的矛盾正是削弱"家父权"的关键。

在家国同构的中国传统社会结构中，父权制与宗法制是高度融合在一起的，产生于商周时期的带有原始血缘性质的宗法制度虽然在春秋战国时期被打破，但宗法制度的一些重要内容并未根除，而是随着社会变迁发生着相应的变化，其中最为根本的就是父权家长制。可以说，发端于父系氏族社会的父权制在中国古代社会未曾间断，它随着朝代更替而变换形态，随着专制政体的强化而不断加强，成为纵贯中国社会历史的一条隐形的权

---

① ［意］朱塞佩·格罗索:《罗马法史》（2018年校订版），黄风译，中国政法大学出版社2018年版，第89页。
② 同上书，第10页。
③ 同上。
④ 同上书，第90页。
⑤ ［英］梅因:《古代法》，沈景一译，商务印书馆1959年版（2011年10月第8次印刷），第92页。

力主线。宗法制度使父权成为不可动摇的家族特权，君主专制使君权成为至高无上的国家特权，父权与君权的高度结合形成由家到国的权力专制。割不断的血缘纽带与自给自足的小农经济反过来成为维系父权与君权的强大力量。这也正是我国尊老伦理文化源远流长的一个制度伦理根源。另外，中国古代社会没有形成古希腊罗马那样的民权政治的土壤，在家族内个体的权利为父权所消解，在国家中则为君权所侵蚀。不论在国还是在家，权利与义务都极不对称。同时，君主专制所导致的权等于法甚至大于法的制度弊端使法律的规约性与权威性大大削弱，法权不得不退让于父权与君权。

而在罗马，城邦以法律来确认和保障公民的基本权利，"法（ius）和城邦通过互相干预、混合和发展趋向于制度上的统一，法（ius）同城邦结合起来，它不仅表现为市民的法，而且也表现为'城邦自己的法（ius proprium civitatis）'。"① 法权是以法的形式确认的公民权利，它是通过契约关系对血缘关系的解构、公民身份对人子身份的超越、公民权对家父权的侵蚀、民主政治对王权专制的摧毁而获得的，这一复杂历史进程的最终结果就是法权取代王权而成为城邦民主政制的根基，也使公民的权利与义务获得法律的支持。

罗马人不仅创立了公法与私法来调整城邦主体之间的利益关系，还创立了万民法来承认和保护异邦人的权利，并由此形成了人类共同权利的概念。在罗马国家发展的中期，出现了大量异邦人。公元前1世纪初，随着亚历山大（Alexander）对东方的征服与扩张，地中海世界变成了一个共同体，异邦人成为罗马社会不可缺少的组成部分，他们与罗马人、罗马文化在交流中相互渗透与同化。然而，宗教仪式与传统礼节合一的罗马市民法不适用于异邦人。由此，必须创设一套新的法律来确认异邦人的人格与社会地位，并赋予其相应的权利和义务。罗马统治者通过设立外事裁判官而逐渐发展出"万民法"体系。"'万民法'概念有着双重的含义：一个是理论上的含义，它的根据是存在一种所有民族共有的法，并且认为自然理由是这种普遍性的基础；另一个是实在的和具体的含义，它指的是产生于罗马人与异邦人之间关系的那种罗马法体系，一般说来，这种法适用于罗马人和异邦人。"② "万民法"对异邦人的人格与社会地位的认可实际上

---

① ［意］朱塞佩·格罗索：《罗马法史》（2018年校订版），黄风译，中国政法大学出版社2018年版，第80页。
② 同上书，第196页。

是对普遍人格的确认,它不仅保障了异邦人的基本权利,也使罗马人与外来民之间的利益互动及其权利与义务关系得到国家法律制度的保障。因此,"万民法"在以法权消解"家父权"的历史进程中起到了不可忽视的作用。

三 宗法人伦关系与契约人伦关系①:人伦结构差异

中国传统社会占主导地位的社会关系体现为以父权制为基础、以血缘关系为纽带的宗法人伦关系。自夏商周以来,宗法制度几经起伏,其赖以建立的血缘纽带却始终没有断裂,成为父权制与专制制度的人伦基石。以农业为主的生产方式和自给自足的自然经济形成了聚族而居的地缘特征,人口的社会流动性极小,这自然不利于工商业与自由贸易的发展,因而没有形成古希腊罗马城邦时期那样较为发达的工商业。农业与家庭手工业相结合的自然经济由于具有完备的自足性、自发调节的灵活性、生产与消费的短程性而成为我国古代社会的主要经济形式,加上各朝重农抑商,商品经济发展十分缓慢。一方面,自给自足的自然经济为宗法制度的诞生提供了沃土;另一方面,宗法制度又以天然的血缘人伦之网与不可动摇的父权为自然经济的发展提供了强大的社会伦理支持。将等级贵贱与人伦亲疏高度融合,并通过社会制度与伦理文化熏染将这种融合稳固下来且代代相续,由此形成了既"亲亲"又"尊尊"的宗法人伦之网。

在父权制与君主专制共同编织的宗法人伦网络中,个人完全为"五伦"所统摄。"五伦"即"父子有亲,君臣有义,夫妇有别,长幼有序,朋友有信"②,其中父子关系、夫妇关系、长幼关系以家族关系为基础,君臣关系、朋友关系则是一种拟家族关系,正如冯友兰先生所言:"中国的社会制度便是家族制度。传统中国把社会关系归纳成五种,即君臣、父子、兄弟、夫妇、朋友。在这五种社会关系中,三种是家庭关系,另两种虽不是家庭关系,却也可以看作是家庭关系的延伸。譬如君臣关系,被看成是父子关系;朋友则被看作是兄弟关系。"③ 一切社会关系都是由父权制决定的家族关系或拟家族关系,整个社会就是一个大家族。君王就是百姓的君父,臣民乃君王的子民,官吏是黎民的父母官。在以血缘关系为纽带、以父权制为基础的宗法人伦社会中,"三纲五常"是维护封建宗法等

---

① 参见李桂梅《中西家庭伦理比较研究》,湖南大学出版社2009年版,第93页。
② 《孟子·滕文公上》。
③ 冯友兰:《中国哲学简史》,天津社会科学院出版社2007年版,第20—21页。

级统治秩序的总纲，孝道是维系长幼尊卑名分及体现人子身份的根本原则。

在希腊城邦制时期，初步形成了以工商业为基础的契约经济，基于权利与义务对等性的契约人伦关系构成了城邦社会关系的重要方面，其基本特征如下。

第一，以法权为基础，而不是以父权为基础。权利是一种社会制度和文化现象，它与国家和法同时产生。在罗马法中虽没有明确的权利概念，罗马人却用法律来支持一切正当的事情。① 梅因（Maine）指出："概括的权利这个用语不是古典的，但法律学有这个观念，应该完全归功于罗马法。"② 张文显认为，罗马法中的"法"与"权利"源自拉丁文"jus"，它有四种含义最接近现今的"权利"一词。一是受到法律支持的习惯或道德权威，如家长权威；二是权力，如所有人出卖其所有物的权力；三是自由权，即受到法律保护的自由；四是法律上的地位，即公民或非公民在法律秩序中的地位与人格。③ 权利与法从来都是不可分离的，没有法律保护的权利是软弱的，没有权利支撑的法律是空洞的，法权构成古希腊罗马城邦时期契约人伦关系的法伦理基础。

如前所述，以契约关系解构血缘关系、以法权取代王权是古希腊罗马走向文明社会的两大巨变。法权对王权的替代是与法权对"家父权"的消解紧密相关的。在古罗马，"家父权"是至高无上的家长权力，范围广泛，具有终身性，属于家庭法律制度调整的范畴。早期"家父权"的对象包括隶属于家父的奴隶与自由人，受家父支配权指挥的、用于牵引或负重的牲畜，意大利土地以及作为其附属品的某些地役权④，"它在较发展的时代甚至包括卖子权（ius vendendi）和生杀权（ius vitae ac necis）"⑤。罗马后期法律对"家父权"做了一定限制，赋予了子女一定的人身权与财产权，"家父权"逐渐受到削弱。脱离家庭表现为"人格减等［capitis deminutio（minima）］"；脱离父权（emancipatio）意味着取得城邦法上的完全权利能力。⑥ 子女取得婚姻自主权和独立的财产权等权利的事实不断

---

① 张文显：《法学基本范畴研究》，中国政法大学出版社1993年版，第65—66页。
② ［英］梅因：《古代法》，沈景一译，商务印书馆1959年版，第118页。
③ 张文显：《法学基本范畴研究》，中国政法大学出版社1993年版，第66页。
④ ［意］朱塞佩·格罗索：《罗马法史》（2018年校订本），黄风译，中国政法大学出版社2018年版，第11页。
⑤ 同上书，第90页。
⑥ 同上书，第11页。

削弱着"家父权",并最终解构了具有氏族血缘性质的社会结构。城邦民主政体建立以后,以法律的形式明确了公民的权利与义务。随着城邦工商业的不断发展、个体间经济交往的日益频繁,以及城邦与他国之间商贸往来的增加与复杂化,以严格而具有法律效力的契约形式来规范交往双方的责、权、利成为必然,由此逐渐形成了一种新的社会经济关系即契约关系,它成为城邦所有社会关系的基础,正如梅因所言,"用以逐步代替源自'家族'各种权利义务上那种相互关系形式的",是个人与个人之间的"契约"①。"在以前,'人'的一切关系都是被概括在'家族'关系中的,把这种社会状态作为历史上的一个起点,从这一个起点开始,我们似乎是在不断地向着一种新的社会秩序状态移动,在这种新的社会秩序中,所有这些关系都是因'个人'的自由合意而产生的。在西欧,向这种方向发展而获得的进步是显著的。奴隶的身份被消灭了——它已为主仆的契约关系所替代了。在'保佐下妇女的身份',如果她的保佐人不是夫而是其他的人,也不再存在了;从她成年以至结婚,凡是她所能形成的一切关系都是契约关系。'父权下之子'的身份也是如此,在所有现代欧洲社会的法律中它已经没有真正的地位。如果有任何民事责任加于'家父'和成年之子,使他们共同受到它的约束,则这样的责任只可能通过契约而后才能具有法律效力。"②梅因总结道:"所有进步社会的运动,到此处为止,是一个'从身份到契约'的运动。"③契约是在父权解体的基础上,以利益主体的自由合意为前提所达成的一种要约形式,契约各方的权利与义务在获得城邦法律的认可与保障时,便成为法权。契约经济是法权产生的经济根源,而法权则成为契约经济的权利基石,它也是维系契约人伦关系的一根权利纽带。

在古代中国,带有原始氏族性质的血缘纽带和产生于父系氏族社会的父权制在西周宗法制度中留存下来。西周宗法制虽在春秋战国时期被摧毁,但作为宗法制度人伦基石的父权制不但没有被削弱,反而随着君主专制制度的强化而不断强化。法权与父权的权利属性不同、民主政制与君主专制的制度形式差异、契约伦理关系与宗法人伦关系的人伦性质分野,这三个方面是紧密相联的。

第二,以契约关系为纽带,而不是以血缘关系为纽带。梅因在《古

---

① [英]梅因:《古代法》,沈景一译,商务印书馆1959年版,第110—111页。
② 同上书,第111页。
③ 同上书,第112页。

代法》中指出："所有进步社会的运动在有一点上是一致的。在运动发展的过程中，其特点是家族依附的逐步消灭以及代之而起的个人义务的增长。'个人'不断地代替了'家庭'，成为民事法律所考虑的单位。"[①]"用以代替的关系就是'契约'。"[②] 公元前8世纪至公元前6世纪，希腊各城邦奴隶制普遍确立，打破了原来氏族和部落各自独立的经济地位，城邦内部以奴隶制生产方式为基础的经济关系和政治关系瓦解了原来各部落之间的血缘关系，以地缘和业缘以及财产关系为基础的契约经济关系逐渐形成。在城邦兴起与契约经济初步发展的过程中，个体的独立性不断张显，随着氏族与部落原始血缘关系的彻底瓦解，个人逐渐脱离家庭血缘纽带而慢慢消除了对家庭的依附性，城邦的建立使公民身份最终代替了人子身份。城邦通过法律明确规定公民的权利与义务，促进了契约经济与工商业的不断发展。如：罗马不仅有公法与私法来调整城邦内部公民之间的利益关系，还创立万民法来规约罗马人与异邦人之间的责、权、利关系。这种以城邦商业经济的发展为基础，通过法律来调整公民相互之间以及公民与城邦之间权利与义务的经济关系就是契约经济关系，它是契约人伦关系的基石。

中国古代社会的宗法人伦结构却以自然经济为基础、以血缘关系为纽带，个人只有服从家长、效忠国家的道德义务，却没有个体自由，也没有独立的财产权。社会更没有形成以业缘及以个人私有财产关系为基础的契约经济即商业经济，也就不可能产生基于权利与义务对等性的利益主体以及以契约经济为基础的契约人伦关系，而只能形成以农耕经济为基础、以血缘关系为纽带的宗法人伦关系。

第三，功利性与道德正义性的辩证统一。契约是保证经济活动中的各方实现正当利益的一种要约形式，功利性是契约经济的自然属性。智者安提芬（Antiphon）认为，正义在于不违背国家的任何法律条文，"法律的规则是依契约制定的，而非由自然产生的"，"一个人如果在证人面前尊崇法律，而在没有证人独自一人时又尊崇自然的规则，那么他就是在最有利于自己的方式下实行正义了。"[③] 在他看来，正义在于守法，法规来自契约，契约基于利益——私利，而非普遍利益。可见，早期的契约概念强调基于私利的功利性，而没有与普遍的道德正义性相结合。伊壁鸠鲁

---

① ［英］梅因：《古代法》，沈景一译，商务印书馆1959年版，第110页。
② 同上书，第110—111页。
③ 参见周辅成编《西方伦理学名著选辑》上卷，商务印书馆1964年版，第30—31页。

(Epicaras)是古希腊功利契约论的代表,他从快乐主义出发,指出:"自然的公正,乃是引导人们避免彼此伤害和受害的互利的约定。""凡不能相约彼此不伤害的动物,是没有公正或不公正可言的。""公正对于每个人都是一样的,因为它是相互交往中的一种互相利益。""公正没有独立的存在,而是由相互约定而来,在任何地点,任何时间,只要有一个防范彼此伤害的相互约定,公正就成立了。"① 这个"防范彼此伤害的相互约定"就是契约。公正或正义以互不伤害与互利为前提,互利的功利性是城邦契约经济的价值目标,这与安提芬的基于私利的契约功利论相比,是一个进步。

在古希腊,苏格拉底(Soerates)、柏拉图、亚里士多德等人均强调契约经济的道德正义性。苏格拉底以日落般辉煌的死践行了一个公民与国家所订立的契约,他的不逃之死隐含的一个伦理原则是:公民应当守诺,应该遵守其一出生就与国家订立的契约。苏格拉底的所谓契约正义更多地具有政治伦理和法伦理的内涵而非经济伦理的意义,然而这种守诺的道德忠信原则对于契约经济主体同样具有价值导向意义。在柏拉图的《理想国》中,格劳孔(Glaucon)认为:人们根据一致同意的契约而订立法律以避免相互的伤害,守法践约即为正义,正义的本质就是最好与最坏的折衷,反映了古希腊中庸为善的价值取向。亚里士多德以促进公共利益的道德原则来评价城邦的政治制度,他认为,城邦以促进善德为目的。"依绝对公正的原则来评判,凡照顾到公共利益的各种政体就都是正当或正宗的政体;而那些只照顾到统治者们的利益的政体就都是错误的政体或正宗政体的变态(偏离)。"② 他在《政治学》中引用智者吕科弗隆(Lycophron)的话,法律只是"人们互不侵害对方权利的(临时)保证"而已,而法律的实际意义应该是促成全邦人民都能进于正义和善德的(永久)制度③。互不侵权或避免互相伤害是第一层次的契约伦理要求,它依靠法律对契约主体权利与义务的规约来实现。互利互惠是第二层次的契约伦理要求,它主要依赖于人们在经济活动中的交互主体性及其对责、权、利的认可与自觉践履。促进公共利益是最高层次的契约伦理要求,是城邦政体的价值目标,它体现为城邦与公民对善德的一致追求,是政治与道德、国家利益与个人利益的有机统一。邦国与邦国之间也有互不损害、互利互惠的

---

① 参见周辅成编《西方伦理学名著选辑》上卷,商务印书馆1964年版,第96—97页。
② [古希腊]亚里士多德:《政治学》,吴寿彭译,商务印书馆1965年版,第132页。
③ 同上书,第138页。

条约规定。"这些邦国订有输入输出的合同,并缔结商务条约,规定(在商业上)互不损害两国人民的利益,保证各自正当的行为;这些邦国之间还有成文的军事互助同盟条约。"① 法律规约下的契约功利必然是正当的,甚至是向善的,功利性与正义性成为利益主体进行经济交往的两个尺度,城邦时期繁荣的工商业正是这两个尺度共同规制的结果。当然,二者的辩证统一是在古罗马至中世纪这一漫长的历史时期逐渐产生、发展并完成的。

四 "父慈""子孝"与平等友爱:代际伦理关系差异

《礼记·礼运》曰:"何谓人义?父慈,子孝,兄良,弟悌,夫义,妇听,长惠,幼顺,君仁,臣忠。""父慈""子孝"概括了宗法社会代际伦理关系的基本特征,也是实现代际伦理关系良性循环的根本原则。"父慈"是对父母长辈的道德要求,包含了抚育子女成人、教导子女成才的道德义务;"子孝"是子女对父母长辈养育之恩的倾情报答,它比"父慈"更为重要。

孝道是儒家伦理思想的内核,也是中国传统道德的根荄。孝道作为儒教在家族本位的中国传统社会中最根本的伦理原则与道德规范,是代际伦理关系赖以建立与延续的道德基石。孔子曰:"孝悌也者,其为仁之本与。"② 孝道是孔子仁爱思想的根基。"仁者,人也,亲亲为大。"③ "亲亲"就是爱亲人,父母为至爱。只有先爱亲,才能由此推广开去,爱天下所有的人。孟子以性善论为孝道的推行找到了人性根据,他说:"人之所不学而能者,其良能也;所不虑而知者,其良知也。孩提之童,无不知爱其亲也;及其长也,无不知敬其兄长也。亲亲,仁也,敬长,义也。"④ 人性本善,"亲亲""敬长"是天生的善性,孝道的推行也就是必然的了。性善论虽然具有先验论倾向,但它为孝道提供了自然人性的依据,使孝道的道德效应大大扩张了。孟子还说:"孝子之至,莫大乎尊亲,尊亲之至,莫大乎以天下养。为天子父,尊之至也,以天下养,养之至也。"⑤ "人人亲其亲,长其长,而天下平。"⑥ 将孝养之道由家庭扩展到整个社

---

① [古希腊]亚里士多德:《政治学》,吴寿彭译,商务印书馆1965年版,第137—138页。
② 《论语·学而》。
③ 《礼记·中庸》。
④ 《孟子·尽心上》。
⑤ 《孟子·万章》。
⑥ 《孟子·离娄上》。

会,"老吾老以及人之老"①,太平盛世必将出现。可见,儒家推己及人的大爱品格是建立在孝道的基础上,通过"父慈""子孝"的代际伦理互动来实现的。

在中国传统社会里,父子关系是家族关系的基础与其他社会关系的缩影,是一切人伦关系的始发之源。"父慈""子孝"体现的是一种权威与服从的关系②,孝道是维系这种代际不平等关系的人伦纽带,也是移孝作忠、实现以家治国的道德基因。如果说孟子的性善论为孝道提供了人性依据,那么,父权制则是产生孝道的社会伦理根源,是形成宗法性代际不平等关系的制度伦理因素。父权制作为人类历史发展进程中的一种制度文化现象,曾在世界各地相当普遍,孝道是父权制家庭制度的基本伦理原则之一。然而,在祖先崇拜的作用下,孝道俨然成为一种世俗化的宗教,这是中国宗法社会所独有的。韦政通先生指出:"儒家是一种宗教——中国式的宗教。"③ 把孝道作为最高伦理原则,并将孝行作为人生最重要的道德实践活动,是从儒家开始的。《孝经》云:"夫孝,天之经也,地之义也,民之行也。"④ "人之行,莫大于孝,孝莫大于严父。"⑤ "严父"指尊敬父母。"五刑之属三千,而罪莫大于不孝。"⑥ 孝道不仅是宗法伦理的根本原则,也是极为重要的法律规范。唐、元、明、清律中的"十恶"均包含"不孝",主要是指控告、咒骂祖父母、父母;祖父母、父母在,别籍、异财、供养有缺;居父母丧,身自嫁娶、寻欢作乐、不穿孝服;知祖父母、父母丧,隐瞒不办丧事以及谎称祖父母、父母丧。对于违反教令及不肖子孙,父母可以自行给予相应的责罚,并可以不孝之罪呈控子孙,请求地方政府代为惩治。如何治罪,历代均有明确的法律规定,包括笞、杖、徒、发遣边地等,乃至剥夺生命,处刑轻重完全由父母决定。⑦ 孝道伦理及其道德实践融合在人们日常生活的每一个方面,体现在君臣、父子、夫妇、兄弟、朋友各种人伦关系之中,因此,它是一种世俗化、伦理化的宗教。"父慈""子孝"的代际伦理关系一方面受到宗教性的孝道的支持;另一方面,它恰是孝道在家族本位的社会生活中的现实反映,它强化了人

---

① 《孟子·梁惠王上》。
② 韦政通:《中国文化概论》,吉林出版集团有限责任公司2008年版,第287页。
③ 同上书,第82页。
④ 《孝经·三才》。
⑤ 《孝经·圣治》。
⑥ 《孝经·五刑》。
⑦ 瞿同祖:《中国法律与中国社会》,中华书局1981年版,第8—15页。

子对父母长辈的孝养责任,使父权发挥到顶峰,并对中国式的家庭养老模式产生了极为深远的影响。

尊敬并孝养父母同样是古代西方所倡导的家庭伦理美德。赫西俄德(Hesioel)在《工作与时日》中说:"子女不尊敬瞬即年迈的父母,且常常以恶语伤之,这些罪恶遍身的人根本不知道畏惧神灵。这些人不报答年迈父母的养育之恩,必将受到宙斯的严厉惩罚。"① 苏格拉底曾告诫大儿子郎普洛克莱(Lamproclair)不要对母亲发脾气,因为母亲生养孩子十分不易,她的严厉是出于仁爱的善良动机;要记住父母的养育之恩,因为父母抚育子女要付出无数心血;不尊重、不报答父母就是忘恩负义,国家"对于别种形式的忘恩负义并不在意,既不对他们进行起诉,也不管一个人受了别人的恩惠是否感激图报,但对于那些不尊重父母的人却要处以重罚,不许他担任领导的责任,因为认为这样的人不可能很虔敬地为国家献祭,也不会光荣而公正地尽他的其他责任"②。雅典公民的辩论章法规定:任何殴打父母的人、不赡养父母的人,以及任何挥霍掉从其父母那里继承的财产的人,都不得在公民大会上发言。可见,雅典城邦的民主政治内含着尊敬父母、赡养父母的道德要求。

柏拉图认为,一个人所有的一切都属于生他养他的人,他应竭尽全力为他们服务,"首先是财产,然后是用肉体和心灵,用这些给予老人们以他在他们那把年纪所极需要的东西:偿还他们用在他身上的全部急切的关注和照顾,这是他们在他儿童时代给他的长期'贷款'。"③ 儿子在评论父母时不能信口开河,否则会受到神的严厉惩罚。父母发火、泄怒时,子女要顺从、原谅他们;当父母去世时,要举行简朴的葬礼,一年一度的祭奠不可少。这样,我们就能从神那里得到报偿,并且一生中的大部分时间都可以生活在愉快和有信心的心理状态中④。这种尊老敬老的思想与儒家倡导的顺亲为孝的主张以及丧葬伦理有共同之处。柏拉图还说:"老年人与青年人相比,总是受人尊重得多,这在众神和人们中是一样的,只要他们还想活得安全和幸福的话。……我们社会里的每个人,都应该用自己的言行表示尊敬他的长辈。……必须永远避免殴打任何年纪大得足以做其父母

---

① [古希腊]赫西俄德:《工作与时日 神谱》,张竹明、蒋平译,商务印书馆1991年版,第7页。
② [古希腊]色诺芬:《回忆苏格拉底》,吴永泉译,商务印书馆2010年版,第55页。
③ [古希腊]柏拉图:《法律篇》,张智仁、何勤华译,孙增霖校,上海人民出版社2001年版,第125页。
④ 同上书,第125—126页。

的人。"① 殴打年长者应因殴打罪受审,若败诉,他必须坐不少于一年的牢。②

亚里士多德指出:"在食物方面,我们应当帮助父母先于帮助其他任何人,因为我们对父母欠有养育之恩。在这方面我们如能帮助父母先于帮助自己,则更为可敬。"③ 据亚里士多德的《雅典政制》记载,雅典各种官吏的选拔活动都要进行严格的资格审查,其中一项重要内容就是考察候选人"待他的父母好不好",资格审查所提的问题还包括是否知道自己的父亲是谁、属于哪个村社,父亲的父亲是谁;母亲是谁,她的父亲又是谁,属于哪一村社;是否有家族坟墓及其所在地。④ 这种道德资格审查与我国古代的举孝廉制有一定的相似之处。

可见,不论在古代中国,还是古代西方,都存在孝道观念,善待父母、孝养双亲都是社会所提倡并加以称颂的美德。所不同的是,其一,在古代中国,孝道观念与孝养伦理渗透到社会生活的各个方面,成为宗法制度的道德文化根基。孝养父母不仅是一种道德义务,也是一种法律责任。那么,古代西方有没有孝道的相关法律规定?有。柏拉图的《法律篇》记载,在古代雅典,不尽力照管父母者与虐待父母者要受到相应的法律惩处。父母本人或其使者可向三个最高法律维护者与负责婚姻的三个妇女汇报情况,官员须依法处置。若犯者不到三十岁,或是一个不到四十岁的妇女,则受鞭打和监禁。对于年龄较大的犯者,父母应把其送上由一百零一个该国最年长公民组成的法庭。法庭将确定犯者所处刑罚或罚金,而任何人类所能忍受的处罚或付得起的罚金都在考虑之列。若用虐待的办法不让父母控告,知情的自由民应提请当局注意;若知情不报,则被视为流氓,且谁都可以指控其犯有伤害罪。若告发者为奴隶,他将获得自由。当局还要保护告发者免受报复与伤害。⑤ 当然,在古希腊罗马城邦的繁盛时期,由于契约关系解构了氏族血缘关系,法权取代了父权与王权,孝养观念虽然存

---

① [古希腊]柏拉图:《法律篇》,张智仁、何勤华译,孙增霖校,上海人民出版社2001年版,第314—315页。
② 同上书,第316页。
③ [美]莫特玛·阿德勒、查尔斯·范多伦编:《西方思想宝库》,周汉林等编译,中国广播电视出版社1991年版,第158页。
④ [古希腊]亚里士多德:《雅典政制》,日知、力野译,上海人民出版社2011年版,第82—83页。
⑤ [古希腊]柏拉图:《法律篇》,张智仁、何勤华译,上海人民出版社2001年版,第380—381页。

在，但养老作为子代的义务在家庭内逐渐淡化，而将养老作为国家责任的社会孝养观念开始萌发，这为现代西方社会养老保障制度的建立奠定了社会伦理基础。

其二，中国人由于受到孝道熏染与祖先崇拜观念的影响，尊老孝亲与祭祀先辈，一方面在于感恩、追思与承志；另一方面是为了获得已逝先辈的荫庇、护佑及赐福。西方人尊老孝亲与祭奠先辈同样包含着感恩的情怀，然而，古希腊时期的尊老、孝养观念和祭奠行为更多地与人们敬神祈福的宗教信仰有关。柏拉图在《法律篇》中描述了公元前4世纪中叶的一个夏日，克里特岛上一位雅典来客与克里特人克列尼亚斯（Cleinias）的讨论，他借雅典来客之口说："没有哪个神或有自知之明的人会怂恿别人不敬父母。"① 人类崇拜某些神乃因为他确信这些无生命的神能够保证他获得神赐的许多恩惠和仁慈，"这意味着一个有着赡养在家并因年迈而体衰的父母或祖父母的人，不可能想不到，在他家里拥有这样一座'神龛'期间，如果照料得合适，没有任何其他的崇拜物会比它对他的行为有更大的影响"②，"如果神听从那些遭到子女的粗暴伤害的父母们的祈祷是真的话，那么，有什么理由不相信，在相反的情况下，当我们表现得尊敬父母时，他们会因此而热烈地祈祷众神赐福给孩子，而众神也会像先前一样听从这些祈祷，并因此赐了福给我们"③。父亲、母亲与祖父就像"活的神龛"，他们对后代的影响是那些无生命的神龛无法比拟的，"一个善待自己的父亲、祖父以及其应得善待的人，会拥有值得尊崇的对象，而这一对象在获得上天的恩宠方面要比其他任何对象都有用得多。"④ 概言之，感恩追孝与敬神祈福是中西方关于尊老孝养动机的一个重要区别，它源于祖先崇拜与宗教信仰的文化根源差异。

其三，中西方不同的家庭代际伦理关系孕育出不同的养老模式。如前之所述，在罗马父权制家庭时期，家父握有很大的权力，包括对人的支配权、夫权、财产权、对物的所有权及其他权利，甚至包含作为刑事司法权的最高体现的生杀权，这种权力不是擅断的，而是被规定在家庭法律制度之中。早期家父权力"具备主权所要求的两个要件，对于政治实体（即

---

① ［古希腊］柏拉图：《法律篇》，张智仁、何勤华译，上海人民出版社2001年版，第379页。
② 同上书，第378—379页。
③ 同上书，第379页。
④ 同上书，第380页。

国家）来说，它们通常是至关紧要的，这就是：居民和领土"①。由此看来，罗马父权制时期的亲子关系是极不对等的，这与中国宗法制度下的父权制有着某种相似之处，正如瞿同祖先生所言："那时是宗法时代，正是父权学说形成的时代，——或也是父权最盛的时代，同时也发现父亲的生杀权，其巧合或不是偶然的。"② 罗马的父权制从共和末期开始遭到削弱，随着城邦制的确立，契约关系解构了原有的家族血缘关系以及以之为基础的父权制，法权取代了王权，政治性的民主统治替代了家族式的血缘统治，个人本位的价值观超越了家族本位的价值观，公民身份替代了人子身份，亲子之间平等的代际伦理关系开始酝酿。这对现代西方平等友爱的代际伦理关系的形成产生了重要影响，然而它也在一定程度上淡化了年轻一代对年老一代的家庭赡养责任，这个不足却促成了现代西方社会养老保障制度的建立及其制度伦理建构的不断完善。

父权制贯穿中国古代宗法社会始终，并随着专制制度的发展而演变，虽然后来生杀权只适用于君臣之间而不适用于父子之间了，但这并未从根本上动摇父权制。因而，在宗法社会里，家庭内部代际伦理关系一方面体现为以孝道为基础的"父慈""子孝"，即权威与服从的关系；另一方面体现为以代际责任为基础的抚育与反哺的良性伦理互动关系。它一方面酝酿出独具中国特色的家庭养老模式与老龄关怀伦理文化；另一方面，其流弊却是当代中国社会养老保障制度不健全乃至产生制度性缺陷的肇因之一。

---

① ［意］朱塞佩·格罗索：《罗马法史》（2018年校订版），黄风译，中国政法大学出版社2018年版，第11页。
② 瞿同祖：《中国法律与中国社会》，中华书局1981年版，第7页。

第三章　中西老龄利益伦理比论

利益是道德的基础，"人们为之奋斗的一切，都同他们的利益有关"①，"每一既定社会的经济关系首先表现为利益。"② 一切社会关系都体现为利益关系，伦理关系亦如此。我国于2000年左右进入老龄社会，人口结构老龄化产生了深远的社会影响，如：老龄人口赡养比上升使社会养老负担加重；由顶部老龄化所引发的代际收入分配的公正性、资源配置的优化、积累与消费的平衡等问题日益凸显；代际伦理关系发生一系列变化。这些问题都与利益及利益关系紧密相连。社会转型、"未富先老"以及全球经济一体化的复杂环境使当前中国社会的利益关系变得错综复杂。如何化解利益矛盾，使国民收入分配与资源配置逐步达到理想状态，成为当前我国社会发展面临的重大问题。人口结构老龄化背景下的利益伦理具有鲜明的代际性，如何有效规制代际利益伦理关系，成为破解老龄社会伦理问题的一个突破口。权利平等、制度正义以及分配优效是推进代际正义的利益伦理的基本要求。

第一节　利益与利益伦理

利益犹如一面魔镜，反映着人的自然需求和本能欲望，映照着利己与利他的交锋、公与私的对垒、感性与理性的纠葛。"利益就其本性说是盲目的、无节制的、片面的，一句话，它具有无视法律的天生本能"③。然而，每个社会主体对现实利益的追求都是有一定限度的，这个限度就是利益的边界。④ 利益既有法律的边界，也有伦理的阈限。利益伦理就是利益

---

① 《马克思恩格斯全集》第一卷，人民出版社1995年版，第187页。
② 《马克思恩格斯选集》第三卷，人民出版社2012年版，第258页。
③ 《马克思恩格斯全集》第一卷，人民出版社1995年版，第288—289页。
④ 参见唐代兴《利益伦理》，北京大学出版社2002年版，第281页。

的伦理阈限，是关于利益关系及其伦理规制的统一，它必须客观地反映主体的内在需要，同时充分体现利益的普遍性，并不断促进基于个人利益与社会利益有机统一的主体利益最大化。

一 客观的"内在的必然性"

利益关系是一切社会关系的核心，利益问题是事关民生的根本问题。何为利益？利益就是好处，是"人们通过社会关系表现出来的不同需要"①。现实的需要是利益的基础，利益就是需要的满足。

需要既有客观性，也有主观性。需要的客观性是由人作为社会存在物的现实性和人的实际生存状态决定的；同时，也是由用来满足需要的对象、过程、手段及其结果的客观性共同决定的。人的本质是一切社会关系的总和，社会历史是由现实的个人及其实践构成的。人的本质属性在于社会性，因此，现实的人是作为社会存在物的具体的人，"不是处在某种虚幻的离群索居和固定不变状态中的人，而是处在现实的、可以通过经验观察到的、在一定条件下进行的发展过程中的人"②。人的需要是主体实践的内在依据，也是主体追求各种利益的始发动因。需要既有个体自身的需要，也有集体的需要、社会的需要和人类的需要。利益是需要的满足状态，因此，满足个体自身的需要就是实现个人利益；满足他人、集体、社会的需要，就是实现他人利益、集体利益与社会利益。人类的需要是最高的需要，满足人类的需要即实现人类的整体利益是主体实践的最高价值境界与终极价值目标。

人不仅是作为理性的社会存在物处于现实的利益关系之中，同时也是作为高级感性动物存在于自然界。一方面，人的生存本能在物竞天择与优胜劣汰的自然法则下催生着人本身的各种内在需要；另一方面，个体的能力、素质、境遇、背景等客观因素也制约着种种需要的实现。这就决定了不同个体的内在需要具有很大的差异性，同时，其需要能否得到满足及其满足的程度都必然存在这样或那样的不同。人类在漫长的劳动过程中，不断地将自在之物转化为为我之物，使需要不断扩展并得到满足。人以其需要的无限性和广泛性区别于其他一切动物。利益从根本上看是由人的内在需要决定的。可见，利益首先体现为一种以人的需要为基础的"内在的必然性"③，或"自然的必然性"④。

---

① 《辞海》（第六版缩印本），上海辞书出版社2010年版，第1131页。
② 《马克思恩格斯选集》第一卷，人民出版社2012年版，第153页。
③ 《马克思恩格斯全集》第三卷，人民出版社2002年版，第308页。
④ 同上书，第185页。

人的需要的产生及其实现是主客体相互作用的过程,当这种相互作用达到一种良性平衡的态势时,需要就会得到相应的满足,这种满足的状态意味着利益实现,这时就形成了客体对于主体的正向价值关系。自人类进入文明时代以来,需要的不断扩展、膨胀与物质财富的有限性之间的矛盾越来越激烈,种种矛盾以对立阶级之间的利益斗争为焦点。化解利益矛盾仅仅从人的内在需要着眼是不够的,还必须挖掘利益矛盾背后的社会经济根源,这是破解利益之谜的关键。利益的客观性恰恰在于它是由以经济基础为核心的社会物质条件所决定的,正如马克思所言:"私人利益……它的内容以及实现的形式和手段则是由不依任何人为转移的社会条件决定的。"① 利益是主体的内在需要与外部客观条件的有机统一,是客观性与主观性的高度融合,体现为由需要的主客一体性所决定的一种自足、利他或二者兼有的圆满状态。

二 利益伦理及其主要内容

利益伦理是关于如何调整利益关系、化解利益矛盾的伦理原则及其制度伦理建构模式的总和。利益伦理的研究必须从现实的利益关系出发,以矛盾双方的实际需求为切入点,以最大限度地满足各方的正当利益诉求为目的。利益伦理主要包括利益矛盾及其伦理规制。

利益矛盾是指在利益分配过程中发生的个人、集体、社会之间利益关系的失衡状态。个人是集体的一分子,是组成社会有机体的基本元素,个人离开集体和社会就像一滴水离开了河海,终将消失。反之,集体与社会若没有个人的参与,就是一架没有血肉的枯骨,它的生机就会停止。所以,个人利益、集体利益以及社会利益三者在本质上具有一致性。

主张个人利益与公共利益相一致是古希腊伦理思想中仍然值得今人借鉴的一种价值取向。柏拉图在《理想国》中写道:"我们的立法不是为了城邦任何一个阶级的特殊幸福,而是为了造成全国作为一个整体的幸福。它运用说服或强制,使全体公民彼此协调和谐,使他们把各自能向集体提供的利益让大家分享。而它在城邦里造就这样的人,其目的就在于让他们不致各行其是,把他们团结成为一个不可分割的城邦公民集体。"② 他认为立法的目的是协调利益关系,促进公民的整体幸福。亚里士多德从维护奴隶制国家的整体利益出发,主张善就是正义,而正义以公共利益为依归。伊壁鸠鲁说"公正对于每个人都是一样的,因为它是相互交往中的

---

① 《马克思恩格斯全集》第三十卷,人民出版社1995年版,第106页。
② [古希腊]柏拉图:《理想国》,郭斌和、张竹明译,商务印书馆1957年版,第279页。

一种互相利益"①，他强调互相利益或有利于社会关系是公正的基础。

18世纪法国启蒙思想家孟德斯鸠（Montesquieu）、卢梭（Rousseau）、爱尔维修（Heluetius）分别以政治道德、"公意""公益"对个人利益与公共利益的关系加以阐释。孟德斯鸠认为，公民品德以实现公共利益为目的，他追求国家和社会的整体利益，提倡爱祖国、爱法律，认为"这种爱要求人们不断地把公共的利益置于个人利益之上；它是一切私人品德的根源。私人的品德不过是以公共利益为重而已"②。需要注意的是，孟德斯鸠对整体利益的追求是就政治道德而言；在经济领域，他则严格遵守利己主义，主张个人利益不能让步于公共利益。卢梭从"爱"这一人类共同的情感出发，主张自爱与仁爱相统一。从自爱向仁爱的转变和发展是一个情感共鸣的过程，两者的关系实际上是个人利益与他人利益以及公共利益的关系，这种转变就是将个人利益与他人利益以及公共利益结合起来。他强调公共利益是唯一的规范与最高的目标，因为"公意永远是公正的，而且永远以公共利益为依归"③。他说："公共的利害不仅仅是个人利害的总和，象是在一种简单的集合体里那样，而应该说是存在于把它们结合在一起的那种联系之中；它会大于那种总和；并且永远不是公共福祉建立在个体的幸福之上，反而是公共福祉才能成为个体幸福的源泉。"④ 卢梭的社会契约论以公共利益为社会价值标准，以此建立的社会秩序为善。爱尔维修认为，个人利益是人的行为的原动力，个人与社会既是对立的，又是不可分离的，而道德是以社会公益作为前提的。他说："美德这个名词，我们只能理解为追求共同幸福的欲望；因此，公益乃是美德的目的，美德所支使的行为，乃是它用来达到这个目的的手段。"⑤"在整个世界上，道德的人乃是使这种或那种行为合乎人道、符合公共利益的人。"⑥ 18世纪是欧洲资本主义经济空前发展的繁盛时期，启蒙思想家关于个人利益与公共利益相结合以及公共利益为上的主张，反映了上升时期的资产阶级既谋求个人利益，又维护资产阶级整体利益，并力图将二者相结合的利益诉求。

利益是道德的基础，历史唯物主义归之为道德基础的利益不是个人利益，而是社会公共利益。马克思、恩格斯指出："既然正确理解的利益是全部道德

---

① 《古希腊罗马哲学》，生活·读书·新知三联书店1957年版，第347页。
② ［法］孟德斯鸠：《论法的精神》上册，许家星译，商务印书馆1961年版，第34页。
③ ［法］卢梭：《社会契约论》，李平沤译，商务印书馆1980年版，第35页。
④ 同上书，第192页。
⑤ 《十八世纪法国哲学》，商务印书馆1963年版，第465页。
⑥ 同上书，第526页。

的原则，那就必须使人们的私人利益符合于人类的利益。"① "每一个人的利益、福利和幸福同其他人的福利有不可分割的联系，这一事实却是一个显而易见的不言而喻的真理。"② 个人是组成社会的细胞，个人利益是集体利益和社会利益的基础，对合理的个人利益的追求及其满足是个体行为的直接动力，它能够有效促进集体利益和社会利益的实现。集体利益与社会利益的实现又能够促进个体利益的发展，因为集体利益、社会利益作为共同利益在本质上与共同体内部每一个成员的切身利益是紧密相连的。对此，马克思说道："共同利益不是仅仅作为一种'普遍的东西'存在于观念之中，而首先是作为彼此有了分工的个人之间的相互依存关系存在于现实之中。"③ 利益矛盾与利益关系是极为复杂的，不同主体的利益需求各异，却又有着不可分割的内在联系。作为道德价值基础与价值目标的利益非一己之私利，也非狭隘的团体利益，而是社会公共利益，因为公共利益是各种不同利益的道德公因素，只有它才能成为促进人的自由发展与人类解放的永不衰竭的价值之源。

　　利益矛盾是贯穿人类社会历史发展的一条主线，其本质是生产力与生产关系、经济基础与上层建筑之间的矛盾运动。"一切历史冲突都根源于生产力和交往形式之间的矛盾。"④ 生产力和生产关系的矛盾以及经济基础和上层建筑的矛盾是人类社会的两大基本矛盾，当矛盾双方处于良性平衡的态势时，它们相互促进，生产力水平不断提高，社会发展逐渐达到顶峰；当矛盾双方激烈交锋以致对垒、失衡时，生产力往往停滞不前乃至倒退，社会发展必定遭遇困境。这时，只有对生产关系和上层建筑的相关要素进行适度调整乃至全面的变革，才能从根本上化解二者的矛盾，从而使社会在一个新的起点上向前发展，正如马克思所言："人们在自己生活的社会生产中发生一定的、必然的、不以他们的意志为转移的关系，即同他们的物质生产力的一定发展阶段相适合的生产关系。这些生产关系的总和构成社会的经济结构，即有法律的和政治的上层建筑竖立其上并有一定的社会意识形式与之相适应的现实基础。物质生活的生产方式制约着整个社会生活、政治生活和精神生活的过程。不是人们的意识决定人们的存在，相反，是人们的社会存在决定人们的意识。社会的物质生产力发展到一定阶段，便同它们一直在其中运动的现存生产关系或财产关系（这只是生产关系的法律用语）发生矛盾。于是这些关系便由生产力的发展形式变

---

① 《马克思恩格斯文集》第一卷，人民出版社2009年版，第335页。
② 《马克思恩格斯全集》第二卷，人民出版社1957年版，第605页。
③ 《马克思恩格斯选集》第一卷，人民出版社2012年版，第163页。
④ 同上书，第196页。

成生产力的桎梏。那时社会革命的时代就到来了。随着经济基础的变更，全部庞大的上层建筑也或慢或快地发生变革。"① 这段话深刻揭示了人类社会发展的客观规律，是我们考察社会矛盾、调整利益关系，并进行相应的制度伦理建构的重要理论依据。

历史唯物主义认为，产品的分配形式是生产关系的三个要素之一，合理的分配制度作为社会经济基础的构成要素，是调节利益矛盾的重要机制；不合理的分配制度则是引发利益矛盾的制度渊薮。在阶级社会里，利益冲突根源于人们不断增长的物质需求与产品有效供给不足的矛盾，分配制度旨在协调二者的矛盾，使物质产品的有效供给与人们的现实需求之间保持一种具有发展张力的适当平衡。

利益伦理是关于利益分配的制度伦理，公正是利益伦理的价值旨归，公正的利益分配制度必须是能够有效促进主体的正当利益追求，并推动主体之间实现良性利益互动的社会伦理制度。它不仅能够激发主体的物质欲望与其他内在需求，使之控制在合理的限度内，而且能够在促进主体的内在需求与社会物质产品供给保持有效平衡的基础之上，不断推动社会生产力向前发展，从而使主体在公正的制度伦理环境中逐步实现自由发展，并最终获得人类自身的解放。

利益矛盾，从时年伦理视角看，体现为青年一代与老年一代之间的利益之争，即代际利益矛盾。一个民族的文明程度可以从其照顾老人的政策、态度与方法略见一斑，而一个民族的未来则可以从其关怀儿童的态度与方法中预测。协调代际利益关系，化解代际利益冲突，是破解老龄社会伦理问题的关键，也是实现老年民生幸福的根本要求。习近平指出，人民对美好生活的向往，就是我们的奋斗目标。保障老年人的基本权益，促进老年民生幸福，是社会发展成果共享的重要体现。实现代际利益关系协调发展，根本途径之一在于通过制度伦理建构使国民收入和物质资源在青年一代与老年一代以及未来代之间得到相对合理的分配；同时，国民收入再分配的利益杠杆要更多地向老年弱势群体倾斜，这是推进代际利益公平的客观要求。

第二节 人口老龄化的社会伦理效应

人口老龄化即人口年龄结构的老龄化，是指一个国家或地区总人口中

---

① 《马克思恩格斯选集》第二卷，人民出版社2012年版，第2—3页。

年轻人口数量减少、年长人口数量增加所导致的老龄人口比例相应上升的动态过程。① 它反映的是该国整体人口年龄结构的变化而非个体的老龄化。按照联合国通常使用的人口类型划分标准，当一个国家或地区60岁及以上人口比例≥10%，或65岁及以上人口比例≥7%时，该国就进入老龄社会了。我国于2000年前后进入老龄社会，至今已有10余年。我国人口结构老龄化进程说明，随着经济社会全面快速发展，尤其是改革开放以来，人民生活水平不断提高，医疗卫生保健事业得到巨大改善，人均寿命延长，人口老龄化进程逐步加快。目前，我国正处于老龄化加速时期，老龄人口基数大、增长快，高龄化、空巢化趋势日渐明显。可以说，我国人口结构老龄化是人均寿命延长、生育高峰以及总和生育率极低等综合因素共同作用的结果。

第6次全国人口普查主要数据显示，截至2010年11月1日零时，全国总人口为1370536875人，其中60岁及以上人口占13.26%，比2000年人口普查时上升2.93个百分点；65岁及以上人口占8.87%，比2000年人口普查时上升1.91个百分点。② 从成年型社会转向老年型社会，法国用了115年，瑞士用了85年，美国用了60年，德国用了45年，而我国只用了28年。人口年龄结构转型的时长不同在很大程度上决定了"先富后老"与"未富先老"的中西国情差异，这种差异又直接决定了中西方应对人口老龄化所采取的策略具有一定的差异性。

我国人口结构老龄化产生了深远的社会影响，它就像一把双刃剑，一方面带来了"人口红利"；另一方面也产生了一些负面的社会效应，如：老龄人口赡养率上升，养老负担加重；未来劳动力资源供给短缺，社会发展动力不足；物质资源代际分配不均衡；代际伦理关系的新冲突等。这些问题涉及的一个核心范畴就是利益伦理，而代际利益伦理又是重中之重。通过公正的社会制度建构来有效调节代际利益矛盾，是破解老龄社会伦理问题的根本途径。

一 老龄人口赡养比上升

从经济学的角度来看，一个国家的人口可以分为劳动力人口与非劳动力人口。非劳动力人口包括未成年人口和老龄人口，他们属于社会的消费

---

① 参见邬沧萍主编，杜鹏、姚远、姜向群副主编《社会老年学》，中国人民大学出版社1999年版，第125页。
② 《2010年第六次全国人口普查主要数据公报（第1号）（全文）》，凤凰网（http://news ifeng.com/mainland/detail_ 2011_ 04/28/6037911_ 0. shtml）。

型人口。按照美国人口普查局出版的《人口学方法与资料》提出的人口划分标准，未成年人口是指0—14岁的人口，劳动力人口指15—64岁的人口，老龄人口指65岁及以上的人口。不论是发达国家，还是发展中国家，老龄人口规模的增长必将带来人口年龄结构的变化，这种变化的一个重要表现就是该国在一定时期内总抚养比与老龄人口赡养比的变化。

所谓总抚养比（the total dependency ratio）是指一国在某一时期非劳动力人口数与劳动力人口数之比，它反映的是劳动力人均所需抚养的非劳动力人口数量，用如下公式表示。

$$总抚养比 = （未成年人口 + 老龄人口）/劳动力人口 \times 100\%$$

上述公式分解为：

$$总抚养比 = 未成年人口/劳动力人口 \times 100\% + 老龄人口/劳动力人口 \times 100\%$$

公式前一项是未成年人口抚养比，后一项是老龄人口赡养比（the old age dependency ratio），这样，上述公式转变为：

$$总抚养比 = 未成年人口抚养比 + 老龄人口赡养比$$

需要注意的是，目前在我国，劳动力人口是指15—59岁的人口，老龄人口则是60岁及以上的人口。因此，总抚养比、未成年人口抚养比、老龄人口赡养比的具体计算公式分别如下。

$$总抚养比 = \frac{15岁以下人口数 + 60岁及以上人口数}{15—59岁人口数} \times 100\%$$

$$未成年人口抚养比 = \frac{15岁以下人口数}{15—59岁人口数} \times 100\%$$

$$老龄人口赡养比 = \frac{60岁以上人口数}{15—59岁人口数} \times 100\%$$

老龄人口赡养比是指每100名劳动力人口负担多少老龄人口，一般用百分数表示，它直观地度量了劳动力人口的养老负担。由于以65岁为老龄人口起点比以60岁为此起点时分母要大，因此，总抚养比、未成年人口抚养比以及老龄人口赡养比就会比以 60 岁为老龄人口起点时要小一些。人口结构老龄化的直接后果之一就是老龄人口赡养比提高，它成为老龄化社会人们普遍关注的一个焦点。联合国相关统计资料显示，发达国家、中等发达国家以及最不发达国家，65 岁以上老龄人口占总人口的比例均逐步增加，这是社会发展不可忽视的人口结构变动现象[1]，由此必然导致老龄人口赡养比在世界范围内呈现出整体上升的趋势。

从美国的实际情况来看，其总抚养比在下降。需要注意的是，该国需要赡养的老龄人口和需要抚养的未成年人口的组成部分处于动态变化中，老龄人口数量呈现出增加之势，而未成年人口处于平稳减少的状态。1900 年，美国每 100 个劳动力人口对应 80 个需要赡养者及抚养者，其中 73 个孩子、7 个老人。1970 年，美国每 100 个美国劳动力人口对应需要赡养及抚养的人数为 79 人，其中 61 人为孩子，18 人为老人。2000 年，美国每 100 个劳动力对应需要赡养及抚养者 63 人，其中孩子 42 人、老人 21 人。预计到 2050 年，每 100 个美国劳动力人口对应需要赡养及抚养者 78 人，其中孩子 42 人、老人 36 人。加拿大和英国也出现了类似的变化趋势。[2]

第六次全国人口普查时，内地 31 个省、自治区、直辖市和现役军人的人口中，0—14 岁人口为 222459737 人，占总人口的 16.60%，相比 2000 年第五次全国人口普查时比重下降了 6.29 个百分点。15—59 岁人口为 939616410 人，占 70.14%，比第五次全国人口普查时上升 3.36 个百分点。60 岁及以上人口为 177648705 人，占 13.26%，其中 65 岁及以上人口为 118831709 人，占 8.87%，分别比第五次全国人口普查时上升 2.93 个百分点和 1.91 个百分点。[3] 从整体上看，我国未成年人口抚养比呈现出逐步下降的趋势，而老龄人口赡养比则呈现出上升趋势，这种变化自 2000 年起更为明显。

表 3—1 是 1950—2050 年世界老龄人口占比情况；表 3—2 是 1970—2050 年世界不同地区的赡养率。可以看出，自 20 世纪 50 年代至今乃至未来三四十年内，老龄人口总数逐年增加，老龄人口占比逐年增大，以及老龄人口赡养比逐年提高，已经并将持续成为全球性的人口变化态势，银发浪潮已席卷全球。

---

[1] 胡乃军、杨燕绥：《中国老龄人口有效赡养比研究》，《公共管理评论》2012 年第 2 期。

[2] Rosenburg, M., Everitt, J. (2001). Planning for aging populations: Inside or outside the walls. Process in Planning, 56: 119–168.

[3] 《2010 年第六次全国人口普查主要数据公报（第 1 号）》，凤凰网（http://news.ifeng.com/mainland/detail_ 2011_ 04/28/6037911_ 0. shtml）。

表3—1　　　　　1950—2050年世界老龄人口占比（%）

年份	60岁及以上老龄人口比例			65岁及以上老龄人口比例		
	全世界	发达国家	发展中国家	全世界	发达国家	发展中国家
1950	8.1	11.7	6.4	5.2	7.9	3.9
1955	8.1	12.1	6.3	5.3	8.3	3.9
1960	8.1	12.6	6.2	5.3	8.6	3.9
1965	8.2	13.4	6.1	5.3	9.0	3.8
1970	8.4	14.5	6.1	5.5	9.9	3.8
1975	8.5	15.4	6.1	5.6	10.7	3.9
1980	8.6	15.5	6.3	5.9	11.6	4.1
1985	8.8	16.4	6.6	5.9	11.6	4.2
1990	9.2	17.6	6.9	6.2	12.5	4.4
1995	9.5	18.3	7.3	6.5	13.5	4.7
2000	9.9	19.3	7.6	6.8	14.2	5.0
2010	10.8	21.4	8.6	7.4	15.5	5.6
2020	13.1	25.1	10.9	8.9	18.4	7.1
2030	16.1	28.3	14.0	11.2	21.8	9.4
2040	18.4	30.0	16.6	13.5	23.7	11.9
2050	20.7	31.2	19.2	15.1	24.7	13.8

资料来源：World Population Prospects：The 1996 revision（United Nations Publication, Sales No. E. 98. XIII. 5.）.

表3—2　　　　　1970—2050年世界不同地区赡养率（%）

地区	1970	1998	2025	2050
总赡养率				
世界	75	59	52	55
较发达地区	56	49	58	72
欠发达地区	84	62	51	53
最不发达地区	90	86	64	47
老龄人口赡养率				
世界	10	11	15	23
较发达地区	15	21	32	42
欠发达地区	7	8	12	21
最不发达地区	6	6	6	11

资料来源：转引自李军《人口老龄化经济效应分析》，社会科学文献出版社2005年版，第48—49页。

二 人口老龄化的代际经济效应

人口老龄化有两种形态：一种是由于生育率下降而导致老龄人口比例提高的底部老龄化；另一种是由于人口寿命延长与老龄人口规模增长而导致老龄人口比例提高的顶部老龄化。从世界各国人口老龄化的发展轨迹来看，一般都是从底部老龄化开启，逐步发展到顶部老龄化。底部老龄化所产生的经济效应总体上是积极的，不会引发养老社会负担加重的问题。但在顶部老龄化状态下，社会养老保障、资源代际配置、消费与积累等问题随着老龄人口规模的增长以及老龄人口比例提高而凸显出来，甚至在一定程度上带来一些消极的社会经济影响。目前，一些西方发达国家和包括中国在内的部分发展中国家正处于顶部老龄化时期，人口结构老龄化带来多种社会经济影响，其中代际经济效应尤为显著。

第一，提高劳动力人均资本占有水平，降低资本积累水平。人口结构老龄化与退休密切相关，退休是社会劳动的制度性终止。老年人退出劳动力市场意味着他们将原来占有的一部分社会资本转让给现有的劳动力人口，从而具有提高当下劳动力人均资本占有水平的正向经济效应。[1]

退休意味着从生产角色到消费角色的转换，虽然有一部分老年人退而不休、发挥余热，但这种"老有所为"已不是制度性的社会劳动，而是非制度性的劳动延伸，劳动报酬由双方协商。在退休阶段，老年人从生产领域退到消费领域，不再从事生产劳动而主要进行生活消费，从本质上看，这是一种延时性消费，因为他们今天消费的正是自己昨天创造的劳动成果；然而从形式上看，老年人消费的却是当下劳动者的生产成果。在人口结构老龄化状态下，随着退休人口总数逐年增加及其在总人口中所占比例提高，老年人消费的劳动力产出成果将越来越多，同时占用的消费经济资源也会随之增加，可用于资本积累的产出成果就会相对减少。因此，养老消费具有降低资本积累水平的经济效应。[2]

人口结构老龄化对劳动力人均资本占有水平的最终影响结果取决于它所提高的有效劳动平均资本水平与其所降低的资本积累水平两个方面，是两方面作用效应相抵后的一个资本净值。

第二，促进代际经济互动。在任何一个时代，都有不同代的人共同生活并相互交往，代际交往的一个重要方面就是经济互动，也就是

---

[1] 参见李军《人口老龄化经济效应分析》，社会科学文献出版社2005年版，第56页。
[2] 同上。

说，每一代人在不同的生命阶段都在与其他不同代的人进行经济交易。阿莱（Allais，1947）、萨缪尔森（Paul A Samuelson，1958）、戴蒙德（Diamond，1965）以微观经济为基础建立了世代交叠模型，认为，资本存量来自个人在工作期间的储蓄，这种储蓄是为了个人退休后的消费而预存的。① 就整个社会的老年一代而言，老龄人口的资本存量就是所有老年人单个资本存量的总和。社会养老保障制度是确保一定资本存量的社会福利制度，它将养老行为以社会制度的形式纳入终生消费，并力求从个人一生消费效用的最大化与个人生命福利最大化的视角对养老行为进行宏观整体规划。资本存量的后延性与消费的现时性及当下性决定了养老消费是一种具有世代交叠性质的代际经济互动行为，而非老龄人口单方面的消费行为。

资源代际转移是人口结构老龄化背景下代际经济互动的一种重要形式，它主要包括以下两个方面。一是家庭内部资源的代际转移，通过抚养与赡养来实现。二是社会资源的代际转移，主要通过社会养老保障制度来完成。资源由老年一代流向年轻一代，又从年轻一代流向老年一代，是代际资源转移的两种路径。在传统社会，资源代际转移在家庭内部就能完成，这种家庭内部的资源代际转移具有封闭性、单一性。在现代社会，资源代际转移的主导模式是以社会养老保障制度为基础的社会资源代际转移，具有开放性、多样性。

第三，养老支出发生变化。人口结构老龄化必然导致社会资源配置发生变化。老龄人口作为社会主体与国家公民，作为退役的劳动人口，不论是从生存所需，还是从后延式消费以及代际回报来看，都要参与国民收入的分配与再分配，都必须占用一定的社会资源，消费一定的经济成果，由此形成养老经济。养老经济包括两个方面的内容：一是养老消费，即老龄人口维持基本生存的各类消费；二是老年产业，它是由养老消费所带动的一种新兴产业，是具有"夕阳红"色彩的朝阳产业。养老消费涉及国民经济的诸多方面，国民收入再分配作为社会资源配置的重要环节，是保障公民基本养老消费需求的制度形式。

养老金是养老消费的支柱。一个国家是否建立完善的社会养老保障制度是能否保证老年人口的基本生存需要，进而使他们幸福安度晚年的关键。社会养老保障制度是对经济资源进行转移支付和国民收入再分配的基本形式之一，在经济利益调节过程中具有举足轻重的作用。一个国

---

① 参见李军《人口老龄化经济效应分析》，社会科学文献出版社2005年版，第41页。

家的社会保障水平如何,世界上有三种通用的衡量标准:第一种是医疗卫生支出在 GDP 中的比重;第二种是教育支出在 GDP 中的比重;第三种是养老金支出在 GDP 中的比重。一些西方发达国家通过社会保障这一十分重要的利益调节杠杆,使越来越多的经济资源实现了合理再分配。由于养老保障是整个社会保障体系中最主要的形式与最基本的内容,因而对社会资源配置起着至关重要的作用,养老支出占 GDP 的比重及其占社会保障支出的比重成为衡量一个国家社会保障水平尤其是养老保障水平的一把标尺。表3—3列出了1997年部分西方发达国家社会保障的相关数据。

表3—3　　　部分西方发达国家社会保障相关数据(1997年)

国家	社会保障支出占GDP 比例(%)	养老支出占GDP 比例(%)	养老支出占社会保障支出比例(%)
瑞典	31.9	8.4	26.3
法国	29.4	12.3	41.8
意大利	26.4	15.8	59.8
德国	26.2	10.9	41.6
奥地利	25.3	12.9	51.0
荷兰	24.2	7.3	30.2
英国	21.4	7.1	33.2
美国	14.5	6.0	41.4

资料来源:Feldstein, M., Siebert, H. (2002), Social security pension reform in Europe. The University of Chicago Press.

从表3—3可见,早在1997年,西方发达国家社会保障支出占 GDP 的比重就已经达到相当高的水平,包括瑞典、法国、意大利、德国、奥地利、荷兰、英国、美国在内的8个西方国家此项均值为24.9%;养老支出占 GDP 比例平均约为10.1%;养老支出占社会保障支出比例平均高达40.7%。

我国社会保障体系由社会保险、社会救助、社会福利三大系统以及商业保险、慈善事业等补充保障构成。社会保险是社会保障制度的主干,其主要功能是增进劳工福利,使劳动者老有所养、病有所医,解除其后顾之忧。养老保险、医疗保险、失业保险、工伤保险、生育保险是我国的五大社会保险,其中养老保险、医疗保险与老龄人口关系最为密切。目前,我国养老金支出增长较快、总数较大,企业退休人员基本养老金待遇连年提高,同时全部按时足额发放,但养老支出占 GDP 比重偏低,这与"未富先老"的国情是分不开的。

社会救助起源于慈善事业,其基本功能在于保证国民最低生活需求,解除国民生存危机,维护底线公平,使困难群体免于陷入生存绝境。

社会福利作为社会保障体系的一个子系统,是由政府与社会提供的用以满足不同社会群体的特定生活需求,并实现国民共享社会发展成果的普惠性福利制度。老年人福利分为现金津贴与服务供给两大类,具体实施形式有以下三种。第一种是针对无家可归、无依无靠、无生活来源的孤寡老人的收养性福利,如老年公寓、福利院、托老所等。第二种是以老年大学、老年活动中心等为依托的文化福利,主要为老年人提供丰富多彩的文化娱乐服务。第三种是为老年人提供的康复中心、咨询室、交友中心、老年医院等生活与健康方面的服务性福利。此外,还包括老年福利津贴与其他惠老政策及惠老举措。①

第四,以养老消费推动老年经济的发展。老年经济几乎涉及联合国关于"国际标准产业分类"的所有门类,它所带动的养老消费包括医疗、护理、住房、家政、餐饮、旅游、休闲娱乐以及文化教育等多个领域,是具有良好市场前景与巨大拓展空间的朝阳产业。老年人退出职业生产领域后,消费成为他们的主要生活方式之一,老年消费市场是一个具有巨大开发潜力的经济市场。

老年经济和老年产业的发展与老年人生活方式的变化尤其是消费观念的转变密切相关。节俭、存钱是以往很多老年人的生活习惯,这一方面是为了养育下一代;另一方面是为了养老和防病治病。随着社会养老保障制度与医疗保险制度以及其他社会福利制度的建立和逐步完善,我国老龄人口整体上实现了老有所养、病有所医,这就在一定程度上消除了他们的后顾之忧。同时,很多老年人从过去以打麻将、看电视、发呆等为主的被动式休闲,转变为健身、歌舞、旅游、继续教育等积极主动、健康快乐的生活方式,通过适当消费来享受幸福晚年,从节俭第一、消费第二转变为消费第一、节俭第二。休闲娱乐、保健养生、高质长寿是老年消费的宗旨,也是政府制定相关老年经济发展政策与规划老年产业的基本出发点。

目前,我国老年用品与老年服务的需求约为每年 6000 亿元,而实际为老年人提供的服务产品市值不足 1000 亿元,供需的巨大反差影射出老

---

① 郑功成:《中国社会保障 30 年》,人民出版社 2008 年版,第 187 页。

年经济与老年产业所蕴含的无限商机。① 到 2020 年，我国老年人口将达到 2.43 亿，这将是一个庞大的老年消费群体，届时我国老年人用品市场份额将上升至 2 万亿元，其中，仅老年人服饰穿着的年消费潜力就将超过 1000 亿元，而现阶段为老年人提供的产品不足市场需求的 10%，与市场需求存在很大的差距。②

广义的老年消费不仅指老年人自身的消费，还包括政府的各项老龄事业支出。据统计，美国 65—74 岁的老年人平均拥有 220000 美元的净资产。与之形成鲜明对比的是，美国 35—44 岁的中年人平均拥有的资产数仅为 66000 美元。20 世纪 60 年代，美国 70 岁老年人的平均开支仅为 30 岁年龄层的 60%，而今他们的开支超过 30 岁年龄层平均开支的 20%。作为经济合作与发展组织的发达国家，从整体上看，用于 65 岁以上老龄人口的人均社会开支是 15—64 岁年龄阶段的 5 倍；仅政府的老年开支就使老年人的人均收入达到美国人均收入的 60%。③

三　代际伦理关系的变化

第一，从老龄霸权到老龄歧视的价值观变化。老龄霸权是中国传统社会的老年价值观，以农业生产为主的自然经济是形成老龄霸权的经济根源。在自给自足的自然经济条件下，人们基本上靠天吃饭，农业收成的好坏在很大程度上取决于是否风调雨顺。当然，生产经验对于传统农业生产来说也是十分重要的，因为农业生产与农耕文化本身就是日积月累、代代相传的实践过程，一个人的劳动时间越长，积累的生产经验就越多，在农业生产中的地位也就越高。老年人由于积累了丰富的生产经验，往往成为农业生产的权威，他们的生产经验与劳动技能被视为农业生产的瑰宝，可以说，老年人是传统农业社会先进生产力的代表，也是传统风习与民俗文化的活的载体与传播者。随着社会分工的发展，农业生产方式的确立，以血缘为基础的宗法等级制与父权家长制的形成，以及孝道伦理文化的大力推崇，老龄霸权逐渐形成，并成为主导中国传统社会的老年价值观。

由传统农耕社会向现代工业社会的转型，逐渐消解了老龄霸权，并产生了老龄歧视现象。真正意义上的老龄歧视是伴随着社会生产力的发展、

---

① 《我国中老年用品分类及原则》，博思网（http：//www.bosidata.com/fuwushichang1301/728029 A14O.html）。
② 《2013—2017 年中国中老年用品市场竞争力分析及投资前景研究报告》，博思网（http：//www.bosidata.com/qtzzh1212/X516188UBJ.html）。
③ 转引自鹿麟《老年经济是拉动内需的巨大潜在力量》，《广东经济》2011 年第 1 期。

工业文明的兴起而形成的一种年龄歧视现象与否定性的老年价值观。18世纪70年代，以蒸汽机的发明与应用为主要标志的第一次产业革命使资本主义生产方式迅速过渡到机器大生产。机器生产取代手工劳动，脑力代替体力，高速运转的机器突破了劳动者的生理限制，创造出潮水般涌流的物质财富，资产阶级在它的不到一百年的阶级统治中创造的生产力，比过去一切世代创造的全部生产力还要多，还要大。科学技术成为第一生产力，它使人类的生产方式、生活方式以及思维方式发生了革命性变化，推动人类社会实现巨大飞跃。首先，产业结构由以农业为主向以工业为主转变，社会生产力获得快速发展，这种变化动摇了老龄霸权赖以存在的农耕经济基础。其次，社会化大生产摧毁了以家庭为单位的作坊式劳动，人们的交往范围越来越大，突破了家庭的限制乃至民族与国家的限制，人类历史由"民族历史"向"世界历史"转化。这样，生产方式的变革彻底解构了老龄霸权的血缘家庭基础。最后，在剧烈的社会交替与科技革命的浪潮中，生产经验与劳动技能逐渐失去了其在传统农耕生产中的重要性，生产经验与文化风习的传承更多的是通过信息传媒而非口口相传来进行，这就极大地削弱了老龄霸权的社会文化基础，老年人的经济地位、社会地位、文化地位以及家庭地位均受到极大冲击，他们由传统农耕经济形态下的社会强势群体跌落为工业文明时代的弱势群体，老龄霸权成为历史。

老龄歧视（Ageism）是一种典型的年龄歧视，最早由美国国际长寿中心主席罗伯特·巴特勒（Robert Butler）提出，他认为，老龄歧视是继种族歧视、性别歧视之后的第三种社会歧视。所谓年龄歧视，是指以年龄为界，对某一年龄段的社会群体所持的偏见或给予的不公正对待。国内学界关于老龄歧视问题的研究主要集中在老龄歧视的含义、起因及其矫正措施等。易勇、风少杭认为，老龄歧视指社会对老年人群的负面塑形、价值否定以及差别对待，包括制度层面、社会层面以及家庭层面的老龄歧视。[①] 江荷、蒋京川认为，老龄歧视包括认知、情感和行为三个方面的歧视；分为积极的老龄歧视和消极的老龄歧视；并以外显和内隐两种方式存在。[②]

传统农耕经济向现代工业经济的转变是老龄歧视形成的根本原因，市场经济条件下"效率优先"的收入分配制度是产生老龄歧视的制度因素。

[①] 易勇、风少杭:《老年歧视与老年社会工作》,《中国老年学杂志》2005年第4期。
[②] 江荷、蒋京川:《老年歧视的概念、工具、特点与机制》,《心理技术与应用》2017年第11期。

"效率优先"是市场经济发展的客观要求,按劳分配体现了初次分配的效率优先性,年轻一代是市场经济的重要主体,初次分配在很大程度上有利于当下劳动的年轻一代,老年一代往往成为获利较小者。这种制度性的老龄歧视不仅存在于发展中国家,也存在于发达国家,只有通过国民收入再分配才能对初次分配的代际利益偏差加以适当调整。国民收入再分配是在初次分配的基础上,通过国家财政收支、银行信贷、价格体系等途径,在整个社会范围内对国民收入分配进行的一次调整,其中与老龄人口直接相关的国民收入再分配主要包括养老、医疗、社会救济、社会福利等方面的利益调整,目的是建立社会保证基金,以完善社会保障制度。如果说"效率优先"是初次分配的基本原则,那么,"公平至上"则是第二次分配的根本原则,对包括老龄人口在内的社会弱势群体进行利益补偿,促进社会发展成果的代际共享,使国民收入在各代之间得到公正分配,是国民收入再分配的重要功能。此外,慈善捐赠、民间捐赠、社会公益组织的各类捐赠等第三次分配也应适当向老年群体倾斜。

身体健康状况的退化是引发老龄歧视的客观生理因素。随着年龄增长,老年人身体健康状况慢慢退化,相当一部分人由自立、自理、自强的健康人变为需要人照料的病残者,即生理性弱势群体。在现代社会,年轻一代的生活节奏快、工作压力大,住房、教育等各项开支较大,"一对多"的人口结构使养老负担加重,"久病床前无孝子"成为一些人的无奈叹息,它隐射的是一种家庭内部的老龄歧视。对老年人的嘲笑、疏离、冷落、遗弃,甚至故意伤害都是典型的老龄歧视,也就是社会学意义上的老龄歧视。

老龄歧视既是对老年人的一种否定性价值认知,也是一种排斥性的情感体验与行为倾向,还是一种不公正的制度安排与政策倾向。吴帆将老龄歧视分为认知性歧视、情感性歧视、行为性歧视和制度性歧视。认知性歧视由传统观念、认知偏差、社会偏见等引发;情感性歧视表现为对老年人的疏远、无视、冷漠;行为性歧视是在实际行为或客观事实上对老年人的不公正对待;制度性歧视是对老年人的不公正制度安排。这四种歧视的程度依次递增,其中以制度性歧视的危害最大。[1]

一项关于老龄歧视问题的社会调查表明,当前中国社会和大学生群体均存在不同程度的老龄歧视。被调查大学生对老年人群的整体评价未达到

---

[1] 吴帆:《中国老年歧视的制度性根源与老年人公共政策的重构》,《社会》2011年第5期。

认可的程度，在行为上也不愿接近老年人。同时，他们对老年人的生活状态评价、制度评价以及社会环境评价的基本倾向都是负面的。关于生活状态的评价，只有31.4%的大学生对老年人的生活持肯定性评价；27.4%的大学生认为一般；而有41.2%的大学生认为老年人的生活现状不尽如人意，如：老年人对家庭经济的贡献大小影响着其被对待的方式及态度，对自己生活的决定权小，不能及时得到家人或其他人的照料等。调查表明，多数大学生认为，目前我国老龄人口生活质量不高，其生活照料、精神慰藉等需求难以得到满足。对相关老龄制度的正面评价、一般评价、负面评价的比例分别是35%、31%、34%，说明有相当一部分大学生认为，目前我国有关老龄人口的制度安排存在一定缺陷，需要完善。关于社会环境，大学生的正面评价、一般评价、负面评价的比例分别为24.6%、32%、43.4%，说明大学生对社会环境满足老龄人口基本生活需求的认可度比较低。①

消除老龄歧视是一项长期的社会道德建设工程。首先，要以老年价值论取代老年包袱论。其次，要进一步弘扬孝老爱亲的传统美德，形成敬老、养老、爱老的社会道德风尚。再次，要不断完善再分配制度，利益分配的杠杆要更多地向老龄弱势群体倾斜。最后，要建立老年长期护理保险制度。目前，我国尚未建立长期护理保险制度，对失能、半失能老年人的护理缺失虽不能说是一种制度性的老龄歧视，但如果能够尽快在有条件的地区试点建立老年长期护理保险制度，并逐步加以推广，那么，这将在一定程度上改善失能与半失能老人的生存现状，提高其生活质量，并使他们有尊严地走向生命的终点，这是中国社会消除老龄歧视现象、维护老龄群体利益的必由之路。

第二，从"多对一"到"一对多"的赡养责任的变化。"多对一"是多个子女共同赡养父母的情况；"一对多"包括一个独生子女赡养父母和双独夫妻共同赡养双方父母的情况。不论是"多对一"还是"一对多"，这里均指主要由子女为老年父母提供经济支持与精神慰藉的家庭养老形式。从"多对一"到"一对多"变化的分界点就是计划生育政策的实施。虽然目前没有我国独生子女人数的专门统计数据，但从全国人口普查数据中家庭户平均人口数及其变化可以大致估算出独生子女数。1953年第一次全国人口普查时，平均每个家庭户人口数为4.33人；1964年第

---

① 吴帆：《青年人眼中的老年人：一项关于老年歧视问题的调查》，《青年研究》2008年第7期。

二次全国人口普查时为 4.43 人；1982 年第三次全国人口普查时为 4.41 人；1990 年第四次全国人口普查时为 3.96 人；2000 年第五次全国人口普查时为 3.44 人；2010 年第六次全国人口普查时为 3.10 人。[①] 可见，1953 年至 1964 年的 10 年间，家庭户人口数呈现出增长之势；从 1964 年至今，我国内地家庭户平均人口数逐年递减，且从 1982 年开始递减趋势更为明显。从 1982 年到 2010 年的 28 年间平均每个家庭户的人口减少 1.31 人。当前我国主要的家庭类型为核心家庭，由父母与一个未婚子女组成，几代同堂的家庭越来越少。"四二一"人口结构已成为目前以至今后较长一段时间内我国家庭人口结构的常态形式，它具体是指由独生子女、父母以及父母的父母组成的一个大家庭，可以视为人口结构老龄化背景下的中国式扩展家庭。计划生育政策的施行对人口增速减缓以及平均每个家庭户人口的减少起着决定性作用。家庭户平均人口数量减少以及"四二一"人口结构的形成，为赡养责任发生相应的变化提供了一个重要的客观条件。赡养责任的变化主要体现在经济支持与精神赡养中情感资源的分配两个方面的变化。

经济支持的变化集中体现为老龄人口的主要生活来源的变化。我国老龄人口的主要生活来源包括个人劳动收入、离退休金与养老金以及家庭其他成员的经济支持等。"多子多福"是中国社会由来已久的家庭观，在传统家庭养老模式下，多生养孩子意味着年老时可以获得更多的经济支持与生活照顾。中华人民共和国成立以来，我国社会养老保障制度建设取得了相当大的成就，但子女或配偶等家庭成员的经济支持仍然是当前我国老龄人口最主要的经济来源，其次是老年人自己的劳动收入，最后是离退休金或养老金，因此，"养儿防老"至今还是许多老人尤其是农村老人的养老观。

社会养老保障制度的建立对于家庭内部子代对父母的赡养责任以及全社会年轻一代对老年一代的赡养责任的变化产生了直接影响。2010 年全国依靠家庭成员供养的老年人比重为 40.72%（市、镇、乡分别占比 22.43%、44.52%、47.74%）；依靠自己劳动收入养老的老年人占比 29.07%（市、镇、乡分别为 6.61%、22.27%、41.18%）；主要依靠养老金或离退休金养老的老年人占比 24.12%（市、镇、乡分别为 66.30%、26.29%、4.60%）。这三项数据在 2000 年分别为 43.83%、32.99%、19.61%。[②] 可见，依靠养老金或离退休金养老的老年人比重在上升，其

---

① 《第六次全国人口普查主要数据发布》，国家统计局（http://www.stats.gov.cn/tjfx/jdfx/t20110428_ 402722238.htm）。

② 参见姜向群、郑研辉《中国老年人的主要生活来源及其经济保障问题分析》，《人口学刊》2013 年第 2 期。

他两项比重在减小，而子女或家属的经济支持仍然是现阶段我国老龄人口十分重要的经济来源。从城乡分别来看，社会养老保障制度在城镇的覆盖率大大高于农村，而对于绝大多数城镇老人来说，社会养老保障金是其主要经济来源，子女、配偶或其他亲属的经济支持只是补充。随着农村新型社会养老保障制度的建立与逐步完善，主要依靠养老金养老的农村老年人占比将提高，老龄问题的重心将由经济支持转向精神赡养，以情感资源的分配为主要内容的精神赡养成为当前全民关注的一个社会伦理热点。

"去哪儿过年"是许多双独家庭遇到的一个难题，其引发的诸多冲突实际上涉及年轻一代对老年父母的精神赡养以及"四二一"人口结构下的代际伦理互动关系问题。2016 年 1 月 1 日起我国实施二孩政策，"四二一"人口结构引发的一系列问题将会得到不同程度的缓解。

第三，从家庭代际利他到社会代际利他的场域变化。① 代际经济伦理关系的一个重要内容是社会物质资源的代际分配。在传统社会经济形态中，主要存在以家庭内部的物质资源代际转移为主导形式的代际利他和代际互利，而不存在或者说不普遍存在全社会范围内的物质资源代际分配；只有当公共财产需要在公共领域进行代际传递时，社会资源的代际分配问题才会出现。父母与子女之间基于血缘亲情与孝道伦理而产生抚育与反哺的代际资源流转，具有生物学与伦理学的双重属性，其主要倾向是一种具有道德情感色彩的家庭内部代际利他与互利行为。从父母的角度来看，抚育子女的利他行为交织着生物学基础、社会学原因、经济学动机以及道德心理情愫。父母之所以生养和抚育子女，首先是由于种族繁衍的需要；其次，可以从子代那里获得心理与情感上的满足；最后，是为了得到子女的反哺，即晚年获得子女的经济支持与精神赡养。在自给自足的传统农耕经济形态中，社会层面上的代际利他主要体现在尊老爱亲尤其是孝道伦理的观念层面上和长幼尊卑的等级礼法中，并不存在制度层面上的社会性代际资源流动。也就是说，在中国传统社会，宏观层面的资源代际转移主要是精神资源的代际流转，而非物质资源的代际流动，贯穿宗法社会始终的孝道伦理是基本载体。"大孝尊亲，其次弗辱，其下能养"② 是孝亲的具体道德要求，也是社会道德资源代际流动的主导方式。孝道的法律化为孝道伦理思想由家庭扩展到整个社会提供了强有力的制度保障，它也为传统社会家庭内部的物质资源代际流动提供了一种法伦理支持。

---

① 参见李建民《老年经济学与老龄化经济学》，《市场与人口分析》2001 年第 5 期。
② 《礼记·祭义》。

在现代社会经济条件下，随着社会保障制度的建立与完善，物质资源的代际转移逐步从家庭扩展到社会，以社会养老保障制度为基础的物质资源代际转移更多地具有社会利他性。社会代际利他虽然仍具有生物学与伦理学的双重属性，但其伦理学属性要高于生物学属性，而且其伦理学属性更多地体现为社会伦理性而非家庭伦理性。具体来说，社会代际利他的道德基础主要有两个方面：一是权利基础，即老年人曾经为社会发展做出了贡献，他们有权利享受自己过去创造的劳动成果，并分享社会发展的成果，养老行为乃是一种延后式消费；二是代际互惠，正是由于老年一代的劳动贡献，年轻一代才有了较前辈更为优越的生活条件与发展环境，因此，年轻一代有义务回馈老年一代，这就是代际互惠。

社会代际利他虽然具有一定的道德基础，但还不足以支撑社会养老保障制度建立与发展的必然性，这就意味着以社会养老保障制度为基础的社会代际利他还有其客观经济基础，这就是老年收入风险防范与经济增长动力不足的矛盾。现代社会是一个风险社会，为了防范老年时期的收入风险，人们在年轻时就将自己的一部分资源（例如一部分收入）储存起来，由此降低了消费倾向。当人们的消费倾向过低时，必然导致有效消费需求不足，同时产生投资的有效需求不足，从而使整个社会的经济增长缺乏长效动力。同时，对于绝大多数人来说，即使有足够多的储蓄为养老之用，但未来的风险仍然难以预料，老年时期的收入风险防范仅靠个人是难以应对的，因此，建立社会保障制度来防范未来的收入风险成为社会公众的普遍要求与经济发展的必然选择。从这个意义上看，利己的前提是利他，社会保障制度是社会代际利他的制度伦理形式。

代际权利平等是社会代际利他的前提，资源分配的代际公正是根本要求。目前，我国大多数老年人生活在农村，老龄问题的重心也在农村。一方面，由于全民普惠的社会养老保障制度已基本建立并不断完善，家庭养老功能正在弱化，尤其是改革开放以来，随着农村大量青壮年劳动力流向城市，传统的家庭孝养观念悄然发生变化，代际伦理关系随着家庭养老功能的削弱而有淡化的趋势。另一方面，我国建立社会保障制度的时间较短，很多方面尚不健全，加上养老经济资源、照料资源、医疗资源等不足，城乡分配不均衡，以及物质资源代际转移渠道有时不够通畅，老龄问题变得十分复杂，农村老龄问题较城市更为突出。破解老龄问题的关键在于进一步健全和完善以养老保险和医疗保险为重点的社会保障制度，在此基础上，参照德、英、日等发达国家强制性长期护理保险制度建设的有益经验，结合我国的实际情况，逐步建立具有中国特色的老年人长期照护制度，由此不断提高老龄人口的整体生活质量，促进代际伦理关系和谐发展。

第四，从长寿到健康的生命伦理观的变化。长寿是个体生命的延长，主要具有生理学意义，它是很多人追求的目标。《2013 年世界卫生统计报告》显示，世界上人均寿命最高的三个国家是日本、瑞士和圣马力诺，达到 83 岁；位列第二的是澳大利亚、冰岛、芬兰、以色列、新加坡等国，为 82 岁；布隆迪、喀麦隆、中非和莱索托等一些非洲国家人均寿命最低，仅为 50 岁左右。从世界范围来看，平均预期寿命由 1990 年的 64 岁提高到 2011 年的 70 岁，20 年间人均增寿 6 岁。从不同收入水平的国家来看，2011 年高收入的发达国家人均寿命为 80 岁；中高收入国家为 74 岁，我国人均寿命为 76 岁，略高于中高收入国家。① 2016 年北京居民健康指标居全国前列，该年北京市户籍居民的期望寿命为 82.03 岁，首次超过 82 岁，高于全球高收入国家和地区（80.8 岁）。从 2000 年到 2016 年，北京市户籍居民的期望寿命增加了 4.57 岁。②

由长寿向健康转变是人口结构老龄化背景下生命伦理观与健康伦理观的一次升华。"健康老龄化"是世界卫生组织在 1990 年提出的，健康是身体、心理以及社会功能的完美状态。健康老龄化既指个体的健康老龄化，也指作为整体的老龄人口健康预期寿命（Healthy Life Expectancy）延长、生活质量得到提升的综合性动态过程。在现代社会，作为个体的老年人能否健康长寿，以及作为整体的老年人群能否实现健康老龄化，与很多因素相关，其中居第一位的是生活方式，占 60%；第二是自然环境与社会条件，合计占 17%；第三是遗传因素，占 15%；第四是医疗卫生条件，占 8%。③

提高健康素养是健康老龄化的内在要求。所谓健康素养是指个人获取和理解基本健康信息与服务，据此做出正确的决策，并身体力行，以维护和促进自身健康的综合能力。④ 就个体来说，外在客观环境、社会医疗条件、家族遗传因素等基本上是不可控的，而健康的生活方式却是可以养成的，它也是提高健康素养不可缺少的一个要件。健康的生活方式不仅外在

---

① 《〈2013 年世界卫生统计报告〉发布　中国人均寿命 76 岁　排中高收入国家之上》，圣才学习网（http://yixue.100xuexi.com/view/otdetail/20130518/c377d5e2-361e-4e7b-a8d6-245c09644d92.html）。
② 《北京居民期望寿命 16 年增 4.57 岁》，《新京报》2017 年 10 月 16 日第 A01 版。
③ 《北京人均寿命冠中国》，每日甘肃网（http://lnb.gansudaily.com.cn/system/2008/09/11/010835120.shtml）。
④ 参见《2012 年北京市卫生与人群健康状况报告》，北京市卫生健康委员会（http://www.bjhb.gov.cn/wsxw/201306/t20130618_61748.htm）。

于行，而且内修于心。《论语》载："仁者寿。"① 修德养身、德启后贤是健康长寿的心灵鸡汤。明代吕坤在《呻吟语》中说："仁者寿，生理完也；默者寿，元气定也；拙者寿，元神固也。"②"仁者"之仁不仅在于行善，还在于培育健康的道德心理与道德情感，通过心性修养得到一种精神上的满足，这样就能够在一定程度上化解内心焦虑，增进身心健康。

第三节 老龄利益伦理的基本原则

利益伦理与国民收入分配密切相关，国民收入分配分为初次分配和再分配，当下劳动者主要参与初次分配，在社会主义初级阶段，我国实行按劳分配原则。在生产资料资本主义私有制条件下，资本家无偿占有工人创造的剩余价值。这是中西方初次分配的本质性差异。对于老龄群体来说，利益分配主要是国民收入的再分配，中西方在这一点上基本相同，这就从宏观上决定了中西方老龄利益伦理原则具有相对的一致性，当然其侧重点具有一定的差异性。

一 权利平等：价值基础原则

利益的产生首先基于人的生存需要，需要是利益的生物学基础。权利是利益的经济学基础，也是其社会学与伦理学基础。权利与利益是相互联系的两个概念，法律上的权利是指自然人或法人依法行使的权能与享受的利益，就此而言，权利包含着利益，但不等同于利益。权利之所以为利益的经济学基础，是因为权利本质上是一个经济范畴，是社会经济关系的一种法律形式。③ 个体的任何权利都是根植于某一具体时代的经济基础，离开经济基础来谈权利，只能是缘木求鱼。权利之所以为利益的社会学基础，是因为社会是人们交互作用的产物，人们正是在根据自身需要而追求和实现个体权利的过程中产生了各种利益矛盾，形成了不同的利益关系。当然，个体自身也有这样或那样的内在利益冲突，但利益冲突或利益矛盾更多的是一种社会性的权利纷争，利益伦理也更多地是为了协调人与人之间的社会利益关系，可以说，人的社会性决定了权利的社会性与伦理性。

---

① 《论语·雍也》。
② 《呻吟语》卷三之二"养生"，载（明）吕坤《呻吟语》，岳麓书社1991年版，第182页。
③ 《辞海》（第六版缩印本），上海辞书出版社2010年版，第1538页。

权利的社会性侧重于作为主体的社会人之间的利益交往；权利的伦理性侧重于利益关系及其伦理规制。

权利是一个历史范畴，它是伴随着人类社会的诞生而出现的。老龄权利起源于原始时期父系氏族社会的"父权制"，虽然这个时期的"父权制"不是真正意义上的父权制，却是宗法父权制的萌芽，为宗法社会父权家长制的形成与老龄霸权的产生奠定了社会基础。中国传统社会是以血缘为基础的宗法社会，家国同构、政治与伦理的一体化使父权家长制与君主专制相互渗透，并使父权制达到顶峰，老龄霸权正是依托于血缘宗法等级制而产生的一种老龄价值观与社会伦理现象，它贯穿于宗法社会始终。一方面，老龄霸权反映了以血缘关系为基础的代际不平等；另一方面，它彰显了以孝道为伦理基石的老龄道德权利，并使之上升为一种法权。它的存在说明，在宗法社会，不论是在家族内部，还是整个社会，老龄群体都能得到高度尊重，老年人的社会主体性依托父权制得到充分发挥。

近代工业文明的兴起逐渐消解了老龄霸权，作为社会主体的老年人的基本权利在错综复杂的利益纷争中受到不同程度的冲击。爱幼有余而尊老不足是现代社会代际伦理关系的两个极端，幼者与老者都是社会的弱势群体，本应同等优待；然而，社会资源配置在某些方面倾向于祖国的花朵，国民收入分配也更多地有利于维护当下劳动者的利益，老年人成为制度调控下的获利较小者。当前的"小皇帝"现象反衬出老年人社会地位的跌落，"啃老族"使一部分本不宽裕的老年人陷入经济窘困。因此，权利平等作为人权的基本要求，作为法权的内核，更多地是倾向于老龄群体利益的价值诉求，其伦理实质是代际平等，它具体包含以下两个方面的内容。

一是人格平等。人格是指作为社会主体的人的尊严、责任、价值及其道德品质的总和，是人的社会地位与社会作用的有机统一，是人作为自然主体与社会主体的一种实际存在状态，反映主体作为社会人的资质与品格，其本质是人的社会特性，而非自然属性。[①] 因此，离开了具体社会形态的抽象人格是不存在的，人格平等作为权利平等的底线要求，必须基于现实的经济关系，并通过主体的社会实践才能实现。

代际伦理视角下的人格平等需要两个条件。从家庭与社会来看，要形成尊老、敬老、养老的良好道德氛围；肯定老年人曾经作为劳动者所做的社会贡献，尊重其作为退休者的社会主体性；并继承老龄道德资源，让优

---

① 参见朱贻庭主编《伦理学小词典》，上海辞书出版社2004年版，第92页。

秀品德代代相传。就老年人自身而言，要通过传、帮、带，德启后贤，实现道德人格的圆满。

二是利益共享。利益是一定社会经济关系的现实反映，通常意义上的利益主要指物质利益即经济利益。利益共享就是不同主体平等分享社会经济利益。从代际伦理视角看，利益共享主要指老年一代与年轻一代平等分享社会发展成果；同时，利益分配的杠杆要更多地向老龄弱势群体倾斜，这既是代际利益伦理的价值诉求，也是尊重老龄群体社会主体性的具体体现。党的十九大报告指出："必须始终把人民利益摆在至高无上的地位，让改革发展成果更多更公平惠及全体人民，朝着实现全体人民共同富裕不断迈进。"① 保障和改善民生要抓住人民最关心最直接的现实问题，"不断满足人民日益增长的美好生活需要，不断促进社会公平正义，形成有效的社会治理、良好的社会秩序，使人民获得感、幸福感、安全感更加充实、更有保障、更可持续。"② "让改革发展成果更多更公平惠及全体人民"的侧重点之一在于进一步促进弱势群体与强势群体的利益共享、老年一代与年轻一代的利益共享，不断缩小贫富差距与代际利益差距，让广大民众尤其是弱势群体活得更有尊严、更有幸福感。老年人既是生理性弱势群体，也是社会性弱势群体，他们理应成为再分配的重点关照对象，只有这样，才能真正实现发展成果代际共享，并切实推进社会公平正义。

就西方而论，在希腊罗马城邦时期，由于契约关系解构了血缘关系，公民身份超越了人子身份，公民权侵蚀了家父权，以及民主政治摧毁了王权专制，代际关系由最初的家庭内血缘依附关系转变为基于法权的平等关系，因而没有形成老龄霸权。财产的私有制与个人本位的价值观及以法权为基础的契约伦理为实现代际权利平等与代际利益共享作了重要的历史铺垫。现代西方社会养老保障制度就是在这一系列变革的基础之上逐步建立并发展起来的，它和老年医疗保障制度及其他老年社会福利制度一起，成为实现老年群体利益的有效机制。

在现代西方一些发达国家，"小皇帝现象"和"啃老现象"均比较少见，更为重要的是，再分配制度在一定程度上是向老年群体倾斜的。以美国为例，美国政府对社会养老保障和老年服务的投入在政府财政支出中一

---

① 习近平：《决胜全面建成小康社会 夺取新时代中国特色社会主义伟大胜利——在中国共产党第十九次全国代表大会上的报告》，人民出版社2017年版，第45页。
② 同上。

直占比较高。2007年美国财政开支中，用于社会保障的资金占政府支出总额的21.5%，其中养老保险开支数额约占美国社会保障总开支数的80%，是其中开支最大的一项。可以说，美国老年人的社会福利状况在近几十年来得到了较为迅速的改变，他们在历史上首次成为经济上的非弱势人群。①

德国经济学家弗兰茨－克萨韦尔·考夫曼（Franz – Xavier Kaufman）认为：" 国家保障社会权利的主要作用，在于使广大居民群众被包容进全社会所有重要的福利体系之中。因此，这关系到要求分享社会中的各种生存手段的权利的普遍化。"② 代际权利平等和代际利益共享是其普遍化权利主张的题中应有之意。德国于1957年、1972年进行了两次大规模的养老金改革，青少年基金和老年基金是对称的两大再分配系统，其作用分别在于保障尚未就业的青少年和退休者的基本生活费用，但这种再分配的平衡并未实现，因为老年一代的生活费用几乎100%由集体承担，而青少年一代的生活费仅有25%左右由集体承担，好在这种代际利益的失衡有利于老年一代。③

综上所述，权利平等作为老龄利益伦理的价值基础原则，中西方的侧重点不同。在尊重老年群体的社会主体性的基础上，进一步实现代际权利平等，促进社会发展成果的代际共享，让改革发展成果更多更公平惠及老年人群，是当前我国国民收入分配制度改革的现实需要。西方发达国家实现代际利益共享的主要机制是比较完善的社会养老保障制度和老年医疗保险制度，这一点优于我国。然而，代际情感回报在西方是一个缺失，这种缺失来源于道德情感权利的代际不平等和道德情感互动的代际不对称。所以，道德情感权利的代际平等和道德情感互动的代际对称是权利平等作为老龄利益伦理的价值基础原则在现代西方社会的特有权利要求，如何实现代际道德情感回报是西方发达国家应对人口老龄化挑战亟待解决的问题。

二　制度正义：制度建构原则

分配正义是指政府通过建构与实施相应的社会制度来有效分配国民收

---

① ［美］Neil Gilbert, Paul Terrell：《社会福利政策导论》，黄晨熹、周烨译，华东理工大学出版社2003年版，第165—166页。
② ［德］弗兰茨－克萨韦尔·考夫曼：《社会福利国家面临的挑战》，王学东译，商务印书馆2004年版，第25页。
③ 同上书，第64页。

入与社会资源的过程①，它具有正向的分配效应。《中共中央关于全面深化改革若干重大问题的决定》指出，要形成合理有序的收入分配格局，"完善以税收、社会保障、转移支付为主要手段的再分配调节机制，加大税收调节力度"，"规范收入分配秩序，完善收入分配调控体制机制和政策体系……增加低收入者收入，扩大中等收入者比重，努力缩小城乡、区域、行业收入分配差距，逐步形成橄榄型分配格局。"② 再分配是对老龄弱势群体进行利益补偿，从而缩小代际收入差距，并实现代际分配正义的重要途径。

制度伦理视角下分配正义涉及两个方面。从横向方面看，主要涉及不同社会领域之间收入、资源与机会的分配问题；从纵向方面看，主要涉及代与代之间收入分配、资源配置以及机会是否均等问题。可见，代际正义是分配正义不可缺少的考量维度，基于老年社会关怀的代际正义是分配正义的重要关涉视域，它以对老龄弱势群体的利益补偿为突破口，以提升老年人口生活质量并促进代际伦理关系和谐发展与可持续发展为根本目标。

分配正义依赖于制度正义。制度是社会体系的各种惯例或"游戏规则"，它界定并规范社会生产、财产分配、物质交换以及消费的各个环节，对于实现主体利益，提高人们的生活质量并促进人类的整体福利，起着十分重要的调控作用。正义是人类实践的价值指南，是建构社会制度的根本价值依据，也是收入分配的核心理念。制度是相对稳定的社会规范与文化模式，确定社会秩序、维护主体权益、实现经济增效、促进人类的发展与解放是社会制度的基本功能。当然，这些功能能否真正实现，不仅依赖于制度本身是否具有道德合法性，也取决于制度实施是否具有公正性，制度的道德合法性与制度实施的公正性的高度统一就是制度正义。制度正义是分配正义的前提，是社会正义的文化基石，它构成一个组织良好的人类联合体的基本条件③。

制度正义包括制度设计正义与制度实施正义，前者的目的在于建构善良制度，后者的目标是使正义的社会制度得到有效实施。权利与义务相对应、贡献与享受相统一是制度设计正义的具体要求，正如罗尔斯（John

---

① 姚大志认为："分配正义是社会以制度的方式来分配收入、机会和各种资源。"参见姚大志《分配正义：从弱势群体的观点看》，《哲学研究》2011 年第 3 期。
② 《中共中央关于全面深化改革若干重大问题的决定》，《光明日报》2013 年 11 月 16 日第 3 版。
③ [美] 约翰·罗尔斯：《正义论》，何怀宏、何包钢、廖申白译，中国社会科学出版社 1988 年版，第 5 页。

Ra）所言："社会正义原则的主要问题是社会的基本结构，是一种合作体系中的主要的社会制度安排。我们知道，这些原则要在这些制度中掌管权利和义务的分派，决定社会生活中利益和负担的恰当分配。"① "一个社会，当它不仅被设计得旨在推进其成员的利益，而且也有效地受着一种公开的正义观管理时，它就是组织良好的社会。"② 在这样的社会中，"每个人都接受、也知道别人接受同样的正义原则"；"基本的社会制度普遍地满足、也普遍为人所知地满足这些原则"③。正义原则是制度设计的根本原则，制度的社会功能在于使不同主体在正义原则的指导下追求自身合法利益，并由此推进社会整体利益。

弗兰茨-克萨韦尔·考夫曼指出："社会公正问题更广泛地涉及现代社会中生存机会的分配所依赖的制度设计。"④ 他认为，绩效公正与需求公正之间的紧张、财产公正与机会公正之间的紧张是分配政策的决策过程必须研究的两种关系⑤。他进一步指出："除了公正之外，'福利'和'安全'也是传统的政治合法性形式，但对它们的思考不能离开公正概念。社会福利国家制度的准则'赋予所有人福利和安全'，其本身就表达了特定的公正概念。"⑥ "公正"是考夫曼关于分配制度建构的核心要求。他认为："社会政策不只关系到两代人，而且必须在三代人的复杂关系中发展。"⑦ 这就意味着制度设计要考量代际利益的平衡，并能助推代际公正的实现。

制度设计正义是制度实施正义的前提，只有制度本身具有向善性，对它的公正实施才能有效促进分配正义。《中共中央关于全面深化改革若干重大问题的决定》指出，要"建立更加公平可持续的社会保障制度"，"积极应对人口老龄化，加快建立社会养老服务体系和发展老年服务产业"以及健全老年人关爱服务体系。⑧ 党的十九大报告进一步强调加强社

---

① ［美］约翰·罗尔斯：《正义论》，何怀宏、何包钢、廖申白译，中国社会科学出版社1988年版，第54页。
② 同上书，第5页。
③ 同上。
④ ［德］弗兰茨-克萨韦尔·考夫曼：《社会福利国家面临的挑战》，王学东译，商务印书馆2004年版，第130页。
⑤ 同上。
⑥ 同上书，第131页。
⑦ 同上书，第67页。
⑧ 《中共中央关于全面深化改革若干重大问题的决定》，《光明日报》2013年11月16日第3版。

会保障体系建设，要"完善城镇职工基本养老保险和城乡居民基本养老保险制度，尽快实现养老保险全国统筹"；再次提出健全老年人关爱服务体系，"积极应对人口老龄化，构建养老、孝老、敬老政策体系和社会环境，推进医养结合，加快老龄事业和产业发展。"① 这就为政府职能部门制定相关社会制度特别是关乎老龄人口的相关法律法规与社会政策提供了有力的理论支撑。老年人是社会弱势群体，经济相对贫困化、社会地位边缘化、心理承受力脆弱化以及生理功能渐趋衰退是其基本特征。制度设计正义要求社会制度建构以对老龄群体尤其是老龄弱势人群的社会关怀与利益补偿为切入点，进一步促进发展成果代际共享，以代际正义推进整个社会的公平正义。

制度实施正义是一种程序正义或形式正义，具体指制度的实施过程要始终以公正为准绳。正义的社会制度能否发挥实效，关键看它是否得到公正的实施，因此，制度实施正义是分配正义不可缺少的环节，它是无差别待遇与区别对待的辩证统一。所谓无差别待遇是指制度面前人人平等，它体现了制度的普适性。罗尔斯指出："如果我们认为正义总是表示着某种平等，那么形式的正义就意味着它要求：法律和制度方面的管理平等地（即以同样的方式）适用于那些属于由它们规定的阶层的人们。"② 制度经济学家柯武刚、史漫飞指出："制度不应在无确切理由的情况下对个人和情境实施差别待遇。"③ "违背普适性准则一般都会削弱对规则的服从和规则的显明性，并因此而削弱制度的规范性、协调性品质。"④ 制度的普适性体现在制度面前人格平等和权利平等。

当然，制度的普适性并不意味着在任何情况下社会资源与财富分配对所有主体都是均等的。相反，在特定的情境中，区别对待恰是制度实施正义的要求，它是无差别待遇或普适原则的补充。罗尔斯说："在某些制度中，当对基本权利和义务的分配没有在个人之间作出任何任意的区分时，当规范使各种对社会生活利益的冲突要求之间有一恰当的平衡时，这些制

---

① 习近平：《决胜全面建成小康社会 夺取新时代中国特色社会主义伟大胜利——在中国共产党第十九次全国代表大会上的报告》，人民出版社2017年版，第48页。
② [美] 约翰·罗尔斯：《正义论》，何怀宏、何包钢、廖申白译，中国社会科学出版社1988年版，第58页。
③ [德] 柯武刚、史漫飞：《制度经济学——社会秩序与公共政策》，韩朝华译，商务印书馆2000年版，第147—148页。
④ 同上书，第148页。

度就是正义的。"① 区别对待下的"恰当的平衡"正是程序正义的体现。所谓区别对待，是指在制度面前人人平等的前提下，公共权力机关应更多地关注社会弱势群体，给予他们更多的社会关怀以及更多看得见的物质利益。罗尔斯主张："为了平等地对待所有人，提供真正的同等的机会，社会必须更多地注意那些天赋较低和出生于较不利的社会地位的人们。"② 体现了他对弱势群体的真诚关切。罗尔斯提出了正义的两个原则："第一个原则：每个人对与其他人所拥有的最广泛的基本自由体系相容的类似自由体系都应有一种平等的权利。第二个原则：社会的和经济的不平等应这样安排，使它们①被合理地期望适合于每一个人的利益；并且②依系于地位和职务向所有人开放。"③ 第一个原则是平等原则，第二个原则是差别原则。他进一步强调："第二个原则坚持每个人都要从社会基本结构中允许的不平等获利。"④ 同时，"我们不能根据处在某一地位的人们的较大利益超过了处在另一地位的人们的损失额而证明收入或权力方面的差别是正义的。"⑤ 以平等原则为基础的差别原则在国民收入分配、资源配置以及机会安排等方面显然有利于弱势群体，从一定意义上看，差别原则正是对弱势群体的一种利益补偿原则。初次分配坚持效率优先，再分配以公平为上，这种公平就是差别对待下的公平。通过二次分配改善弱势群体的生存状况，体现了公平与效率兼顾且公平至上的价值导向，它是实现分配正义的关键。

弗兰茨－克萨韦尔·考夫曼指出："竞争原则需要由社会保障原则来补充，绩效公正需要由需求公正来补充。"⑥ "充分就业政策要使每一个有劳动能力的人都能获得工作，再分配政策则要保障那些无法获得工作收入的人有消费能力。"⑦ 社会保障原则对竞争原则的补充、需求公正对绩效公正的补充实际上是以再分配的公平性来平衡初次分配的效率优先性。制度设计正义与制度实施正义是实现再分配制度公正性的两翼，对于保障老年群体利益缺一不可。

---

① ［美］约翰·罗尔斯：《正义论》，何怀宏、何包钢、廖申白译，中国社会科学出版社1988年版，第5页。
② 同上书，第101页。
③ 同上书，第60—61页。
④ 同上书，第64页。
⑤ 同上书，第65页。
⑥ ［德］弗兰茨－克萨韦尔·考夫曼：《社会福利国家面临的挑战》，王学东译，商务印书馆2004年版，第135页。
⑦ 同上。

近年来，我国养老金待遇连年提高，老年人口整体生活质量有所提升，但仍有相当一部分老年人处于贫困状态，老年贫困发生率远远高于其他人群。一般意义上所指的贫困老年人是指收入水平低于所在省份最低生活保障标准的老年人。杨立雄利用最低生活保障数据，采用农村贫困线和世界银行"1天1美元"两个标准进行分析，测算出2010年我国农村老年贫困人口规模超过1400万人。采用城镇最低生活保障标准和"1天2美元"两个标准，测得2010年城镇老年贫困人口规模约为300万人。由此，2010年我国老年贫困人口总数大约为1800万人，老年贫困发生率超过10%。[①] 可见，当前我国分配制度建设与改革的重点在于进一步健全和完善再分配制度，特别是从社会养老保障制度和老年医疗保险制度的设计上对老年群体进行适当的利益倾斜，通过国民收入再分配给予他们更多的经济利益与社会福利，以此实现代际平等、代际互惠、代际补偿。同时，建立精神赡养机制，将敬老爱老的美德内化于公民之心、外化于公民之行，使代际情感回报如春风般温暖老年人的心扉。

西方发达国家建立了以社会养老保障制度为核心的再分配制度，老年人基本上能够依靠养老金安度晚年。然而，在人口结构老龄化程度和高龄化程度渐趋加重的情况下，部分西方发达国家"从摇篮到坟墓"的社会福利制度使国家财政不堪重负，"减负"成为这些国家分配制度改革的必然要求。虽如此，最大限度地保障老年人的基本生活需求与医疗需求仍是西方发达国家制度设计与制度实施的底线伦理要求。如何在精神慰藉方面进行制度伦理设计，使老年人感受到人伦亲情的温暖，是西方发达国家老年利益伦理制度建设的重点。

三　帕累托最优：分配优效原则

帕累托改进（Pareto Improvement）与帕累托最优（Pareto Optimality）都是意大利经济学家维弗雷多·帕累托（Vilfredo Pareto）提出来的，表示资源配置的两种不同状态。帕累托改进是指一种资源配置至少能使一个人的利益增加，而不会使其他人的利益受损。帕累托最优是指在不使任何人的境况变差的情况下，不可能再使另外一些人的境况变好，这是资源配置的理想状态，达到帕累托最优就是最具有经济效率的。因此，帕累托改进是实现帕累托最优的必经路径，而帕累托最优是没有帕累托改进的余地了，是公平与效率有机结合所达到的理想状态。能否实现帕累托最优，是

[①] 杨立雄：《中国老年贫困人口规模研究》，《人口学刊》2011年第4期。

衡量一种社会制度是否具有正义性以及这种正义性是否成为现实的重要标准。就当前我国国民收入分配而言，从帕累托改进到帕累托最优就是以国民收入分配的公正性来达到收入分配理想状态的渐进式过程，是以改革发展成果更多更公平惠及全体人民来推进社会公正与代际正义的实践飞跃。

在市场经济条件下，不同主体都在追求自身利益的最大化，"看不见的手"引导着人们从自利走向互利，社会资源配置与国民收入分配的帕累托最优是自利与利他、竞争与合作、独享与互赢博弈的结果，这一理想状态不可能一蹴而就，帕累托改进作为一种量变，是当前乃至今后较长一段时间内我国国民收入分配尤其是再分配的主要调整态势。有学者认为："代际正义实际上是要维持'帕累托改进'的代际关系，当代人在不损失自己收益的前提下，使自己的福利增加。"[①] 代际正义是通过国民收入再分配的帕累托改进而逐步实现二次分配的帕累托最优的良性代际关系状态，其关键在于再分配的最优化。当然，这种最优化是相对的。从代际利益的视角看，再分配的重点是不断健全与完善以社会养老保险和医疗保险为核心的社会保障制度，建立与完善养老金正常增长的长效机制，对老年群体进行合理的利益补偿，不断改善他们的生存状态，使老龄人口生活质量得到稳步提升。

从帕累托改进到帕累托最优是一个动态的收入分配与资源配置过程，它具有以下三个特点。

一是"两手"结合。"两手"指"看得见的手"即政府和"看不见的手"即市场。政府宏观调控与市场自发调节是经济运行与资源配置的两种基本方式，政府与市场相结合且以政府宏观调控为主是社会主义市场经济体制的重要特征。从帕累托改进到帕累托最优的实现，既需要政府调控，也需要市场调节。《中共中央关于全面深化改革若干重大问题的决定》指出："着重保护劳动所得，努力实现劳动报酬增长和劳动生产率提高同步，提高劳动报酬在初次分配中的比重。"[②] 劳动报酬是按照生产要素的贡献率来确定的，它在初次分配中比重的提高意味着生产者的劳动价值、劳动贡献以及劳动生产率越来越成为收入分配的重要砝码，彰显了初次分配中效率对公平的优先性；同时反映出在初次分配中市场调节力度正在加大，它初步奠定了收入分配的整体格局。在党的十八大报告提出

[①] 何建华：《分配正义论》，人民出版社 2007 年版，第 363—364 页。
[②] 《中共中央关于全面深化改革若干重大问题的决定》，《光明日报》2013 年 11 月 16 日第 3 版。

"初次分配和再分配都要兼顾效率和公平,再分配更加注重公平"的基础上,党的十九大报告进一步指出:"坚持按劳分配原则,完善按要素分配的体制机制,促进收入分配更合理、更有序。"① "坚持在经济增长的同时实现居民收入同步增长、在劳动生产率提高的同时实现劳动报酬同步提高。"② "履行好政府再分配调节职能,加快推进基本公共服务均等化,缩小收入分配差距。"③ 公平与效率兼顾且效率为上,是初次分配的特点;而公平至上则是再分配的要求。再分配基本上是由政府调控的,其目的在于对初次分配的不合理之处进行适当调整,通过对受益较少者、生活困难者以及其他弱势群体进行合理的利益补偿来促进社会的公平正义。

当代德国最有影响力的哲学家之一、蒂宾根大学教授奥特弗利德·赫费(Otfried Hatle)认为:"真正的社会公正是致力于对抗生存性危机的,比如失业、生病或年老时的无保障、教育和文化上的不足,甚至饥饿和贫困等这些在 18 和 19 世纪新出现的,或者尖锐化,或者首次被认识到的社会问题。"④ 养老保险与健康事业居首。福利经济学认为,在促进社会福利上,政府优先于市场,有利于穷人的再分配能够增进社会福利。再分配是具有一定福利性质的社会分配,基于代际正义的再分配必须紧紧依靠政府,通过适当扩大财政转移支付、强化税收工具以及进一步健全与完善社会养老保障制度等多种手段,减少老年贫困人口,不断增加再分配的代际公平度。

二是两个层次相统一。广义的"代"既指在场各代即现时存在的各代,也指未来代即将来出场的后代。基于代际正义的帕累托改进一方面要实现在场各代之间的分配正义;另一方面也要促进在场各代与未来代之间的分配正义,这就是帕累托改进的两个层次。前者需要综合考虑再分配的各个要素,并重点对包括老龄人口在内的弱势群体进行利益倾斜。后者的关键在于把握消费与积累的动态平衡、当前利益与长远利益的协调发展,避免杀鸡取卵、竭泽而渔而"断子绝孙"。罗尔斯的正义论为我们把握代际正义提供了有益的参考,他说:"在差别原则的运用中,恰当地期望就是那些关于最不利者的延伸到其后代的长远前景的期望。每一代不仅必须

---

① 习近平:《决胜全面建成小康社会 夺取新时代中国特色社会主义伟大胜利——在中国共产党第十九次全国代表大会上的报告》,人民出版社 2017 年版,第 46 页。
② 同上书,第 46—47 页。
③ 同上书,第 47 页。
④ [德] 奥特弗利德·赫费:《经济公民、国家公民和世界公民——全球化时代中的政治伦理学》,沈国琴、尤岚岚、励洁丹译,上海译文出版社 2010 年版,第 51 页。

保持文化和文明的成果，完整地维持已建立的正义制度，而且也必须在每一代的时间里，储备适当数量的实际资金积累。"① 反映出罗尔斯对代际正义尤其是对现时各代与未来代之间利益关系的深切关注。奥特弗利德·赫费认为，"同步交换"与"历时交换"是交易公正的两种形式，"老年人和年轻人以最简单、积极、相对同步的形式相互交换其年龄段中特有的能力、经验和关系"，"在积极、历时性的交换中，生命之初学到的救助以一种阶段性推进，但却相互帮助的形式向老人'再次做出补偿'。"② 在他看来，相对同步的现时交换与历时性的补偿式交换是代际收入分配的两种具体方式。

社会养老保障制度发挥着国民收入再分配的功能，它不仅关涉在场各代之间的利益关系，也事关老年一代与未来代之间的利益平衡，兼具现时性与历时性。基于代际正义的利益伦理要求以代际平等、代际互惠、代际补偿来促进社会发展成果的代际共享。首先，必须保证所有公民的养老保障权益都能够实现，这是起点公平。其次，代际间责、权、利的划分须合理。最后，相关利益主体特别是老年群体要能够充分参与社会养老保障制度实施的监管过程，切实促进再分配的程序正义。由于城乡二元结构的差异性，我国城镇老龄人口与农村老龄人口的收入呈现出较大的差距。由中国老龄科研中心组织实施的"2010年中国城乡老年人口状况追踪调查"结果显示，社会养老保障（退休金、养老金）覆盖率，城镇为84.7%，农村为34.7%。城镇月平均退休金为1527元，农村月平均养老金仅为74元。城镇老年人人均年收入为17892元，农村老年人人均年收入为4756元。③ 由此可见，再分配的重点倾斜对象应该是农村老龄人口，特别是农村老龄贫困人口。

三是客观条件的优化与精神幸福相统一。收入分配与资源配置从帕累托改进到帕累托最优的动态平衡，宏观上体现为社会整体经济态势由零增长或负增长逐步进入良性发展轨道，最后达到最优化水平的螺旋式上升过程。从微观领域或个体层面看，则是客观条件的优化与精神幸福相统一的自足状态。再分配主要是物质资源的第二次分配，旨在改善弱势群体的物

---

① ［美］约翰·罗尔斯：《正义论》，何怀宏、何包钢、廖申白译，中国社会科学出版社1988年版，第286页。
② ［德］奥特弗利德·赫费：《经济公民、国家公民和世界公民——全球化时代中的政治伦理学》，沈国琴、尤岚岚、励洁丹译，上海译文出版社2010年版，第52—53页。
③ 《2010年我国城乡老年人口状况追踪调查情况》，豆丁网（http://www.docin.com/p-482023989.html）。

质生活条件,而精神资源的分配目前还是一种制度空白。因此,在进一步健全与完善社会保障制度的基础上,不断改善老龄人口的精神生活质量,提高其主观幸福感,是当前我国亟待解决的重大民生问题。

对于西方发达国家来说,完善的社会福利制度为人们安享晚年提供了较好的物质保障。然而,崇尚独立的精神与个人本位的价值观使亲情互动变得弥足珍贵,这正是西方发达国家应对人口老龄化挑战需要解决的一个难题。就此而论,中西方应该而且必须努力实现物质资源与精神资源的优势互补,共同促进健康老龄化和幸福老龄化。

以倡导全球正义而闻名的耶鲁大学教授涛慕思·博格(Thomas Pogge)说:"采纳潜在参与者的视野,我们就会把制度正义视作每种制度会导致的生活质量的函数:$J = f(Qi)$。……个人利益的观念应该由主观项(人的幸福、欲望实现、偏好满足、避免痛苦、福利机会)来明确呢,还是应该由客观项(人的权利、资源、社会的基本品益、能力、人的需求的实现)来明确呢?或者,社会制度应该使什么最大化呢,是总量、算术平均值、几何平均值、最低水准(小中取大)、分配均等,还是生活质量?我将关注的并非这两个函项的各种可能的组合中的哪一种最具有道德上的合理性且最适合作为公共的正义标准,因为我关注的是用于评价社会制度的契约后果论视野本身。"[1] 在博格教授看来,制度正义是客观项与主观项的有机结合,一个良好的社会制度应该使人们的生活质量最优化,它是外在客观条件与主体内在精神幸福高度统一所达到的一种自足惬意的理想生活状态。对老年人来说,实现物质条件的优化与精神幸福的有机结合显得尤为重要。

---

[1] [美]涛慕思·博格:《康德、罗尔斯与全球正义》,刘莘、徐向东等译,上海译文出版社2010年版,第255页。

第四章 中西老龄制度伦理比论

制度是社会共同体在一定历史条件下形成的关于主体之间经济交往、政治交往与文化交往的一致性行为规范的总和。马克思认为，现存制度"只不过各是个人之间迄今所存在的交往的产物"①。利益是一切社会关系的基础，交往源于现实的利益需求，社会主体之间的交往本质上是利益互动。由于社会资源的有限性、资源分配的不均衡性以及不同主体利益诉求的差异性，交往过程中的利益冲突变得错综复杂。不仅个体之间存在利益交锋，个体与集体、个体与社会、个体自身，以及不同的民族、阶级、国家等社会共同体相互之间，也都存在种种利益冲突。制度就是通过权利与义务的适当安排来规范主体之间的各种利益交往行为，并有效促进社会利益合理分配的行为规范体系。制度作为人类特有的一种文化活动现象，一方面受制于具体的社会生产方式；另一方面又是人们根据自己的需要进行价值选择的结果。

制度伦理是关于社会制度的伦理本质、制度建构的伦理原则、价值依据以及价值目标及其具体程序要求的总和。制度伦理建构的意义在于：通过对主体权利与义务的合理安排，有效规制主体之间的利益互动关系，促进社会资源合理配置与国民收入分配实现帕累托最优，并由此推进人的全面发展与解放。制度伦理不仅是现代市场经济正常运行的道德保障，也是个体自由全面发展的内在要求。随着全球化进程的加速与逐步扩展，构建全球性普遍制度文明成为人类的共同心声，而制度伦理是构建全球制度文明的道德基石。它既是一国经济发展的社会伦理机制，也为人口结构老龄化背景下中西方达成一定的道德共识并共同实现制度优化预制了一个道德实践平台。

制度伦理的本质要求究竟是什么？对此，学界存在不同的观点。有学

---

① 《马克思恩格斯选集》第一卷，人民出版社2012年版，第202页。

者认为，任何制度伦理都要满足公正原则、普遍性原则与历史原则。[①] 这三个原则概括了市场经济发展过程中制度的伦理本质与制度伦理建构的基本要求。还有学者认为，对制度的伦理分析，要旨在于根据特定标准来判断制度是否为"善"。一个"善"的制度既能引导社会有序变迁，又能引领社会成员在日常生活中塑造美德。[②] 正义是制度伦理的本质要求，是社会制度建构的最高价值理念，因为正义既是制度内含的根本伦理精神，又是制度伦理实施的公正性程序要求。正如罗尔斯所言："正义是社会制度的首要价值，正像真理是思想体系的首要价值一样。一种理论无论它多么精致和简洁，只要它不真实，就必须加以拒绝或修正；同样，某些法律和制度，不管它们如何有效率和有条理，只要它们不正义，就必须加以改造或废除。"[③]

制度伦理是老龄伦理的核心内容之一，民生幸福尤其是老年人口生活质量的提升，从根本上看，取决于一个社会的制度本质及其伦理建构模式。中西两制虽然具有本质上的对立性，但代际公正是全球化背景下中西方应对人口老龄化挑战的道德共识，基于底线公平与老年民生幸福的社会福利制度为中西制度伦理的融合互补提供了契合点，也为中西老龄制度伦理的优化发展提供了具体的伦理文化交流路径。

第一节　全球化的社会伦理影响

广义的全球化既指经济的全球化，也指政治的全球化以及文化的全球化。所谓经济全球化，指各国经济相互依存、相互影响的一体化趋势。所谓政治全球化，是指由经济全球化所带动的国与国之间的政治对话、政治协商，以及不同政体的国家在某一具体问题上所达成的政治共识及其在政见相异时所体现的政治涵容性，而非指各国政治制度的统一化。所谓文化全球化，是指不同国家、不同文化共同体之间的开放性对话与共时性交融过程，是多元文化的平等交流与文化资源的全球共享，是不同文化在合作中共同创立新的普世性知识体系并形成道德文化共识的过程。文化全球化并不意味着有一种可以凌驾于各国文化传统之上并强制性地支配不同文化

[①] 方军：《制度伦理与制度创新》，《中国社会科学》1997年第3期，第54—66页。
[②] 高兆明：《制度伦理与制度"善"》，《中国社会科学》2007年第6期，第41—52页。
[③] ［美］约翰·罗尔斯：《正义论》，何怀宏、何包钢、廖申白译，中国社会科学出版社1988年版，第1页。

观念与文化模式的霸权文化，也不是指西方文化知识体系的独断性。政治与文化均属于意识形态的具体内容与构成形式，在当代，由于全球性意识形态不可能存在，因而，全球统一的政治制度与文化模式也是不可能有的。

全球化背景下的老龄伦理，是立足于全球化时代的人类公共理性与全球正义这一共享性价值观念，以人类最基本的道德生活方式为基础，以全面提升老年群体生活质量并使之获得幸福生活为价值目标的中西社会道德共识及其制度伦理建构模式的总称。它是全球化与人口结构老龄化背景下的低限度伦理，是中西方相融互通的制度伦理理念及其异制互补的制度伦理建构模式的总和，其基本出发点是中西制度伦理的兼容互补及互利共赢。全球化产生了广泛的社会伦理影响，主要体现在以下两个方面。

一 中西方经济合作、政治对话与文化交流不断扩展

马克思曾在1848年发表的《共产党宣言》中对全球化进行了预见性的描述："资产阶级，由于开拓了世界市场，使一切国家的生产和消费都成为世界性的了。……过去那种地方的和民族的自给自足和闭关自守状态，被各民族的各方面的互相往来和各方面的互相依赖所代替了。物质的生产是如此，精神的生产也是如此。各民族的精神产品成了公共的财产。民族的片面性和局限性日益成为不可能，于是由许多种民族的和地方的文学形成了一种世界的文学。"[①] 马克思天才地预见了经济全球化与文化全球化的基本趋势。随着20世纪后期以来社会主义与资本主义两大阵营由冷战对峙向合作对话的转化，全球化由经济领域逐渐扩展到政治领域与文化领域，中西方在经济、政治、文化各个方面的交流与合作不断扩展并逐步深化。

历史唯物主义认为，经济基础决定上层建筑，上层建筑是以政治法律思想、道德、宗教、艺术、哲学为核心内容的社会意识形态，它们集中体现为一个国家的政治法律制度与文化模式。由于经济、政治、文化三者密不可分，因而，经济全球化必定带来政治全球化与文化全球化。在全球化的背景下，中西方通过寻求道德共识与伦理文化的相容性，在实现经济利益共赢、政治平等对话以及文化交融互补方面，取得了前所未有的成就。尤其是在当今高科技时代，全球化借助高度发达的信息传媒，为跨文化、跨地域的人们在各自特定的生活条件下探寻共同认可与践行的公度性道德

---

① 《马克思恩格斯选集》第一卷，人民出版社2012年版，第404页。

提供了客观条件。优势互补的传统道德资源为中西伦理文化的交流互渗铺垫了历史文化基石,异中求容、利益互赢、共谋发展的经济格局为探寻中西共享的价值标准与制度伦理提供了可能,并确立了终极发展目标。

二　老龄伦理问题日益凸显

对于全球化,人们更多看到的是经济全球化、政治全球化与文化全球化,而往往忽视了另一种形态的全球化,这就是人口结构老龄化从发达国家向发展中国家的扩展。20世纪中期以来,一些西方发达国家相继步入老龄化社会,我国于2000年左右进入老龄社会。目前,银发浪潮已席卷全球。人口结构老龄化不仅加快了全球经济一体化的进程与各国文化交流的深度及广度,而且使全球化成为一种跨越时空的经济互动与文化交流活动过程。如果说经济领域、政治领域与文化领域的全球化是一种横向的全球化,那么,人口结构老龄化则是一种纵向的全球化,其纵向性体现为个体生命的老化与社会老龄化两个方面。每个人都是时间的移民,在时间的长河中迁移而到达生命的彼岸,从幼年、少年到青年、中年,直到老年,这是个体生命的发展历程。国家的发展、社会的演进亦是如此,作为社会实体的国家也要经历从人口年轻型国家向老龄型国家的转变。当一个国家60岁及以上人口占到总人口数的10%,或65岁及以上人口占到总人口数的7%时,这个国家就进入了老龄社会。人口结构老龄化作为一种动态的人口年龄结构变化过程和纵向全球化过程,其直接后果就是老龄社会伦理问题作为全球性问题日益凸显。

有学者认为:"代际伦理的全球化是基于经济全球化和文化全球化及其普遍规律之上的,同时,它还在全球化背景下使世界伦理文化和民族伦理文化之价值态度及其传承和整合机制等方面具有鲜明的代际特点。"[①]虽然代际伦理贯穿于人类文明社会发展的始终,但在全球化与人口结构老龄化的时代,代际伦理最为复杂,代际利益关系的和谐发展、代际公正的制度伦理建构、老龄道德关怀网络的编织、老年健康公平的实现以及善终"优死"等诸多问题对人口老龄化国家构成了严峻挑战。代际伦理的全球性及其在当下的复杂性从一个侧面印证了人口结构老龄化作为纵向全球化的客观性及其不可忽视的社会伦理影响。由此,利益伦理、制度伦理、关怀伦理、健康伦理以及善终伦理构成了老龄伦理的主要内容,它们也是全球化时代中西方所共同面临的社会问题。通过多元文化交流以及中西老龄

---

① 廖小平:《伦理的代际之维》,人民出版社2004年版,第278页。

伦理文化的对话与协商，形成一定的道德共识，并在此基础上探寻中西方共享的价值原则及其具体的制度伦理规范，成为全球化时代中西方共同应对人口老龄化挑战的客观需要。

第二节　应对人口老龄化的中西制度伦理共识

全球化与人口结构老龄化的共同背景决定了中西方面临诸多相同的社会问题，老龄社会伦理问题就是其中之一，解决这一问题成为中西方的共同课题。以最低限度道德共识为基础，探寻一种融汇中西、优势互补的制度伦理，是优化中西社会制度、破解老龄社会伦理问题的有效途径。所谓道德共识，是指不同的道德主体对某一具体范围内共享性价值标准与道德规范的一致认可。它意味着存在某种可以普遍化和可公度（common measure）的道德规范或伦理原则。① 在现代社会，中西方能否以及在何种程度上达成道德共识，主要取决于二者是否面临共同的社会伦理问题以及是否有共同遵循的底线伦理原则。

一　中西方共同面临的社会伦理问题

中西方不论在传统伦理还是现存制度上均存在巨大差异，能否以及在何种程度上达成道德共识，首先取决于二者是否面临共同的社会伦理问题。道德共识是不同社会主体在某一问题上所形成的共同道德意识、一致性道德规范以及共享性伦理原则。马克思指出："物质生活的生产方式制约着整个社会生活、政治生活和精神生活的过程。不是人们的意识决定人们的存在，相反，是人们的社会存在决定人们的意识。"② 道德意识、道德规范以及伦理原则作为社会意识的具体形式，从根本上看是由人们所处的经济基础、社会制度以及文化传统所决定的。从伦理传统看，中西方在经济根基、价值观念、伦理属性上迥然相异。从现存制度看，中西方除了生产力发展水平的巨大差距之外，在占主导地位的生产资料所有制形式、人与人之间的社会关系以及产品的分配形式上也有着本质区别。然而，传统伦理的差异与现存制度的分殊并不意味着中西方完全没有达成道德共识的可能。当前，人类所面临的生态与环境问题、犯罪与恐怖问题、健康与

---

① 万俊人：《寻求普世伦理》，北京大学出版社2009年版，第12页。
② 《马克思恩格斯选集》第二卷，人民出版社2012年版，第2页。

安全问题、国际经济秩序问题、贫困问题、人口结构老龄化以及老龄社会伦理问题等都是全球性问题，具有超国界性，在一定范围内还具有超意识形态性，单靠某一个国家的力量显然是不能解决这些问题的。发展、合作不仅是全球化时代各国经济共谋发展、政治协商对话以及文化相容互鉴的需要，也是中西方携手解决全球问题、化解全球危机，并走向多边互赢的理性选择。

万俊人认为："普遍的人类伦理正义的达成还有待于生活在不同社会制度、经济和文化条件下的现代人类是否面临着共同伦理正义问题，是否愿意为解决这些问题而共同努力。"[①] 当前，全球化浪潮与人口结构老龄化的共同背景以及全球问题的客观存在为中西方达成一定的道德共识提供了社会基础与现实需要。在多元互异的伦理文化传统之间寻找相融互通的道德资源，在迥然相异的现存社会制度之间探寻制度伦理的相容性与互补性，成为全球化时代中西方共同应对人口老龄化挑战的迫切需要。

二　中西方共同遵循的底线伦理原则

随着银发浪潮席卷全球，特别是近几十年来一些发达国家人口结构快速老龄化，老龄社会伦理问题越来越成为困扰许多国家的现实问题。其中，社会物质资源的代际分配成为焦点，因为它事关老龄人口生活质量的提升、老年民生幸福的有效实现以及代际伦理关系的和谐发展。由于中西两制的本质对立，二者在社会制度、运行机制以及价值目标上均存在巨大差异，因此，社会物质资源代际配置的策略与具体方式也存在诸多不同。然而，代际公正却是不同社会制度下利益伦理、制度伦理、健康伦理以及关怀伦理的应然要求，是物质资源代际分配的根本价值依据，也是全球化时代中西方共同应对人口老龄化挑战的基本道德共识之一。

自20世纪80年代以来，随着全球化向纵深发展，两大社会制度开始打破以往单纯以意识形态划界、相互封锁的状态，逐步走向开放与交流，其互补性与相互依存性进一步增强，互渗互依、横向联合与多边合作的经济发展态势促进了中西两制的相容共存与互利发展。探寻一种旨在促进代际伦理关系和谐发展并有效提升老龄人口生活质量的制度伦理，成为中西方制度建构的一致性伦理要求。代际公正作为一种底线伦理原则，是全球正义在老龄社会伦理问题上的具体要求，是两大社会制度在全球化时代尤其是人口结构老龄化背景下应当共同遵循的普适性伦理原则。

---

① 万俊人：《寻求普世伦理》，北京大学出版社2009年版，第237页。

当然，代际公正作为普遍的人类伦理共识与底线伦理原则，具有一定的相对性，它并不能从根本上改变资本主义制度的剥削本质，而只能在现存制度下在一定程度上对之进行道德纠偏。不可否认，西方发达国家工人阶级的生活状况在近几十年来得到了较大改善，但由于资本家无偿占有工人创造的剩余价值，资本主义国家的分配制度在本质上仍然违反了公正原则。然而，西方发达国家较完善的社会养老保障制度以及其他社会福利制度在一定程度上对不公平的初次分配进行了纠偏，通过物质资源的社会性代际转移有效地促进了代际公正的实现。例如，美国老龄人口的福祉状况在近几十年来就得到了较大的改变，他们"成为经济上非弱势的人口群体，这在历史上尚属首次"①。这一点，正是当前我国进一步完善社会养老保障制度值得借鉴之处。

汉斯·昆（Hans Kung）认为："随着全球化的到来，全球化必然会带来一个什么是伦理道德的问题。伦理学必须应用于全球化，我们需要一个伦理的全球化。"② 正义是全球伦理的核心精神，是建立在全球道德共识基础之上的普世伦理，代际公正则是全球正义在人口结构老龄化背景下的具体要求。它既是中西方以最低限度道德共识为基础所形成的普遍伦理理念，也是中西方在保持各自道德文化传统的特殊性与现存社会制度差异性的前提下，对人类共同的社会伦理问题与道德责任的价值关切和道德承诺。因此，代际公正是中西方应对人口老龄化挑战的道德共识，也是基于底线公平的人类普遍伦理原则。

第三节　中西老龄制度伦理互补的契合点及其建构特征

中西方在经济制度、政治制度以及文化制度上均存在巨大差异，从根源上看主要是由传统农耕经济与商业经济的经济基础不同、家族本位与个人本位的价值观念不同、宗法伦理与契约伦理的伦理属性不同所致。中西方制度伦理的差异性主要体现在三个方面：人性善与人性恶的人性取向不同③、公平与效率的优先等级不同、德治与法治的规制方式不同。中西制

---

① [美] Neil Gilbert, Paul Terrell：《社会福利政策导论》，黄晨熹、周烨译，华东理工大学出版社 2003 年版，第 165—166 页。
② 转引自廖小平《伦理的代际之维》，人民出版社 2004 年版，第 273 页。
③ 倪愫襄：《制度伦理视野中的中西文化之差异》，《湖北社会科学》2007 年第 1 期。

度伦理的互补性恰存在于其差异性之中,社会历史视境下的复性论、公平与效率的辩证统一、德治与法治的价值互补为中西社会制度的兼容并蓄提供了社会伦理基础。在当代全球化视域下,健全与完善基于底线公平的老年社会福利制度,是改善老年民生、提升老龄人口生活质量的根本途径,也是中西老龄制度伦理交融互补的客观现实需要。它为人口结构老龄化背景下中西制度伦理的融合互渗提供了契合点,也为全球化背景下中西方实现利益共赢搭建了一个道德实践平台。

一 中西老龄制度伦理互补的契合点

基于底线公平的老年社会福利制度不仅是西方发达资本主义国家自由市场经济的重要组成部分,也是中国特色社会主义市场经济的基本构成要素,进一步健全以社会养老保障制度和老年医疗保险制度为重点的老年社会福利制度是当前我国社会建设与社会发展的重要内容。它之所以成为中西方老龄制度伦理互补的契合点,其一是因为它能进一步促进全球化背景下中西方经济领域的合作与共赢;其二是因为它对于有效实现人口结构老龄化背景下的老年民生幸福并促进代际公正至关重要,这一点于中西方并不相异;其三,底线公平是中西老年社会福利制度建构的共同伦理规则。

德国经济学家弗兰茨-克萨韦尔·考夫曼指出:"正是价值取向的,或者更确切地说,基本公正理念的这种共性,为社会政策的内涵指引方向,并使社会改革——在不损及任何对立的利益的情况下——具有规范性的共识凝聚力。"[①] 当代全球正义理论的领军人物涛慕思·博格教授指出:"由于国内和全球的基本结构彼此有很深的影响,它们的稳定性彼此依赖,它们对个人生活的影响紧密相关。因此,我们应该对我们的社会基本制度予以一般的和具有全球视野的思考,并以整体的解决方案为目标——旨在保护权利、机会、收入和财富分配的正义和稳定的制度结构应该在全球层面上和一国之内都是公平的。"[②] 公平、正义是全球共享的制度伦理理念,也是人类共同发展的根本价值目标。基于底线公平的老年社会福利制度虽然不可能消除中西两制的本质对立,却是二者相容互补、共谋发展的制度伦理媒介。

---

① [德] 弗兰茨-克萨韦尔·考夫曼:《社会福利国家面临的挑战》,王学东译,商务印书馆2004年版,第32—33页。
② [美] 涛慕思·博格:《康德、罗尔斯与全球正义》,刘莘、徐向东等译,上海译文出版社2010年版,第157页。

二 老年社会福利制度的伦理建构特征

基于底线公平的老年社会福利制度作为中西老龄制度伦理互补的契合点，其伦理建构具有以下三个特征。

第一，全民普享、权利差等。关于社会福利制度的受益资格，西方学界存在两种观点。普享派认为，社会福利作为一种基本权利，为全体国民所享有，无须家计调查。选择派主张，社会福利的受益资格应根据个人需要来确定，公共援助主要是针对处于社会边缘的人，而不应该要求纳税者补贴那些能够满足自己需要的人，这样既可以减少总支出，也可以确保将有限的社会福利资源分配给那些最需要的人。家计调查、人员身份标准、地区差异等是控制支出与定位给付的具体办法。[1] 普享派与选择派之争实际上是关于社会福利制度的受益资格即福利底线的论争。选择派暂居上风的结果表明，目前在一些西方发达国家，选择性政策比普享性政策更具有优越性。

当前我国社会福利制度建设既要实现全民普享，又要在此基础上体现权利的差等性，基于底线公平的老年社会福利制度符合此目标定位。底线公平是现阶段我国社会福利制度尤其是社会养老保障制度的基本价值理念[2]，它一方面划分了社会福利制度的受益资格标准；另一方面明确了享受社会福利的主体权利差异。

所谓底线公平，首先是指普遍伦理意义上的社会公平，即社会生活与制度安排中主体的权利与义务相适应的合理状态，它意味着个体的社会财富与社会地位的获得应尽可能与其实际功过相当。这一层次的公平从根本上否定了特权等级制，主要标识着主体的自由。其次是指社会福利的公平分配，公平分配不是平均分配，而是社会福利资源与主体的责、权、利相对应的相对合理分配，它主要标识的是主体间的平等。[3] 最后，底线公平包含着权利的差等性，它主要标识的是福利权利的界限。在具体的社会福利制度中，"底线"是一种明确的关于社会成员基础性需求的权利获取界限，体现社会成员福利需求的同质性和一致性，是全体社会成员福利需求

---

[1] 参见〔美〕尼尔·吉尔伯特（Neil Gilbert）编《社会福利的目标定位——全球发展趋势与展望》，郑秉文等译，中国劳动社会保障出版社2004年版，译者序《什么是"目标定位"》第2—3页。
[2] 参见景天魁、毕天云《论底线公平福利模式》，《社会科学战线》2011年第5期。
[3] 参见朱贻庭主编《伦理学小辞典》，上海辞书出版社2004年版，第274页。

的"最大公约数"①。"基础性需求"主要包括解决温饱的生存需求、维护身体健康的公共卫生与医疗保障需求以及促进个体社会化的基本义务教育需求。② 底线公平就是所有社会成员在此"底线"上所具有的权利一致性。超越"底线"的非基础性需求,能否以及在何种程度上得到满足,虽然从根本上仍然取决于一定的制度安排,但在很大程度上与个人的实际能力、教育背景、生存环境以及机遇等因素相关,对于不同的社会个体来说,情况各异。因此,不同个体享用非基础性福利的权利具有差等性。就代际需求而言,生存需求、公共卫生与医疗保障需求是在场的老年一代最基本的两大需求;而对于未来的老年一代即现在的年轻一代而言,这三大需求缺一不可。可见,以三大需求为基础的"底线",既明确了社会成员基础性福利权利的一致性,也体现了非基础性福利权利的差等性。

第二,公平至上、弱者优先。第一次分配的按劳分配原则坚持效率优先,形成了收入分配的差序格局。合理的收入分配差序既是市场效率的源泉与动力,也是市场效率的结果。改革开放之初,让一部分人先富起来的政策极大地激发了劳动者的生产积极性,但也造成了利益关系的种种冲突,最明显的就是收入差距越来越大的不公平现象。从"先富"逐渐转变到"共同富裕",是中国特色社会主义市场经济的内在要求,在这个转变过程中,政府调控与市场调节在利益博弈的艰难过程中最终形成一种动态平衡,从初次分配的效率至上、强者为先,到效率与公平兼顾,再到第二次分配的公平至上、弱者优先,是正确处理政府与市场的关系、化解利益关系矛盾并形成合理的收入分配格局的基本规律,也是实现帕累托最优的利益调整机制。

《中共中央关于全面深化改革若干重大问题的决定》将"建立更加公平可持续的社会保障制度"作为推进社会事业改革创新的一项重要内容。党的十九大报告提出加强社会保障体系建设,要"按照兜底线、织密网、建机制的要求,全面建成覆盖全民、城乡统筹、权责清晰、保障适度、可持续的多层次社会保障体系"③。全面建立中国特色基本医疗卫生制度、医疗保障制度和优质高效的医疗卫生服务体系,健全现代医院管理制度,

---

① 毕云天:《论底线福利公平》,《学术探索》2017 年第 11 期。
② 参见景天魁、毕天云《论底线公平福利模式》,《社会科学战线》2011 年第 5 期。
③ 习近平:《决胜全面建成小康社会 夺取新时代中国特色社会主义伟大胜利——在中国共产党第十九次全国代表大会上的报告》,人民出版社 2017 年版,第 47 页。

是实施健康中国战略的重要内容。① 广义的社会福利制度主要包括社会养老保障制度、基本医疗保障制度以及其他社会福利与社会救济制度，它主要通过国民收入再分配来实现。公平至上、弱者优先既是其基本原则，也是其重要特征。它具体包含两个方面的伦理要求：一是再分配的利益杠杆要更多地向老龄人口倾斜；二是要重点关注老龄弱势群体，如老年贫困者与残疾者。同一笔钱，用在穷人与其他弱者身上来解决其基础性需求，比用在富人与其他强者身上来满足其非基本需求，社会效益要大100倍以上。因此，弱者优先、弱者为重可以获得最大的社会效益。②

从社会福利制度的发展历史来看，弱者优先是由来已久的一个优良道德传统。西方早期社会福利思想萌发于基督教关爱弱者的慈善义举和行会的救济行为。如英国，宗教改革前英国教会什一税的1/3用于慈善事业，教会建有110多所养育院、2374个施物场，救济贫民近9万人。中世纪欧洲行会也发挥了重要的救济职能。英国行会建立了460个慈善组织。对遇到困难的会员，行会章程明确规定了救济职责。英国林里吉斯圣三一行会规定：行会负责人须每年至少4次探访衰老与贫困的会员，并给予救济。③ 教会的慈善活动与行会的救济行为对西方早期福利制度产生了重要影响。1601年，英国女王伊丽莎白一世颁布了世界上第一部《济贫法》，这是从慈善事业过渡到社会救济事业的标志。1834年颁布新的《济贫法》，标志着社会救助制度的开始。英国50%最贫困人口于1979年、1993年分别获得56%、60.1%的社会福利工资，说明贫困人群获得的社会福利工资要高于富裕人群。④ 社会救助制度成为英国最早建立的社会保障制度，以及贫困阶层获得的社会福利工资高于富裕阶层的事实，充分说明弱者优先对于社会福利制度的道德基础意义。

就目前我国的具体情况来看，由于社会资源配置的市场化，尤其是初次分配中按劳分配原则的效率优先性，老龄人口不可避免地成为制度性弱势群体，他们在收入分配中处于不同程度的劣势地位。政府作为再分配的主导者，应当优先考虑在市场竞争中处于劣势的社会群体，老龄人口尤其

---

① 习近平：《决胜全面建成小康社会 夺取新时代中国特色社会主义伟大胜利——在中国共产党第十九次全国代表大会上的报告》，人民出版社2017年版，第48页。
② 景天魁：《底线公平：和谐社会的基础》，北京师范大学出版社2009年版，第203页。
③ 丁建定、魏科科：《社会福利思想》，华中科技大学出版社2005年版，第4—5页。
④ 参见［美］尼尔·吉尔伯特（Neil Gilbert）编《社会福利的目标定位——全球发展趋势与展望》，郑秉文等译，中国劳动社会保障出版社2004年版，译者序《什么是"目标定位"》第13页。

是老年贫困人群应成为重点关怀对象。《中共中央关于全面深化改革若干重大问题的决定》指出："建立健全合理兼顾各类人员的社会保障待遇确定和正常调整机制。"① 建立养老金正常调整机制是改善老年民生、提高老龄人口生活质量的有效举措。从 2005 年以来，我国企业退休职工的基本养老金连续得到提高，惠及全体农民的农村新型社会养老保障制度进一步健全与完善。"坚持在发展中保障和改善民生"是新时代中国特色社会主义思想的重要内容，"在发展中补齐民生短板，促进社会公平正义"，在"病有所医""老有所养""弱有所扶"等方面不断取得新进展，是党的十九大报告关于保障和改善民生的基本方略之一。② 充分体现了政府对老年民生问题的高度重视以及关爱老年弱势群体的善治伦理情怀。

第三，政府主导、责任共担。现代社会福利制度的基本功能在于保障社会成员的基础性需求，它主要是政府宏观调控的结果，而不是市场经济的自发产物。罗尔斯指出："自由市场的安排必须放进一种政治和法律制度的结构之中，这一结构调节经济事物的普遍趋势、保障机会平等所需要的社会条件。"③ 这种"政治和法律制度的结构"就是政府主导并承担首要责任的社会制度伦理结构。弗兰茨－克萨韦尔·考夫曼认为："由国家推动的社会保护扩展到保障每一个人的社会权利的这一趋势，是福利国家发展的典型特色。"④ "福利国家制度已成为欧洲各国以规范性方式达成基本共识的一个决定性要素，这也在通过宪法和国际条约保障文化和社会权利方面清楚地表现出来。"⑤ 考夫曼肯定了政府在推动社会福利制度建设过程中的主导作用。政府对宏观经济的调控主要通过财政政策、货币政策、收入政策以及国民经济计划化的手段来实现，对微观主体则采用法律手段与行政手段进行规制，社会福利政策的制定与实施是政府宏观调控与微观规制共同作用的结果。然而，政府并不是社会福利制度的唯一责任者，而只是首要责任者，由政府主导的财政政策、收入政策以及国民经济计划化措施等在满足社会成员的底线福利需求方面起着关键性的"保底"作用。此外，企业、个人、家庭以及非政府组织在改善老年民生与提高老

---

① 《中共中央关于全面深化改革若干重大问题的决定》，人民出版社 2013 年版，第 47 页。
② 习近平：《决胜全面建成小康社会 夺取新时代中国特色社会主义伟大胜利——在中国共产党第十九次全国代表大会 上的报告》，人民出版社 2017 年版，第 23 页。
③ ［美］约翰·罗尔斯：《正义论》，何怀宏、何包钢、廖申白译，中国社会科学出版社 1988 年版，第 73—74 页。
④ ［德］弗兰茨－克萨韦尔·考夫曼：《社会福利国家面临的挑战》，王学东译，商务印书馆 2004 年版，第 23 页。
⑤ 同上书，第 33 页。

龄人口生活质量上也各自承担着相应的社会福利责任。

改革开放以来，我国老年社会保障、老年医疗保障、老年社会服务等方面的制度建设取得了一定成就，但还有很多方面不完善，与西方发达国家相比，仍然存在较大的差距。老年社会保障与老年医疗卫生保健是当前我国社会制度建设的重中之重，它对各责任主体的具体要求如下。其一，以政府为第一责任者，进一步健全与完善以养老保险制度、基本医疗保险制度、老年社会救助制度为主要内容的老年社会保障制度，实现社会养老保障全民覆盖，并逐步消除养老保障水平的城乡差异、地区差异与性别差异。其二，企业须严格按照相关法律法规与社会政策，按时足额发放养老金与其他老年社会福利津贴。其三，就广大农村地区而言，既要弘扬家庭孝养美德，又要突破其局限性，鼓励农民积极参保，并充分发挥社区为老服务的作用，逐步实现由家庭养老向以社会养老保障金为主要经济来源的居家养老模式的转换。此外，非政府组织的慈善义举以及其他助老捐赠行为具有不可替代的作用，是老年社会福利制度建设的重要补充与辅助资源。

第五章　中西老龄关怀伦理比论

"伦理"是指人与人之间的社会关系以及促进该关系协调发展的行为规范的总称。老龄关怀伦理一方面是指以老年群体为核心的代际伦理互动关系；另一方面是指以老年群体为关怀受众、以道德关怀为实践方式的主体道德活动与社会制度伦理建构模式的总和。从代际互动关系来看，关怀伦理主要包含以下三种关系：宏观领域，老年一代与年轻一代以及未来代之间的社会伦理关系；中观领域，父母与子代之间的家庭伦理关系；微观领域，老年人自身内在的个体伦理关系。这些不同层次的伦理关系蕴涵在以老年人群为关怀对象的主体道德实践与社会制度伦理建构模式中。因此，关怀伦理的研究必须将代际伦理关系与道德关怀有机地结合起来。代际伦理关系是关怀伦理的人伦基石，道德关怀是关怀伦理的内核，老龄人口生活质量的全面提升是以代际伦理关系的良性循环与道德关怀的制度伦理建构作为保障的。基于提升老龄人口生活质量的关怀伦理，实际上是代际伦理互动关系与道德关怀实践的有机统一，其根本内容就是以代际伦理关系为基础的老年道德关怀实践。

第一节　老龄人口生活质量指标体系的伦理优化

基于提升老龄人口生活质量的关怀伦理研究，立足于老龄人口生活质量指标体系的伦理考察及其优化设计。所谓老龄人口生活质量指标体系，是指决定老龄人口生活质量的各项主要指标所构成的综合体系。关于这一指标体系的构成，国内外已有大量研究成果，其中国内具有一定权威性的是"三指标论""五指标论""多要素论"。本书通过归类整理现有相关研究成果，列示出影响老龄人口生活质量的主要指标及其具体项目内容，并从社会伦理视角对其基本性质与主要功能加以剖析。现有老龄人口生活质量指标体系各项具体内容，从性质上看，或者是具有客观属性的社会发展与宏观调控指标，或者是具有一定主观意向的个体心理与情感指标，或者是兼具主客二性的综合指标。从层次上看，从宏观社会指标到中观家庭指标以及微观个体指标均有涵涉。指标的性质归类与层次区分是相对的，每一项指标及其具体内容都具有一定的交叉性。然而，不论是从主客观属性或功能出发，还是立足于宏观、中观与微观三维视角所建立的老龄人口生活质量指标体系，都离不开道德关怀这一隐性要素，它是老龄人口生活质量指标体系赖以建立的道德基石与价值指南。从广义上说，构成老龄人口生活质量指标体系的各项具体指标均是一种社会关怀。

道德关怀是一种最基本的社会关怀，决定老龄人口生活质量的各指标项都要立足道德关怀来确立。生理条件的弱势性、社会地位的边缘化以及贫困的高发率是我国老龄人口的基本特点，它决定了道德关怀是老年人迫切需要的一种兼具物质赡养与精神慰藉的社会关怀。道德关怀是全面提升老龄人口生活质量的道德实践方式，是实现社会公正的内在伦理要求与制度伦理建构的基本要素，也是促进代际伦理关系良性循环的根本途径之一。因此，整合与优化现有的生活质量指标体系，将"道德关怀"这一隐性要素凸显出来，并进行优化设计，将使现有的生活质量指标体系更加完善，这对于全面提升老龄人口生活质量必将产生积极的社会伦理功效。

一　老龄人口生活质量指标体系的优化设计

老龄人口生活质量指标体系是决定老龄人口生活质量的各类主要指标参数所组成的一个综合系统，由一级指标与二级指标及其具体测评方法有机构成。老龄人口生活质量指标体系的建构既要遵循一般人口生活质量指标体系建构的共有原则，又要反映基于老年群体特殊需求和决定其生活质量的关键指标要素。本书认为老龄人口生活质量指标体系应由健康生活质量指标、物质生活质量指标、精神文化生活质量指标和道德关怀质量指标四个一级指标构成。道德关怀是关怀伦理的重要范畴，是构建生活质量指标体系的价值基础，也是进行社会制度伦理建构的重要实践方式。对现有的老龄人口生活质量指标体系进行伦理整合与优化设计，将其中隐含的道德关怀凸显出来，并将其作为一项独立的一级指标即"道德关怀质量指标"列入老龄人口生活质量指标体系，对于优化老龄人口生活质量指标体系，进而全面提升老龄人口生活质量具有十分重要的现实意义。

（一）生活质量与老龄人口生活质量

我国学者对生活质量的研究始于 20 世纪 80 年代。关于生活质量的定义，大体可以分为客观派、主观派与综合派三类。客观派认为，生活质量是一定时期内一个国家或地区人们物质生活条件的优劣程度。主观派认为，生活质量主要体现为人们的精神生活水平、个体的主观幸福感和主观生活满意度。综合派认为，生活质量是由社会物质资源的有效供给程度与人们生活需求的满足程度共同决定的一种生活状态。综合派占多数。如：潘祖光、邬沧萍认为，生活质量应包括客观生活质量与主观心理感受两个方面。冯立天认为，生活质量是"一个国家或地区人们生活条件的优劣程度"，主要由经济、健康、就业、教育、居住环境、婚姻家庭六个方面决定。[①] 周长城认为，生活质量就是"社会提高国民生活的充分程度和国民生活需求的满足程度，是建立在一定的物质条件基础上，社会全体对自身及其自身社会环境的认同感"[②]。蒋志学认为，生活质量就是人们的素质和生活条件的优劣程度以及对生活的满足程度。[③]

美国经济学家约翰·肯尼思·加尔布雷斯在《富裕社会》（The Affluent Society）中首次提出了生活质量的概念（Galbraith，1998）。世界卫生组织提出，健康不仅是疾病或羸弱的消除，而且是体格、精神与社会的一种完全健康状态，即躯体上、心理上以及社会适应上的一种完满状况。这是对传统的健康定义的扩展，它使生活质量的研究向前迈进了一步。

生活质量是社会物质资源、精神文化资源以及道德关怀资源等各类资源对社会成员的有效供给程度与人们对自身各种需求的主观满足程度有机结合的一种现实生活状态。老龄人口生活质量就是由以社会物质资源、精神文化资源、道德关怀资源为主的各类社会资源对老龄人口的有效供给与老年人基于自身各种需求对社会资源供给有效性的满足程度综合决定的一种客观生活状况及其主观生活幸福度。它主要包括两个方面：一是社会资源代际配置对老龄人口实际供给的有效性，即能在多大程度上满足老龄人口的实际需求；二是老年群体的主观生活幸福感。

（二）关于老龄人口生活质量指标体系构成的主要观点

关于老龄人口生活质量指标体系的构成，主要有以下三种观点。

第一，三指标论。李永胜根据老龄人口生活需求的基本性质，认为老龄人口生活质量的量化指标由物质生活类质量指标、精神生活类质量

---

① 冯立天：《提高生活质量　实现社会和谐》，《党政干部文摘》2005年第11期。
② 周长城、饶权：《生活质量测量方法研究》，《数量经济技术经济研究》2001年第10期。
③ 蒋志学、刘丽、赵艳霞：《老年人生活质量指标体系探析》，《市场与人口分析》2003年第3期。

指标与社会生活类质量指标构成。① 蒋志学等从生活条件的优劣程度与生活满足程度相结合的生活质量观出发，认为老龄人口生活质量指标体系由客观生活条件指标、主观满足程度指标和人的素质指标三个子系统构成。②

第二，五指标论。刘渝琳在国内首次采用并借鉴 UML（Unified Modeling Language）即统一建模语言建立了老龄人口生活质量指标体系的框架，是迄今为止较为科学并具有操作性的老龄人口生活质量指标体系。③ 基于 UML 的生活质量指标体系由健康生活质量指标、物质生活质量指标、家庭生活质量指标、精神生活质量指标和生活环境质量指标五个一级指标构成。老龄人口生活质量综合指数就是由这五个一级指标加权平均合成的，每个一级指标分别由若干个二级指标加权平均合成。具体来说，健康生活质量指标包括身体健康余量、预期寿命水平、营养水平、生活自理能力和心理健康水平；物质生活质量指标包括收入水平、生活消费水平、居住水平、电视与电话普及率；家庭生活质量指标包括在婚水平、婚姻满意度、居住方式满意度和子女孝敬满意度；精神生活质量指标包括文化水平、业余爱好广泛度和社交水平；生活环境质量指标包括空气质量水平和水质达标率、绿化覆盖水平、老年人事业投入水平、医疗保险覆盖水平、养老保障覆盖水平。④ 五项一级指标在现实生活中对我国老龄人口生活质量的影响程度各异，构成一级指标的各项具体二级指标对生活质量的影响也因不同时期、不同地区、不同性别等因素而异。综合来看，五指标论较为全面地反映了老龄人口生活质量的基本内容。

第三，多要素论。邬沧萍认为，生活质量至少包含物质生活、精神文化生活、生命质量、自身素质、享有的权利与利益、生活环境六个方面。⑤ 杨中新认为，我国老龄人口生活质量由经济生活质量、家庭生活质量、婚姻生活质量、健康生活质量、教育生活质量、情趣生活质量、从业

---

① 李永胜：《老年人生活质量指标体系的构建设想》，《四川行政学院学报》2003 年第 1 期。
② 蒋志学、刘丽、赵艳霞：《老年人生活质量指标体系探析》，《市场与人口分析》2003 年第 3 期。
③ 刘渝琳：《养老质量测评——中国老年人口生活质量评价与保障制度》，商务印书馆 2007 年版，第 60—104 页。
④ 同上书，第 108—109 页。
⑤ 邬沧萍：《提高老年人生活质量的战略对策》，《长寿》2003 年第 5 期，第 44—45 页。

生活质量、环境生活质量、政治生活质量和人文生活质量十个方面构成。①

世界卫生组织提出，生活质量是指不同文化和价值体系中的个体对于他们的目标、期望、标准以及所关心的事情和有关的生存状况的体验。生活质量的内容应包括身体机能、心理状况、独立能力、社会关系、生活环境、宗教信仰与精神寄托。②

综上所述，"三指标论"概括性强，但较笼统；"多要素论"交叉之处较多，需要整合；"五指标论"较为全面、科学，尤其将"健康生活质量指标"置于首位，反映了身体健康状况对于老龄人口生活质量的重要意义。

老龄人口生活质量指标体系既要能够较为全面地反映老年群体的健康生活质量与整体物质生活水平，也要能够衡量其精神文化生活质量，还要体现社会对老年群体尤其是老年弱势人群的道德关怀水平。因此，应将原有生活质量指标体系所隐含的道德关怀要素凸显出来，"道德关怀质量指标"应构成老龄人口生活质量指标体系不可缺少的一级指标。

（三）将"道德关怀质量指标"列入老龄人口生活质量指标体系的主要原因

所谓道德关怀，是指以社会物质资源的代际合理配置及其对老年群体的有效供给为基础，通过社会制度伦理建构来营造尊老、养老、爱老的良好道德氛围，保障老年群体的各项基本权益，满足其多种精神需求，并完满地走向生命终点的主体道德实践。道德关怀的实践主体既包括政府与社会，也包括家庭与老年人自身。关怀主义伦理学家琼·C. 特朗托（John, C. Tronto）认为："如果道德哲学关心人们生活的幸福，我们就有理由期望关怀在道德理论中拥有重要的意义。"③ 之所以将"道德关怀质量指标"作为一级指标列入老龄人口生活质量指标体系，主要原因有以下三个方面。

其一，道德关怀是生活质量指标体系的价值基础。道德关怀是一种最基本的社会关怀，是老龄人口生活质量指标体系中的隐性要素。不论是

---

① 杨中新：《构建有中国特色的老年人生活质量体系》，《深圳大学学报》（人文社会科学版）2002 年第 1 期。
② 周长城、蔡静诚：《生活质量主观指标的发展及其研究》，《武汉大学学报》（哲学社会科学版）2004 年第 5 期。
③ Tronto, J. C.（1993）. *Moral boundaries: A Political argument for an ethic of care*, NY: Routledge, p. 125.

"三指标论""五指标论""多要素论",还是其他生活质量指标体系,均是以道德关怀作为基础的。道德关怀作为一种最基本的社会关怀与底线人道主义关怀,构成了一般生活质量指标体系的价值基础。

其二,能够提高社会对老年弱势群体的道德关怀度。美国关怀主义伦理学家理安·艾斯勒(Riane Eisler)认为,所谓关怀性工作是指"基于同情、责任和对人类幸福与最佳人类发展的关切的行动。"[①] 道德关怀是以弱势群体为关怀对象,以责任为依据,将物质关怀与精神慰藉有机统一的主体道德实践。老年群体既是生理性弱势群体,也是社会性弱势群体,他们对社会关怀尤其是道德关怀有着强烈的需求。不论是宏观层面的社会制度伦理建构和社区关怀,还是中观层次的家庭孝养,以及微观层面的我向性关怀,均是基于道德关怀而发生与实施的。从道德关怀视角对现有生活质量指标体系进行整合,将其中隐含的道德关怀要素凸显出来,并通过补充与优化设计,使之成为一个独立的一级指标,旨在提高社会对老年群体的道德关怀度,这对于改善老年民生并不断提升老龄人口生活质量,将起到积极的促进作用。

其三,对于建立一种新的代际伦理互动关系至关重要。道德关怀以代际平等、代际互惠、代际补偿为基本理念,以社会资源合理配置为基础,以代际伦理互动为实践机制,以提升老龄人口生活质量为根本目的。对于老年人来说,基本物质需求得到满足并不断得到改善,这是社会关怀的基础,它意味着社会物质资源在老年一代与年轻一代以及未来代之间得到合理有效的分配,这是宏观层次的良性代际互动。从传统的抚育与赡养的"反哺式"代际伦理互动,逐步过渡到以社会养老保障金为主要经济来源的"接力式"代际伦理互动,不仅是中国社会经济发展的重要目标,也是全社会整体代际伦理关系以及家庭内部代际伦理互动关系发展的基本趋势。全民普惠的社会养老保障制度的不断完善将使中国社会基于孝养的传统代际伦理互动关系发生重大变化,它既需要雄厚的物质资源做支撑,更需要滋润心田的道德关怀。

(四)道德关怀视角下生活质量指标体系的整合与优化

整合与优化老龄人口生活质量指标体系与构建该指标体系一样,必须遵循统计指标体系设计的一般原则,包括功能性原则、可行性原则、可观

[①] [美]理安·艾斯勒:《国家的真正财富 创建关怀经济学》,高铦、汐汐译,社会科学文献出版社2009年版,第12页。

测性原则、可比性原则、完备性原则、有效性原则以及结构层次性原则。① 功能性原则与可观测性原则是构建"道德关怀质量指标"必须严格遵循的两个原则。功能性原则是指"道德关怀质量指标"的各项具体内容要准确反映代际伦理关系现状与老年道德关怀的实际状况,揭示当前老龄人口的关怀需求与有效供给之间的矛盾,并对关怀经济的发展趋势加以预测。可观测性原则是指"道德关怀质量指标"的各项二级指标应具有量、性二维属性,其中客观指标可定量测评,主观指标可定性测评。

"道德关怀质量指标"的具体内容设计还应考虑老龄人口的特殊需求,做到三个结合:实用性与简易性相结合、整体性与层次性相结合、可比性与动态性相结合。② 实用性与简易性相结合,是指道德关怀质量指标的具体内容设计要以解决老龄人口的实际需求为宗旨,简单明了,便于操作与检验。整体性与层次性相结合,一方面是指道德关怀质量指标与其他生活质量指标的内在协调性与整体平衡性;另一方面是指其具体内容在针对老龄人口的一般需求基础之上,要优先满足老龄弱势人群尤其是老年贫困人群的特殊关怀需要。可比性与动态性相结合,是指道德关怀质量指标的具体内容或评价项目在时间上与地域上可以进行纵横比较分析;同时,它们处于一个不断完善的动态平衡过程中。

综合目前生活质量指标体系的相关研究成果,从道德关怀视角对现有老龄人口生活质量指标体系进行整合、补充与优化,可以将其概括为健康生活质量指标、物质生活质量指标、精神文化生活质量指标和道德关怀质量指标四大类。③ "四指标论"与以往生活质量指标体系的最大区别在于突出强调了"道德关怀质量指标"。健康生活质量指标包含的具体评价内容有身体健康余量、预期寿命、医疗保障水平、营养状况、生活自理能力和心理健康水平。物质生活质量指标包括的具体测评项目主要有收入水平(社会养老保障金、个人劳动收入、子女的经济资助及其他收入)、生活消费水平以及居住状况。精神文化生活质量指标

---

① 刘渝琳:《养老质量测评——中国老年人口生活质量评价与保障制度》,商务印书馆2007年版,第99—100页。
② 同上书,第101页。
③ 参见刘渝琳《养老质量测评——中国老年人口生活质量评价与保障制度》,商务印书馆2007年版,第103页。刘渝琳将老年人口生活质量指标体系分为健康生活质量指标、物质生活质量指标、家庭生活质量指标、精神生活质量指标、环境生活质量指标五类。本书借鉴了他的观点,特此致谢。

的具体评价项目有兴趣爱好广泛度、受教育程度、社会交往频率、婚姻生活幸福度和文娱生活状况。道德关怀质量指标的具体测评项目包括老年人事业投入水平、社区为老服务能力、老年长期护理保险覆盖水平、日常家庭照料情况、代际情感回报状况。其中，道德关怀质量指标的各项二级指标具体内容将在"老年道德关怀质量指标的测评"中详细论述。

二　老年道德关怀提出的价值依据及特点

（一）老年道德关怀提出的价值依据

首先，传统尊老孝亲伦理文化为老年道德关怀的提出提供了历史依据与道德参考。

厚生就是关爱民生、厚养百姓，让民众过上充裕、幸福的生活。《书·大禹谟》载："正德、利用、厚生，惟和。"孔颖达疏："厚生，谓薄征徭、轻赋税、不夺农时，令民生计温厚，衣食丰厚。"[①] 薄徭轻赋、不夺农时、事长、慈幼、利济苍生，是传统厚生伦理的基本要求。儒家的仁爱思想包含着十分丰富的厚生伦理意涵。孔子提出"泛爱众"[②]，认为为官者"所重：民、食、丧、祭"[③]，"重民，国之本也；重食，民之命也；重丧，所以尽哀；重祭，所以致敬"[④]。孔子虽未明确提出老年道德关怀的主张，但其民生伦理思想体现出对老年人的道德关怀之情。孟子说："亲亲，仁也；敬长，义也。"[⑤] 主张"老吾老，以及人之老"[⑥]，明确提出了老年道德关怀的主张。

《礼记》曰："先王之所以治天下者五：贵有德、贵贵、贵老、敬长、慈幼。此五者，先王之所以定天下也。……贵老，为其近于亲也；敬长，为其近于兄也。"[⑦]"老"近于亲，"长"近于兄，这是"贵老""敬长"的血亲心理基础。"七十杖于朝，君问则席。八十不俟朝，君问则就之。而弟达乎朝廷矣。行肩而不并，不错则随。见老者则车、徒辟。斑白者不以其任行乎道路，而弟达乎道路矣。居乡以齿，而老穷不遗，强不犯弱，

---

① 《辞海》（第六版缩印本），上海辞书出版社2010年版，第752页。
② 《论语·学而》。
③ 《论语·尧曰》。
④ 刘宝楠：《论语正义》，见《诸子集成》第1卷，上海书店1986年版，第416页。
⑤ 《孟子·尽心上》。
⑥ 《孟子·梁惠王上》。
⑦ 《礼记·祭义》。

众不暴寡，而弟达乎州巷矣。"① 老年人是宗法社会等级统治秩序的化身，"尚齿"之风不仅体现了老年人所具有的社会文化价值及其在父权制社会中的权威地位，而且反映了华夏民族的尊老伦理美德与老年道德关怀之情。

"养耆老以致孝"② 是历代王朝以孝治国的一大特色。周朝的"乡饮酒礼"以复杂的礼制表达了对老年人的敬重与道德关怀。《新唐书》载："皇帝亲养三老五更于太学。"③ 《宋史》也有"养老于太学"④ 的记载。惠老就是给老年人以实惠或特殊的政策关怀。如赐物，《册府元龟·帝王·养老》对此多有记载。"元狩元年四月，赦天下。赐民年九十以上，帛人二疋、絮三斤；八十以上，米人三石。元封元年，登封太山，还。诏行所巡至七十以上，帛人二疋。""成帝建始元年赐三老钱帛。鸿嘉元年二月赐天下高年帛。""晋惠帝永平元年五月，赐高年帛人三疋。"⑤ 皇帝诏赐年高者帛、粟、酒、肉等实物，且年龄越大、受赐越多，汉以后成为各朝通例。历代王朝还多给年老者"封官加爵"。《册府元龟·帝王·养老》载："十一年正月，车驾幸北都，诏太原府父老年八十以上赐物五段，板授上县令，赐绯妇人板授上县君；九十以上赐物七段，板授上州长史，赐绯妇人板授郡君；百岁以上赐物十段，板授上州刺史，赐紫妇人板授郡君夫人。"所赐官爵虽无实权，却体现出当朝统治者对老年人的社会地位与社会价值的充分肯定，对他们是一种莫大的精神关怀。惠老旨在通过"上老老而民兴孝"⑥，实现以孝治国的政治伦理目标。总之，儒家的民本论及其仁政伦理实践是传统伦理思想中极为宝贵的德政资源，为构建当代厚生为民的老龄关怀伦理提供了一定的道德借鉴。

其次，道德关怀作为厚生伦理的重要德目，是政府善政的具体体现和现代行政伦理的基本要求。在现代社会人口结构老龄化的背景下，道德关怀作为厚生伦理的重要德目，突出强调以下三点：一是在切实保障老年群体合法权益的基础上，通过国民收入再分配对老龄人口进行合理的收入补偿，进一步促进社会发展成果的代际共享；二是尊重老年群体的社会主体性，充分发挥其社会价值，为老龄道德资源的代际传承搭建实践平台；三

---

① 《礼记·祭义》。
② 《礼记·王制》。
③ 《新唐书》卷一十九《志第九·礼乐九》。
④ 《宋史》卷一百一十四《志第六十七·礼十七》。
⑤ 《册府元龟·帝王·养老》。
⑥ 《大学》。

是将"道德关怀质量指标"纳入老龄人口生活质量指标体系，并进行相应的社会制度伦理建构，为全面提升老龄人口生活质量提供坚实的制度伦理保障。

最后，老年道德关怀是人口结构老龄化背景下的社会伦理发展新路。其"新"在于它有别于"利"字当头的功利型经济发展模式，而是以社会发展成果的代际共享、社会经济利益的代际共赢为目标的可持续性经济伦理发展模式。

美国著名文化人类学家理安·艾斯勒认为："从主流经济理论与实践中排除关怀和给予关怀，对于人们的生活质量，对于维护生命的自然体系，对于经济生产率和创新以及对新情况的适应力，已经产生并在继续产生可怕的后果。在经济模式中不包括关怀和给予关怀，那是完全不适合后工业经济的。……除非更加重视关怀和给予关怀，指望非关怀的经济政策与措施发生变化是不现实的。"① 后工业经济是一种以道德关怀为重要途径、以科学发展为价值旨归的关怀经济。因此，道德关怀不应停留在隐性或非量化层面，而应成为显性的、可以量化与检验的性量等观的社会经济伦理参数，它应当并可以纳入国内生产总值（GDP）与国民生产总值（GNP）等指标。

道德关怀是经济伦理的题中应有之义，是社会发展的道德实践方式，是后工业时代经济发展的重要动因。后工业时代不仅是生产力快速发展的时代，对于部分发达国家与发展中国家而言，也是人口结构老龄化的时期。随着人口结构老龄化与高龄化程度的逐渐加剧，老年道德关怀质量越来越成为衡量一个国家精神文明与政治文明发展水平的道德标尺，也成为测评一个社会综合发展水平的基本参数之一。

艾斯勒说："更加重视关怀和给予关怀并不能解决我们所有的问题。但是，如果我们不这样做，就不可能解决我们当前的全球危机，更不用说推进我们个人、经济和全球的发展了。"② 道德关怀作为社会控制的柔性手段与经济伦理的核心要素之一，虽不能解决所有的问题，但如果没有它，就不可能有效地解决代际利益冲突、社会资源合理配置以及社会可持续发展等一系列现实问题。支持与促进人类的生存与发展是一切社会决策与主体行动的价值指南，它决定"关怀性取向——即关心我们自身、他

---

① ［美］理安·艾斯勒：《国家的真正财富 创建关怀经济学》，高铦、汐汐译，社会科学文献出版社 2009 年版，第 4 页。
② 同上。

人和自然环境的福利与发展——是得到高度评价的。不论在家庭、企业、社区，还是政府内，给予关怀的工作和关怀环境的创造，同样备受重视。"①

老年道德关怀不仅体现为家庭内部子代对父母尊长的道德关爱，更体现为整个社会尊老、养老、爱老的道德风尚。继党的十八大报告首次提出"积极应对人口老龄化，大力发展老龄服务事业和产业"②，党的十九大报告再次提出："积极应对人口老龄化，构建养老、孝老、敬老政策体系和社会环境，推进医养结合，加快老龄事业和产业发展。"③把健全老年人关爱服务体系作为提高保障和改善民生水平的重要举措之一，为老年道德关怀的实施指明了方向。

（二）老年道德关怀的特点

道德关怀的核心是"关怀"，英文为"care"，意为关心、爱护、关切、照料等。道德关怀是基于伦理关系而发生，以善为价值导向的关怀者对被关怀者的关爱、照护以及情感慰藉等道德行为。它有五个要点：以伦理互动关系为基础；以善为价值导向；以"给予"为实践方式；以制度伦理建构为保障；以社会资源对被关怀者的有效供给度及其主观生活满意度为衡量尺度。老年道德关怀具有以下三个特点。

第一，多维性。

代际关系的多维性。老年道德关怀赖以建立与实施的代际关系，从时域看，既包括现时的老年一代与年轻一代之间的伦理关系，也包括其与未来代之间的伦理关系。从场域看，既指家庭内部父母与子代之间的伦理关系，也指整个社会老年群体与其他群体之间的伦理互动关系。一方面，代际关系的客观存在及其伦理互动为道德关怀的实施及其制度伦理建构提供了社会基础；另一方面，道德关怀作为一种以"给予"为主要实践方式的道德活动，能够有效地协调代际伦理关系，进而促进老龄人口生活质量的全面提升。

制度伦理建构的多维性。老年道德关怀能否取得实效，从客观方面看，主要依赖于道德关怀的制度建构是否公正，也就是能否实现道德关怀

---

① ［美］理安·艾斯勒：《国家的真正财富　创建关怀经济学》，高铦、汐汐译，社会科学文献出版社 2009 年版，第 12 页。
② 胡锦涛：《坚定不移沿着中国特色社会主义道路前进　为全面建成小康社会而奋斗》，《人民日报》2012 年 11 月 18 日第 3 版。
③ 习近平：《决胜全面建成小康社会 夺取新时代中国特色社会主义伟大胜利——在中国共产党第十九次全国代表大会上的报告》，人民出版社 2017 年版，第 48 页。

的制度伦理建构。具体来说，老年道德关怀的制度伦理建构需要从宏观、中观、微观三个层面进行立体式考量。政府善治是老年道德关怀的宏观层面，为民性与公正性是政府善治的根本要求。社区关怀是老年道德关怀的中观层面，其基本要求是社区公共资源的共享性、社区为老服务的便捷性。家庭孝养是老年道德关怀的微观层面，它以孝道为道德根基，以家庭为活动载体，以"反哺"为实践方式。此外，广义的道德关怀还包括老年人的自我关怀，这是一种主客体统一的我向性道德关怀。

第二，辐射性。

关怀主义理论学家诺丁斯（Nel Noddings）认为，关怀者和被关怀者构成远近不同的同心圆，圆心是关怀者"我"。在最靠近圆心的内圈，我们因爱而生关怀，如对自己的父母、子女与友人。在较外的圈层里，被关怀者是与"我"有种种联系的人。越对内圈，越易做到充分的动机移置，也就是说，越易产生道德移情，越易生发关怀之心。[①] 被关怀者与关怀者组成的圈层性同心圆构成关怀伦理关系的内核，它既是道德关怀的实践平台，也是其之所以产生辐射效应的结构因元。如果把老年群体作为圆心，子女、亲友、邻里、社区与社会依次构成由里到外的关怀圈层，则更能体现老年道德关怀的辐射效应。卡罗尔·吉利根（Carol Gilligan）从个体道德发展的视角阐述了"关心"的阶段性："第一阶段是关心自身……第二阶段是关心处于受支配的、不平等的品格……第三阶段是关心相互关系的动力和通过一种他人和自己相互关系的新的理解，消除自私和责任感之间的张力。"[②] 这里的"关心"实际上具有道德关怀的意涵，是一种由己向他的道德关怀实践，在一定程度上反映了关怀伦理关系的圈层性及其道德辐射效应。罗尔斯指出："每个人的福利都依靠着一个社会合作体系，没有它，任何人都不可能有一个满意的生活；……我们只可能在这一体系的条件是合理的情况下要求每一个人的自愿合作。"[③] 以老年人群为圆心的圈层性同心圆是一个由老人与子女、亲邻与社区、社会与国家组成的道德关怀合作系统，这种合作的道德基础就是对父母养育之恩的倾情回报、对老年民生的真切关注以及对代际责任的自觉践履。以老年人群为圆心的道德关怀具有两个特点：一是从外到内，道德关怀由以生发的关爱之情逐步

---

① 侯晶晶：《关怀德育论》，人民教育出版社2005年版，第73页。
② 魏贤超、王小飞等：《在历史与伦理之间——中西方德育比较研究》，浙江大学出版社2009年版，第37页。
③ [美]约翰·罗尔斯：《正义论》，何怀宏、何包钢、廖申白译，中国社会科学出版社1988年版，第103页。

加深；二是由里到外，道德辐射效应逐渐扩大。

第三，互主体性。

关怀伦理首先是一种以老年群体为核心的社会伦理互动关系；其次是一种以老年群体为关怀对象的道德实践。关怀伦理所涵摄的社会伦理关系具有平等的可逆性。在道德关怀实践中，老年人并不总是作为被关怀者即客体而存在，他们同时也是关怀者即主体，主客体的统一性体现了关怀伦理关系的互主体性，它主要是由关怀者与被关怀者之间责任的双向性决定的。

在我国，赡养父母自古以来就是子女义不容辞的责任，而这是以父母抚育子女作为前提的。"教"与"养"的关系集中反映了抚育与赡养之间的代际伦理互动关系，它分为教而有养、教而不养、不教之养和不教不养四种情况。相应地，子代对父母的孝养也有四种情形："孝而有养""孝而不养""不孝之养""不孝不养"①。教而有养→教而不养→不教之养→不教不养 与孝而有养→孝而不养→不孝之养→不孝不养并非一一对应的关系，但从总体上反映了父母与子代之间抚育与赡养的双向伦理责任关系，体现了道德关怀实践的代际互主体性。正如陈皆明所言："代际向上和向下的资源流动不应视为父母和子女的等价交换。因为老年父母和成年子女间并不存在一对一的即时交换，而代际交流的资源也往往不是等价的。在概念意义上，代际间的相互帮助代表了一种代际间相互履行责任、资源流动由'一般性互惠'原则所指导的这样一个社会过程。"② 家庭是生活共同体，不论是抚育未成年子女，还是赡养年老的父母，都不仅是一种经济行为，也是一种道德行为。子女在需要父母抚育时自然还不具备回报能力，而父母在最需要帮助时或许也是子女最缺乏回报能力之时。所以，抚育与赡养的双向互动是基于血亲关系的代际经济交换和代际伦理关怀，体现了父母与子代之间的主客一体性及其互主体性。

在现代西方，父母抚育未成年子女是法定义务，而子女没有赡养父母的法定责任。年轻一代对老年一代的赡养主要是通过物质资源的社会性代际转移来实现的。社会养老保障制度是老年道德关怀的主要形式，它使家庭内部的代际财富流动与社会代际财富转移形成一种动态平衡，有效地促进了抚育与赡养的代际责任关系良性循环。"关怀不是个人美

---

① 穆光宗：《老龄人口的精神赡养问题》，《中国人民大学学报》2004 年第 4 期。
② 陈皆明：《投资与赡养——关于城市居民代际交换的因果分析》，《中国社会科学》1998 年第 6 期。

德，而是关系性状态。不予关怀或者被关怀者不能给出合适的回应，都会使关系受损。"[1] 老年道德关怀不仅体现了老年一代与年轻一代基于代际责任的道德互主体性，也反映了作为社会主体的公民、作为社会基本单元的家庭以及作为伦理实体的国家在道德关怀实践中的协同性及其互主体性。

三 老年道德关怀质量指标的测评

道德关怀的测评在很大程度上取决于其是否可以量化，而这关键要看道德关怀是否具有经济价值。如果道德关怀内蕴着经济价值并且可以用一定数量的货币来表示，那么，毫无疑问它就是一个可以量化的指标，道德关怀的实施就可以落到实处，其测评也就具备了经济的与伦理的双重标准。

如前文所述，道德关怀质量指标主要包括老年人事业投入水平、社区为老服务能力、老年长期护理保险覆盖水平、日常家庭照料情况和代际情感回报状况五个二级指标。其中，政府对老年人事业的投入、社区为老服务、老年长期护理保险显然需要强大的经济支撑与物质支持，其产生的经济价值也是可以量化的。因此，老年人事业投入水平、社区为老服务能力、老年长期护理保险覆盖水平这三项二级指标完全可以进行量化测评。就日常家庭照料而言，其产生的社会伦理价值往往超过其经济价值，对之可采用定性分析与定量测评相结合的综合评价方法。代际情感回报产生的价值以社会伦理价值为主，代际情感回报状况主要是由老年一代的主观心理满意度来决定，对之可采用定性分析与测评。

（一）道德关怀的经济价值

艾斯勒以世界上最大的私营软件公司之一的 SAS 为例，证明道德关怀具有不可忽视的经济价值。先看其以道德关怀为理念的家庭友好政策。在最大的工作现场设置了日托设施，餐厅里有高脚椅和升降座，便于孩子们与父母一起就餐。雇员及其家属的保健开支全由公司承担，病假天数不限，家属生病时还可以休假去照看。公司还帮助雇员解决住房问题，为家属提供教育并给予其他关怀。公司的健康福利政策也承载着道德关怀的浓浓情意。公司总部有游泳池、健身房、田径场、医疗设施以及健康咨询服务，为雇员提供预防保健与健康护理，甚至包洗员工的运动服。SAS 公司创造了一个在各方面支持雇员福利的充满关怀氛围的工作环境，雇员们在

---

[1] 侯晶晶：《关怀德育论》，人民教育出版社2005年版，第84—85页。

这样温馨的环境中从事稳定的工作，创造了连续 20 年保持两位数的增长绩效，经常位居《财富》杂志"全球最佳雇主 100 强"前 10 名。① 另一个典型例子就是美国"工薪母亲的 100 家最佳公司"，它们采用育儿服务、灵活工时安排、电脑远程办公及其他关怀政策与措施，不仅赢得了较高的顾客满意度，更转化为销售额增加 3%—11% 的经济效益，相当于职工人均销售额增加 2.2 万美元。被《财富》杂志列为"最佳工作场所"的公司为股东带来 27.5% 的投资收益。② 可见，道德关怀蕴含着巨大的经济价值。

　　关怀不仅是一种概念，更是具体的政策与行动。世界 500 强企业的成功，关键就在于它们形成了科学的经济管理模式，其中很多企业还采用了富有实效的关怀政策与措施，如松下公司、强生公司等。"成百上千的研究表明了支持和回报关怀的成本效益。不仅如此，非关怀的企业与政府规章、政策和措施的代价也是可以量化的，而且为数巨大。"③ 关怀自然需要耗费一定的成本，包括经济成本、时间成本与人力成本，但与其产生的经济回报相比，关怀成本显然微不足道，它是值得付出的。"关怀性政策的长远好处远远超过它们的代价。关怀性政策有助于获得更愉快的、更有效能的工人，更牢固的家庭和更充实的生活；它们带来更高的经济利润。……有助于实现一个更强大、更有效能的经济。"④ 道德关怀是一种以人与人之间的利益关系为基础，通过"给予""惠民"等具体方式，在实现经济增效与利益增值的基础之上，促进个体身心健康与人际关系协调发展的社会道德实践。它不仅是企业伦理文化建设的核心，也是提高政府公信力的根本途径。因此，道德关怀不仅是一种管理理念，更是创造经济价值的道德生产力。

　　成功企业与善治政府采取的关怀性政策所惠及的对象不仅包括在职员工，还包括其家属，如妻儿与父母甚至其他亲属。随着人口平均寿命的延长，尤其是发达国家人口老龄化程度与高龄化程度的逐步加剧，被关怀者的数量大大增加。例如美国，"随着美国人年龄的增大，职工中给予关怀者的数字将大大提高。到 2020 年，美国 50 岁以上的人口将增加 74%，而 50 岁以下者只增加 1%。民意调查表明，54% 的美国工人预计自己在

---

① ［美］理安·艾斯勒：《国家的真正财富　创建关怀经济学》，高铦、汐汐译，社会科学文献出版社 2009 年版，第 38—39 页。
② 同上书，第 42 页。
③ 同上书，第 39 页。
④ 同上书，第 44 页。

今后十年中要照看一位年老父/母亲或亲戚"①。大量实证研究表明，照看幼儿、灵活工时、带薪休假、老年照料与护理等关怀性政策及具体措施都潜藏着巨大的投资效益。当企业把公司文化转化为真正的关怀伦理文化与实际的道德关怀行为时，也就是将雇员利益放在了首位，它必定成功。同样，政府与社会只有把大众利益尤其是弱势群体的利益摆在第一位，创建一种基于保障弱势群体利益并不断提升其生活质量的关怀伦理文化，并建立具有操作性的道德关怀长效机制，才能赢得民心，提高政府公信力，并获得长远的经济投资效益与社会伦理效应。

（二）道德关怀是否应计酬

道德关怀既能产生巨大的经济价值，又内蕴着不可忽视的社会伦理效能。狭义的道德关怀仅指家庭中关怀儿童、病人、老人的工作，以及市场经济中的育儿、护理与照看退休者等关怀性工作。广义的道德关怀包括一个国家的老年人事业投入、社区为老服务、老年长期护理保险、老年日常家庭照料以及代际情感回报等诸多方面。

在现代社会，随着社会服务的专业化程度不断提高，专业人员提供的关怀服务越来越多，这种服务在很多情况下都是要付费的。然而在美国，大部分关怀工作不包括在 GDP 和 GNP 之内。给予关怀的工作在家里进行时得不到经济政策的支持；在市场经济中，需要给予关怀的工作得到的也是低于标准的工资。②这表明，有相当数量的关怀工作——包括老年照料与护理——要么是零酬劳的，要么是低酬劳的。艾斯勒认为，"当前的大多数经济体系未能对关怀和给予关怀（不论在家庭内还是在社会上）赋予真正的价值，继而成为大量经济不平等和失调的后盾"③。对关怀活动的价值贬低"造成了一种经济上的精神错乱"④。可喜的是，一些国家已经认识到道德关怀的经济潜能与投资回报效益，"若干国家已经把家庭内关怀和给予关怀的无报酬工作的价值加以量化，发现它具有很高的货币价值。……许多企业认识到：重视和酬报关怀可以提高效能、有效交流和成功协作"⑤。正因为道德关怀具有可量化的经济价值，我们才需要并可以给关怀工作尤其是亲属提供的道德关怀以适当报酬。

---

① ［美］理安·艾斯勒：《国家的真正财富 创建关怀经济学》，高铦、汐汐译，社会科学文献出版社 2009 年版，第 41 页。
② 同上书，第 11 页。
③ 同上。
④ 同上。
⑤ 同上书，第 14 页。

专业人员提供的道德关怀与亲属提供的道德关怀各有利弊。前者在服务技能上一般要优于后者，后者在同情心与团结性上要高于前者，而这些因素恰恰是被关怀者尤其是老年受众最需要的。因此，以亲属提供的道德关怀即亲情道德关怀为主要形式的家庭自助关怀服务有可能成为具有高度组织性的专门服务业的低成本替代物。例如在德国，"人们试图在护理保险和养老金保险的框架内，通过建立社会福利站并越来越多地承认家属护理，首先使家庭护理领域保持稳定。同时，家庭政策也发现自己的重要意义就在于支持家庭的自助潜力"①。家庭内部的道德关怀是社会化专业服务机构无法替代的，它所体现的亲情关爱与团结互助是老年人晚年生活的幸福之源。

在当代中国，子代对老年父母的关怀与照料是一种法定义务，子女无权计酬；如果父母自愿付酬，则另当别论。在西方发达国家，由于赡养与照料父母并非子代的法定义务，因而，家庭自助关怀即子女或其他亲属提供的道德关怀可以计费；子女或亲属自愿不计酬者除外。社会专门机构提供的道德关怀服务绝大部分是要付费的，有的需要老人或其家属付全费，有的由政府与老人家庭各自承担一部分费用，有的则由政府买单。智利前总统米歇尔·巴切莱特（Michelle Bachelet）曾宣布，对低收入家庭中护理卧床亲属的人提供每月 40 美元的酬劳，并安排培训。② 这种由国家付酬、亲属承担护理服务尤其是老年照护工作的形式是西方发达国家老年道德关怀模式的一个重要发展方向。近年来，我国一些城市兴起的老年餐桌、养老购物券以及"临终关怀计划"等是融社区服务与居家养老于一体的老年道德关怀形式，其费用一般由政府、社区与老年人自身或家属共同承担。随着银发浪潮在全球的扩展以及人口老龄化程度的逐渐加剧，探寻一种家庭自助性道德关怀与养老机构的专业关怀相结合的老年道德关怀模式是中西方共同面临的社会伦理课题。

（三）道德关怀质量指标的构成及其测评

道德关怀质量指标包括老年人事业投入水平、社区为老服务能力、老年长期护理水平、老年日常家庭照料情况、代际情感回报状况五项二级指标，其具体项目内容与测评方法各不相同。对老年人群的道德关怀是一种现实的社会道德实践活动，中西方在老年事业投入、社区为老服务、老年

---

① ［德］弗兰茨-克萨韦尔·考夫曼：《社会福利国家面临的挑战》，王学东译，商务印书馆 2004 年版，第 92—93 页。
② ［美］理安·艾斯勒：《国家的真正财富　创建关怀经济学》，高铦、汐汐译，社会科学文献出版社 2009 年版，第 15 页。

长期护理、老年日常家庭照料以及代际情感回报等方面都存在不同程度的差异性，当然也具有一定的互补性。这种差异性归根到底是由"未富先老"与"先富后老"的不同国情决定的。随着我国社会养老保障制度的不断完善，道德关怀的中西差异性将逐步缩小，同时在一些具体指标的制度伦理建构上将趋同。

1. 老年人事业投入水平。它是指一定时期内一个国家或地区用于老年事业的支出总额及其所占GDP的比重①，以及老年人人均受益金额。虽然在大多数情况下，它是以金钱或实物来计量的，但这种投入恰恰反映出政府与社会对老年群体的道德关怀状况。

瑞典议会于1913年通过了全国养老金法案，这是世界上较早的全国性社会养老保障计划，标志着该国正式建立养老金制度。瑞典的养老保障覆盖范围较广，所有符合瑞典社保立法要求的本地居民和在瑞典工作过一段时间的人都能享受社会养老保障金。在瑞典的各项社会保障支出中，养老金支出一直占有较高的比例，达到50%左右，国家养老金是瑞典老龄人口的主要收入来源。② 由此可见，养老保障在瑞典的社会保障制度中具有十分重要的地位。

德国于1957年和1972年进行了两次大规模的养老金改革，养育子女对于老年生活的保障越来越不是必需的了。从理想的政策设计来说，青少年基金和老年基金作为对称的两大再分配系统，应该分别保障尚未就业者和已不再就业者即退休者的生活费用，然而事实证明这一构想未能平衡地实现。老一代的生活费用几乎100%由集体承担，而后代的生活费用只有1/4由集体承担。③ 这种再分配的代际失衡对于未成年一代来说虽然有失公正，同时在一定程度上加剧了社会福利部门的财政困难，但是对于老年一代而言显然是一种制度福音。

美国政府主张把大部分财政预算盈余投入社会保障事业，而尤以对老年人事业的财政投入力度为大，政府用于社会养老保障和老年服务的投入在政府财政支出中一直占有较高的比例。例如2007年的美国财政开支中用于社会保障的资金占21.5%，用于医疗保险与医疗救助的资金占19.1%，两项合计占到财政支出的40.6%。其中，养老保险的开支数额

---

① 刘渝琳：《养老质量测评——中国老年人口生活质量评价与保障制度》，商务印书馆2007年版，第98页图4—22。
② 参见栗芳、魏陆等编著《瑞典社会保障制度》，上海人民出版社2010年版，第81页。
③ [德]弗兰茨－克萨韦尔·考夫曼：《社会福利国家面临的挑战》，王学东译，商务印书馆2004年版，第64页。

占美国社会保障总开支的80%左右，是开支最大的一个项目。[①] 美国老年人口的社会福利状况在近几十年来得到比较大的改变，他们在历史上首次成为经济上非弱势的人口群体。[②]

我国实行社会统筹与个人账户相结合的基本养老保险制度。社会统筹部分由国家和企业共同筹集，个人账户部分由企业和个人按照一定比例共同缴纳。因此，我国养老保险基金由国家、企业与个人共同负担，由国家强制实施，根本目的是保障离退休人员的基本生活需要。

2. 社区为老服务能力。指一定地区内创办的社区为老服务中心数量与网点数量，社区是否因地制宜地开展面向老年人的入户服务、紧急援助、日间照料、保健康复、文体娱乐等服务，以及提供各类服务的月均人次、受益人次及其服务满意度。除"服务满意度"采用定性测评外，其余项目均可定量测评。

从20世纪90年代开始，英国便将养老问题纳入社区，对老年人采取社区照顾模式。英国的社区老年服务具有两大特点：一是老年社区建筑规模大。它有各种各样的俱乐部，开设的课程和组织的活动达80种以上。社区具有完善的配套设施与功能区划分，形成了集居住、商业服务和度假疗养为一体的大型综合性老年社区。依托社区服务，出现了一些老年人城市，如贝克斯希尔、海斯汀、伊斯特邦。二是社区老年照护服务十分周全，包括生活照料、物质支援、心理支持和整体关怀四大类。生活照料的范围很广，如打扫居室、洗衣、做饭、洗澡、理发、购物、陪同上医院等。物质支援主要是提供食物、安装设施、减免税收等，如：志愿者组织用专车为老年人供应热饭，为他们安装楼梯、浴室、厕所等处的扶手，设置无台阶通道，安装电器、暖气设备等设施，改建厨房、厕所和房门等。心理支持包括治病、护理、传授养生之道等，如：社区安排专业保健医生为老年人提供定期上门服务，传授保暖、防止瘫痪、营养知识以及预防疾病等方面的养生之道，并根据老年人的不同情况与需求提供视力、听力、牙齿、精神等方面的特殊服务。整体关怀是指改善生活环境，整合周围的资源来服务老年人群。例如，英国政府出资兴办具有综合服务功能的社区老年活动中心，这是专门为老年人提供娱乐、社交与特殊服务的场所。如果老人行动不便，中心则派专车接送。还有让老年人发挥余热、增加收入

[①] 付军辉、付国浩：《美国应对人口老龄化的经验与面临挑战》，《中国信息报》2011年11月28日第8版。

[②] [美] Neil Gilbert, Paul Terrell：《社会福利政策导论》，黄晨熹、周烨译，华东理工大学出版社2003年版，第165—166页。

而又能促进心智健康发展的老年人工作室。目前英国约有 13 万人从事社区为老服务，大约 10% 的 65 岁以上老年人接受这项服务，真正实现了老有所养、老有所乐。①

美国的老年社区服务同样采用典型的社区自治模式，政府不直接干预，形成了由社区主导、居民参与、由上而下实施的社区为老服务形式。政府提倡自助式养老，具体包括以下四种形式。一是低收入的老人每周为残障儿童工作一段时间而获得相应的报酬。二是老人互助，即低收入的老人帮助生病老人与年龄更大的需要帮助的老人，如做饭、支付账单、陪伴与关心等。三是低龄老人在社区内的医院、老人服务中心、日间照顾中心以及学校等机构兼职，为高龄老人提供相关服务，领取一定的薪酬。四是老年志愿者的服务。社区服务机构、红十字会、福利团体等招募和培训老年志愿者，他们在社会工作者的指导下进行一些志愿性质的服务，如接送服务对象、为卧床不起者购物、给医院的病人带去快乐等。②

近年来，我国老龄事业获得较快发展，老年服务体系建设在城市深入开展，并逐步向农村延伸，养老服务机构与老年活动设施建设取得了较大进展，其中社区为老服务能力有了一定程度的提高，但社区为老服务总体状况仍然不容乐观。相关调查表明，城乡老年人对上门做家务、上门护理、上门聊天等上门服务的需求增长较大，其中城市老年人对热线服务、老年饭桌的需求呈现出增长的趋势。然而，能够提供上门服务所覆盖的老年人比例并不高，城市为 55.1%，农村仅为 8.2%。城市社区提供老年人饭桌或送饭服务的覆盖率仅为 19.5%。另外，在城市社区居委会中，有老年人活动场地的比例为 66%；农村只有 30% 的居委会设有简陋的老年人活动场地，仅有 31% 设有老年人活动室。能够提供家政服务所覆盖的居家老年人口比例，城市为 68.2%，农村只有 6.8%。③ 由上可见，我国老年服务业发展滞后，社区为老服务现状与老年人的实际需求之间存在较大的矛盾。

3. 老年长期护理。国际通行的日常生活活动能力量表（ADLs）规定："吃饭、穿衣、上下床、上厕所、室内走动和洗澡"六项指标，一

---

① 辛西：《英国老人的社区照顾》，《人民日报（海外版）》2008 年 12 月 6 日第 6 版。
② 陈成文、孙秀兰：《社区老年服务：英、美、日三国的实践模式及其启示》，《社会主义研究》2010 年第 1 期。
③ 《我国社区为老服务现状不容乐观》，新浪网（http://blog.sina.com.cn/s/blog_ 4ee22117010 html）。

至两项"做不了"的，为"轻度失能"；三至四项"做不了"的，为"中度失能"；五至六项"做不了"的，为"重度失能"。虽然高龄并不必然与失能画等号，但随着老龄阶段的到来，个体失能的风险逐渐增大，护理需要性风险也随着年龄的增长而增加。德国联邦卫生部于2009年公布了不同年龄阶段护理需要性风险的比例：60周岁以前约为0.7%；60至80周岁之间大约是4.2%；80周岁以后约是28.4%。[①] 老年人群中的失能者所占比重要高于其他人群，这意味着老年人群的护理需要性风险是最大的。因此，将老年长期护理列为一种独立的社会保险给付体系，成为一些国家社会保险制度建设的新方向，并逐渐发展为一种国际趋势。

长期护理是针对有功能障碍者提供的服务。老年长期护理是指由医护人员与专业护理人员等正规照料者以及家人、亲友或邻居等非正规照料者，对那些完全不具备或不完全具备自我照料能力的老人进行长期照护的活动，包括正规与非正规两类支持体系。老年长期护理保险（Long Term Care Insurance）指为年老、疾病或伤残导致丧失日常生活能力而需要被长期照护的老人提供护理服务或护理费用的特殊保险。从宏观来看，老年长期护理保险覆盖水平可以从某一地区参加此类保险的人数与全国老年长期护理保险覆盖率的最大值进行考量。老年护理是一种十分重要的道德关怀实践形式，目前在我国，老年长期护理保险正处于探索阶段。从个体家庭来看，护理水平可以子女月均、周均护理次数或护理费用的支出以及老年人对护理服务的满意度来计量。它以定量测评为主。

在欧盟，居家护理和非正式护理一直是长期护理的最普遍形式。德国、卢森堡、奥地利以及比利时的佛兰德区都建立了针对护理的独立的社会给付体系。[②] 护理保险是德国社会保险中最年轻的一项，自1995年1月1日以来征收护理保险的保险费。该国从1995年4月1日起提供居家护理给付，1996年7月1日起提供住院护理给付。2008年7月1日，《护理保险结构性继续发展法》生效。居家护理优先、预防和康复优先是德国护理保险的基本原则。联邦统计局资料显示，2006年德国约有213万依赖其他人的护理需求者，其中居家由家属提供照料者有98万人，占

---

① 参见蓝淑慧、[德] 鲁道夫·特劳普-梅茨、丁纯主编《老年人护理与护理保险——中国、德国和日本的模式及案例》，上海社会科学院出版社2010年版，第74页。
② 同上书，第104页。

46.0%；居家由护理机构提供服务的 47.2 万人，占 22.2%；在护理院中接受照护的为 67.7 万人，占 31.8%。①护理保险的给付分为 12 种：护理实物给付（服务）；全住院护理；部分住院护理；自找护工情况下的护理金；货币给付与实物给付相组合；代班护理；短时护理；白天护理与夜间护理；用于护理人员社会保障的给付；针对家属和志愿护理人员的护理培训班；护理辅助工具与技术帮助；居住环境改善。②

  芬兰的社会护理是地方社会服务与卫生服务的一部分，由税收来融资，有权获得给付的是需要长期或定期照料与护理的人。在法国，护理给付由伤残保险、工伤保险以及社会救济体系提供，有权获得给付的是那些在日常照料上需要依赖他人帮助者，同时老年人也可以获得一笔护理补助金。希腊的护理给付包含在伤残保险、养老保险以及社会救济体系中，其资金一般来源于保险费融资，在最低保障情况下通过税收融资。老年人以及那些持久地需要他人照料与护理者有权获得护理给付。在英国，65 岁以上由于身体或心理障碍而依赖他人护理者，有权获得护理补贴。65 岁以下由于工伤或职业病而完全丧失工作能力的人，有权获得长期护理金。意大利的护理给付由社会保险体系和社会救济提供，在地区层面，老年人必要时可以获取实物形式的居家护理。③

  从当前我国的具体情况来看，老年长期护理供给远远落后于需求。2015 年我国人口平均预期寿命达到 76.34 岁，比 2010 年提高 1.51 岁。分性别看，男性为 73.64 岁，女性为 79.43 岁；分别比 2010 年增寿 1.26 岁、2.06 岁。④既长寿又健康，是人口发展的最高目标。"长寿不健康"在一定程度上反映出我国部分老年人口的生存现状。全国老龄工作委员会发布的首次"全国城乡失能老年人状况研究"资料显示，截至 2010 年末，我国城乡部分失能与失能的老年人约为 3300 万人，占老年人口总数的 19.0%。其中完全失能老人数为 1080 万人，占老年人口总数的 6.23%。我国城市与农村完全失能老人占老年人数的比例分别是 5.0% 和 6.9%，农村高于城市。而在完全失能的老年人中，84.3% 为轻度失能，5.1% 为中度失能，10.6% 为重度失能。其中，农村的轻度失能老年人的

---

① 参见蓝淑慧、[德] 鲁道夫·特劳普-梅茨、丁纯主编《老年人护理与护理保险——中国、德国和日本的模式及案例》，上海社会科学院出版社 2010 年版，第 37—38 页。
② 同上书，第 47—48 页。
③ 同上书，第 105—106 页。
④ 《2017 中国人平均寿命最新统计：女性增速比男性快》，至诚财经网（http://www.zhicheng.com/n/20170726/159209.html）。

比重比城市高13个百分点，城市的中度与重度失能老年人的比重分别高于农村5个百分点和8个百分点。在城市完全失能老年人中，有照料需求者占77.1%，农村完全失能老年人中这一比例为61.8%。① 由于我国尚未建立护理保险制度，失能老年人的照料与护理主要依靠家庭成员，责任顺序依次为配偶、儿子、媳妇和女儿。随着年龄的增长，配偶的照料与护理作用逐渐减弱，而不论城乡，儿子都是主要照料者。

我国作为世界上失能老人最多的国家，失能老人的照护问题应引起全社会的高度关注。为老年人提供各种上门家政服务与护理服务，成为老年人尤其是失能老年人及其家庭的迫切需要，也是社区老年照护的重点。然而，目前我国绝大部分养老机构只能提供一般的生活照料服务，仅有不足30%的养老机构能够提供老年护理服务。② 我国老年长期护理亟待解决的主要问题有两个：一是逐步建立商业性长期护理保险制度；二是大力培养老年护理专门人才。

4. 日常家庭照料。它分为两种。一种是由子女为老年父母或其他老年亲属提供的日常家庭生活照料，照看频率可按日均、周均、月均次数来计算。另一种是由子女出资购买或政府部分资助的老年日常生活照料。它由子女或为老服务机构的自评等级与老人对日常家庭照料的满意度两个方面加权构成。日常家庭照料既具有社会伦理价值，也具有相应的经济价值，一般来说，前者大于后者，对之可采用定性分析与定量测评相结合的综合评价方法。

5. 代际情感回报。它以代际间的物质财富流动为基础，包括家庭内部子女对父母的亲情回馈以及整个社会年轻一代对老年一代的精神赡养。代际情感回报的具体形式是多种多样的，主要体现为"两面多维"的精神支持，即微观层面的家庭精神慰藉与宏观层面的社会道德关怀，这是一个以亲情满足、人格尊重、成就安心、权益保障、代际公正以及善终为具体内容所构成的代际情感回报网络。代际情感回报状况在很大程度上是由父母与老年一代的主观心理满意度来决定的，因而，对其具体项目主要进行定性分析与测评。

我国自进入老龄社会以来，老年人的心理障碍与精神障碍呈现出上升的趋势，主要原因有退休后的不适应感、孤独感、丧失亲人的悲痛感、没

---

① 张恺悌：《〈全国城乡失能老年人状况研究〉新闻发布稿》，中国老龄产业协会（http://www.zgllcy.org/chanye/news/-in.php?f=cyyanjiu&nohao=203）。

② 《老年健康护理人员缺口达120万》，新浪博客（http://blog.sina.com.cn/s/blog_4ee2211701007ocq.html）。

有子女探望的郁闷感,以及面对死亡的焦虑感与恐惧感等。随着人们价值观念的改变、居住条件的改善,以及"四二一"人口结构的形成,再加上工作压力大、竞争激烈,年轻一代与老年父母的情感交流与亲情互动渐趋弱化,做子女的经常说自己抽不出时间、没有精力去照顾和看望父母,老人们倍感落寞。逢年过节是空巢老人、独居老人最难受的日子,他们最害怕的就是中秋节、春节,……窗外欢声笑语,屋内独自落泪……。其实,年轻一代对老年一代的情感回报形式是多种多样的:一个温馨的电话,远在天涯、近在咫尺的可视对讲,一封平安的家书,一张近照,一件父母长辈生日或节日的礼包,一份收获成功的捷报……无须花费很多金钱,却能给父母带去安慰与喜悦。全国人大常委会于2012年12月28日通过了新修改的《老年人权益保障法》,该法第十二条明确规定:"每年农历九月初九为老年节。"九九重阳节作为老年节被写进法律,进一步弘扬了中华民族孝老、爱老、助老、惠老的传统美德。该法第十八条规定:"家庭成员应当关心老年人的精神需求,不得忽视、冷落老年人。与老年人分开居住的家庭成员,应当经常看望或者问候老年人。用人单位应当按照国家有关规定保障赡养人探亲休假的权利。""常回家看看"已不只是一句简单地叮咛与期待,发自老人心底的呼声如今成为法律规范,这正是将代际情感回报这一蕴含着浓情厚意的道德互动形式制度化的有效途径,为推进代际情感回报的量化,实现代际伦理关系的良性循环提供了有力的法律保障。

第二节　中西老龄关怀伦理的差异

关怀伦理的中西差异主要体现在以下三个方面:崇祖尽孝与敬神博爱的文化根源差异;家庭养老与社会养老的具体形式差异;德行不朽与回归上帝的终极目标差异。这些差异是相对的。家族本位与个人本位的传统伦理差异、"未富先老"与"先富后老"的国情差异分别是造成关怀伦理中西差异性的历史根源与现实原因。经济全球化与人口结构老龄化的共同背景决定了中西关怀伦理具有一定的互补性,并将在一些方面趋同。

一　崇祖尽孝与敬神博爱:文化根源差异

崇祖尽孝是中国传统伦理道德的重要特征,也是关怀伦理的文化根源。崇祖即崇拜祖先并进行祭祀,其目的不仅在于缅怀先祖恩德、承续先祖遗志、团结族人并旺续家业，更重要的是将这份崇敬之情、感恩之意化作对现世的父母长辈的孝敬之行，并世世代代传承下去。孝道是连接先祖与后人、彼岸世界与此岸世界的道德桥梁，也是尊老、养老与爱老的关怀伦理文化产生的道德根基。孔子曰："孝子之事亲也，居则致其敬，养则致其乐，病则致其忧，丧则致其哀，祭则致其严，五者备矣，然后能事亲。"①"事死如事生，事亡如事存，孝之至也。"② 可见，儒家讲孝道，生、死、葬、祭是不可分割的，其中孝养父母是最根本的道德要求。虽然祖先崇拜及其祭祀活动具有将"鬼"即先祖神化之倾向，以及敬奉鬼神之功能，但从总体上看，中国人对神是存而不论的。从夏人"事鬼神而远之"，到"殷人尊神，率民以事神，先鬼而后礼"③，以及周人所言"天不可信"④ 等典籍记载表明，无神论思想的萌芽与宗教理性化、世俗化的倾向使古人将目光由鬼神逐渐转移到现实。周公总结夏、殷灭亡的教训，提出敬德保民、以德配天以及制礼作乐的主张，说明他认识到"民"比"神"更高、"德"比"天"为重，这是夏商以来中国传统思想从敬鬼神到重人事的一大转变。"德"之本乃孝道。《礼记》云："万物本乎天，人本乎祖。"⑤ 对人子而言，孝道不仅是敬祭先祖，更重要的是孝养双亲并移孝作忠。由此，彼岸世界的人鬼情与人神关系转化为此岸世界的亲子情与人伦关系。

　　孔子以"孝悌"为本的仁学思想的形成与孟子以"四心"为基础的"仁政"主张的提出，表明道德理性逐步摆脱原始宗教的牵系与支持，崇祖、祭祖只不过是后人"奉先思孝"⑥、以孝侍老并实现以孝治国的一种礼制文化载体。孔子曰："未能事人，焉能事鬼？"⑦ 在他看来，"事人"比"事鬼"更重要，因而，对于冥冥彼岸世界中的先祖唯有心存思念与敬意，而对在世的父母尊长竭力孝养，才是人子毕生应尽的道德义务。孔子"不语怪力乱神"⑧ 与"敬鬼神而远之"⑨ 的鬼神存疑论是与儒家立足现实的世俗主义生活态度密切相关的，它使孝道深深根植于现实生活，并

---

① 《孝经·纪孝行》。
② 《中庸》第十九章。
③ 《礼记·表记》。
④ 《尚书·君奭》。
⑤ 《礼记·郊特牲》。
⑥ 《商书·太甲中》。
⑦ 《论语·先进》。
⑧ 《论语·述而》。
⑨ 《论语·雍也》。

转化为尊老孝亲的具体道德行为及以孝治国的社会道德实践。

"孝，德之本也"①，尊老孝亲是"修身、齐家、治国、平天下"的道德起点。"孝，始于事亲，中于事君，终于立身"②，这是孝道的具体实践路径。在自给自足的自然经济生产方式下，家庭成为实施老年道德关怀的温床与起点，家庭养老成为承载孝道的现实伦理途径。"养耆老以致孝"③ 是历代王朝以孝治国的政治伦理方略，彰显了孝道内蕴的强大政治伦理功能与道德辐射效应；同时表明以孝道为根基的老龄关怀伦理文化由家庭扩展到社会，并通过移孝作忠，成为家国同构下政治与伦理双向互动的社会政治伦理发展机制。

如果说祖先崇拜是中国人的国教，是农耕经济条件下基于孝道的老龄关怀伦理由以产生的文化根源，那么，宗教信仰则主宰着西方人的心灵与现实生活，是契约经济条件下基于博爱的老龄关怀伦理由以产生的文化根源。对上帝的爱、信、从是西方基督教文化的主题，爱上帝是三德之首，为至善。然而，爱上帝与爱世界是对立的。《约翰一书》宣称：不要爱世界与世界上的事；因为人要爱世界，爱上帝的心就不在他里面了；如要爱父母与妻儿，就不能全心全意爱上帝。只有一心爱上帝才能赎洗原罪、获得来世的幸福。宗教关怀论抛开了血缘亲情，将亲子之爱变成人神之爱，将浓浓的血缘之情淹没在与上帝的拥抱中，人与上帝的关系成为一切社会关系的原点。爱神、敬神的宗教观念与淡薄的血缘情感自然不可能产生尊老孝亲的老龄关怀伦理文化，反而孕育出以爱上帝为核心的宗教关怀伦理文化。

然而，基督教同时主张博爱，这是一种超越家庭血缘亲情的大爱，它不分亲疏远近、等级贵贱，在敬仰共同的神这一根本的宗教伦理原则指导下，追求爱人如己。这种大爱使孝养父母及老年一代成为一种具有普遍道德价值的社会善行，而不是人子的义务与家庭责任。在一定意义上，敬神、博爱的宗教伦理文化是西方社会养老保障制度兴起的催生剂，也是其不断发展与完善的道德信仰之源。

二 家庭养老与社会养老：关怀形式差异

家庭养老与社会养老是中西方老龄道德关怀的形式差异。中国传统社

---

① 《孝经·开宗明义》。
② 《孝经·开宗明义》。
③ 《礼记·王制》。

会占主导地位的社会关系体现为以父权制为基础、以血缘为纽带的宗法人伦关系。自给自足的农耕经济孕育了以孝道为伦理原则、以家庭养老为主要形式的老年道德关怀模式。

　　古希腊城邦时期，由于契约关系解构了氏族血缘关系、公民身份超越了人子身份、公民权侵蚀了家父权、民主政治摧毁了王权专制，形成了以工商业为基础的契约经济，契约伦理关系成为当时城邦社会关系的主导方面。这对现代西方老龄关怀伦理文化产生了极其深远的影响：代际关系由家庭内的血缘性依附关系转变为基于法权的平等关系；赡养父母并非子代的法定义务，因而没有形成家庭养老模式，而是逐步形成了以法权为基础、以契约关系为纽带、以社会养老保障为主要形式的老年道德关怀模式。

　　家庭养老不仅是我国传统的养老形式，也是目前我国法定的一种养老形式。《中华人民共和国老年人权益保障法》明确规定："老年人养老主要靠家庭，家庭成员应当关心和照料老年人。""赡养人应当履行对老年人经济上供养、生活上照料和精神上慰藉的义务，照顾老年人的特殊需要。"家庭养老是指主要由子女或其他亲属为老年人提供经济支持、日常生活照料与精神慰藉的养老形式，其中，经济来源是决定养老形式的主要依据。目前，我国城市以社会养老为主，农村仍然以家庭养老为主。随着社会生产力的发展与农村新型社会养老保障制度的不断完善，依靠家庭养老的农村老龄人口比例呈现出逐年下降的趋势，退休金也在逐年提高。

　　西方发达国家的社会养老保障制度从根本上保障了老龄人口的基本生存需要，并使其生活质量得到稳步提高。近几十年来，美国老年人口的福祉状况得到比较大的改变，他们在历史上首次成为经济上非弱势的人口群体。"退休和正常工作收入的停止不再自动意味着生活贫困和无保障，这在历史上也属首次。"① "老年人生活的大幅度提高是 1960 年来普遍性公共政策致力于减轻老年贫困的结果。……其他社会目标都得不到同样程度的政府关注或资源。"② 社会保障是美国国家开支最大的计划，而养老保险又是社会保障中开支最大的一项。尽管美国政府在其他需求领域也有相当大的开支，但老年人显然得到了最高的优先权，这就是老龄社会关怀的道德优先权。经济学家莱斯特·瑟罗（Lester Thurow）研究指出，65 岁以上人口的人均政府开支是 18 岁以下人口的 9 倍。③ 时任科罗拉多州州长

---

① ［美］Neil Gilbert，Paul Terrell：《社会福利政策导论》，黄晨熹、周烨译，华东理工大学出版社 2003 年版，第 166 页。
② 同上书，第 165—166 页。
③ 同上书，第 166 页。

的理查德·莱姆（Richard Lamm）曾说："我的躯体正日渐老化，它会阻止你的孩子上大学……我们的社会花较多的钱把80多岁的人变为90多岁，而不是把6岁的人变为16岁。"① 他认为老幼两代之间的福利存在直接的交换关系。这在一定程度上反映出美国政府在社会资源分配上的一种新的代际不平等，但它有利于老年一代。

以美国为代表的西方发达国家的社会养老保障制度一方面保障了老年人的基本生存需求；另一方面，基于血缘关系的家庭内代际伦理关系呈现出松散的趋势。正如美国人阿瑟·亨德森·史密斯（Arthur Henelerson Smith）所言："信仰基督教的西方各国的家庭关系正在趋向于淡化，所以，中国的孝，更应该引起我们西方人的注意。尊敬长者，是良好的社会风气，而我们西方人一般没有受到它的感化。在西方，孩子都自己奔赴能够培养自己的环境中去，完全由他们自我选择。孩子完全不必牵挂父母，父母也不必特别牵挂孩子们。这样的社会习惯对中国人来说是很违背常理的。"② 他的话在一定意义上反映了中西方孝养观念与亲子关系的差异性。

综上所述，西方发达国家的社会养老保障制度需要吸纳中国式家庭养老的温情与爱意，在社会制度伦理建构中融入"反哺式"亲情关怀。我国则应借鉴西方发达国家的社会养老保障制度，不断完善以社会养老保障金为主要经济来源的居家养老模式。在经济全球化与人口结构老龄化的共同背景之下，家庭养老与社会养老相结合、家庭道德关怀与社会制度性道德关怀互补，是中西老年道德关怀模式共同发展的必然趋势。

三 德行不朽与回归上帝：终极目标差异

临终关怀是老年道德关怀的重要环节，德行不朽与回归上帝是中西方老年临终关怀的终极目标差异。

肉身化尘泥、德行永不朽，是中国传统死亡观的精义所在。将死之无奈、死之意识转化为生之创造的理念与现实的道德实践，在死亡的无限悬临中创造人生的价值，是儒家传统伦理文化关于死亡的生存伦理。儒家通过"立德、立功、立言"③ 来践履人生的价值，在塑造高尚人格的道德实

---

① ［美］Neil Gilbert, Paul Terrell：《社会福利政策导论》，黄晨熹、周烨译，华东理工大学出版社2003年版，第166页。
② 转引自肖群忠《孝与友爱：中西亲子关系之差异》，《道德文明》2001年第1期。
③ 《左传·襄公二十四年》。

践中超越死亡,由此缓解生死对立。孔子曰:"朝闻道,夕死可矣。"① 反映了他追求德行不朽的死亡伦理观与终极价值关怀取向。荀子云:"生,人之始也;死,人之终也;始终俱善,人道毕矣。"② 所谓善终,就是善待生命的终了阶段,是由对死亡的真切领悟而把握生命整体过程的道德关怀实践。荀子的善终论承续了孔子向死而生的伦理精神,并将儒家的死亡伦理推向极致。

儒家向死而生的生死观以及德行不朽的终极关怀论对世人产生了深远的影响。德行不朽成为很多中国老人化解死亡焦虑、实现善终"优死"的道德心理动因,也是其走向生命终点的终极价值追求。德行不朽、死而永生的道德信仰与价值追求在老年临终关怀活动中具有极为重要的精神引导作用与心理安抚功效,因而,它在一定意义上成为老年社会关怀特别是临终关怀的终极目标。

回归上帝是西方人所追求的人生归宿,也是西方老年临终关怀的终极价值目标,它源自西方敬神的宗教信仰。宗教作为一种终极的人生眷注,对西方人来说,与其说是一种神学体系,毋宁说是包围着个体从生到死整个一生的精神模子。基督教神学通过原罪、赎罪、回归上帝来阐释人生的痛苦、死的必然性及其超越性,为人类提供了一种信仰层面的终极价值关怀。据《圣经》记载,上帝原本是将人造成不死的,但由于亚当和夏娃受到隐身于蛇形的魔鬼引诱,违背上帝的诫命,偷吃了分辨善恶之树的果子,犯下罪错,被逐出伊甸园,从此使人间充满各种罪恶、灾难和痛苦,这就是所谓的原罪。在上帝面前,每个人都是"罪人",都必须为原罪付出死的代价。当然,上帝不只是给世人安排了不可逆转的死亡终局,对那些虔诚地信奉上帝、心甘情愿地赎罪者,上帝可将其灵魂引向极乐世界,到那里尽享一切。"极乐世界"虽是美妙的幻境,却给信众无限的希望。回归上帝的终极价值追求在老年道德关怀尤其是临终关怀活动中具有不可低估的心灵安抚效能。很多西方老人或手捧或头枕《圣经》,或在《圣经》的诵读声中,平静离世,因为他们相信上帝会在美妙的天堂里等候自己。

德行不朽是儒家的终极价值关怀目标,是绝大多数中国老人的心愿,它也成为中国传统伦理文化代代相续并不断发展的道德信仰之源。回归上帝是西方基督教的终极价值关怀目标。灵魂再生、天国尽享一切的神秘之

---

① 《论语·里仁》。
② 《荀子·礼论》。

路虽然虚幻缥缈，但对于消解老年人的死亡焦虑无疑是一剂心灵妙方，这是宗教关怀在西方临终关怀实践中得到广泛应用的一个重要原因。德行不朽与回归上帝是人类终极价值关怀的两种不同向度，前者追求的是在俗世中德行彪炳后世，后者追求的是在彼岸世界里灵魂的复活，二者的有机结合必将在老年临终关怀活动中产生神奇的心灵抚慰功效。

第三节　三位一体的道德关怀网络

社会性是人的本质属性，人的需要只有在社会互动中通过一定的社会支持与制度保障才能得到满足。家庭、社区、政府在老年道德关怀实践中扮演的角色不同，分担的责任各异，却又是功能互补、责任共担的资源供给要素与支持主体。美国关怀主义伦理学家理安·艾斯勒说："关怀性取向突出并重视所有生活领域——从家庭和社区到企业和政府——的关怀和给予关怀。"[①] 老年道德关怀是一种主体多元、利益共赢、层次多样的社会道德实践，其制度伦理建构是一项极其复杂的社会系统工程，正如德国经济学家弗兰茨－克萨维尔·考夫曼所言："创造福利的社会关系不仅涉及市场经济和公共部门，而且也涉及私人家庭、社会网络以及各种各样其他的社会活动。"[②] 克雷斯·德·纽伯格（Chris de Neubourg）构建了一个由市场、家庭、会员组织、社会网络以及政府共同编织的福利五边形[③]，见图5—1。他说："当众多社会个体不得不应对基本需求问题时，他们可以求助于福利五边形的每一角所表征的主体或这些主体的组合。"[④] 福利五边形描绘了社会福利生产与福利分配的作用机理，是针对所有社会群体的普享性福利理论，它为老年道德关怀网络的建构提供了极富价值的伦理参考。社会性是福利五边形的本质属性，五个角分别代表五种不同的福利来源，其供给均要求有相应的社会支持，唯如此，个体的福利选择才具有可行性，并产生实际的福利功效，正如克雷斯·德·纽伯格所言："福利

---

① ［美］理安·艾斯勒：《国家的真正财富　创建关怀经济学》，高铦、汐汐译，社会科学文献出版社2009年版，第22页。
② ［德］弗兰茨－克萨维尔·考夫曼：《社会福利国家面临的挑战》，王学东译，商务印书馆2004年版，第137页。
③ 参见［美］罗兰德·斯哥（Roland Sigg）等编《地球村的社会保障——全球化和社会保障面临的挑战》，华迎放等译，中国劳动社会保障出版社2004年版，第306页"图15—3 福利五边形"。
④ 同上书，第306页。

五边形的本质是社会性的,强调这一点非常重要,也很有必要,五边形的五个角要求相应的社会维度,以使单个个体作出的选择既可行,又具有意义。"① 社会网络、会员组织以及政府的社会性是毋庸置疑的,那么,"市场"与"家庭"作为福利供给元素或主体的福利选择来源,其社会性何以体现?克雷斯·德·纽伯格认为:"市场抉择和家庭决策的'社会性'内在的要求当事方之间是互惠的。对市场而言,互惠是直接的(商品和商品的交换是同时发生的);对家庭而言,互惠则是间接的(举个最简单的例子,接受物品时,含蓄的要求接受方承诺将以类似的服务回报其他家庭成员)。"② 这意味着福利的市场配置与家庭供给要求供需双方互惠互利,不仅如此,互惠性是福利五边形各个要素与福利受众之间实现良性互动的外在客观需要与内在伦理要求。

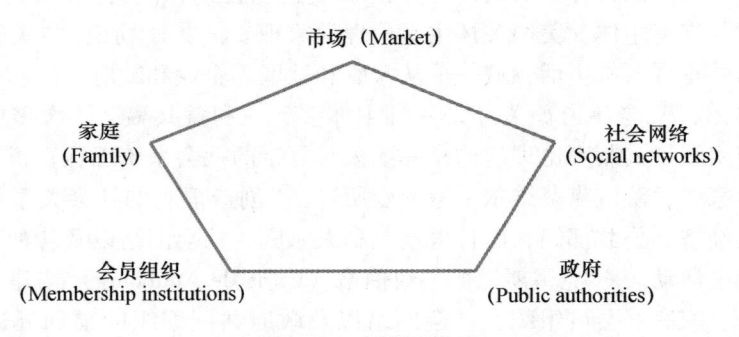

图 5—1　福利五边形

市场受价值规律支配,充满经济风险与道德风险,因此,它在福利生产与分配过程中能否产生实际的福利效能是不确定的,但它贯穿在由家庭、会员组织、社会网络以及政府所构成的道德关怀网络及其具体的关怀行为之中,对道德关怀或其他社会支持能否产生正向的福利效能具有重要影响。根据福利供给元素的层次性差异与互惠性质的不同,福利五边形的五个元素可以整合为微观元素即家庭、中观元素即会员组织与社会网络、宏观元素即政府。市场元素是一个影响福利效能的不确定性系数,因此,不将其单列为道德关怀的结构要素。由此,家庭、社区、政府构成了三位一体的伦理互动结构与道德关怀网络。"个体为解决他们的福利问题(即

---

① 参见[美]罗兰德·斯哥(Roland Sigg)等编《地球村的社会保障——全球化和社会保障面临的挑战》,华迎放等译,中国劳动社会保障出版社 2004 年版,第 307 页。

② 同上。

满足基本需求），可以在福利五边形中寻求一角解决，也可以探寻福利五边形各个角的有机组合，以达目的。"① 由此看来，政府、社区、家庭是道德关怀不可缺少的要素，政府善治、社区关怀、家庭孝养构成三位一体的老年道德关怀网络。

一　政府善治

政府善治是指政府通过社会制度伦理建构来保障公民的合法权益，并有效实现公民幸福的治国过程，其核心是社会利益的合理分配。具体要求如下。

首先，权、责、利要合理安排。"权"包括两个方面，一是权力，即公共管理机关的治权；二是权利，即人们进行某种活动与实现特定的利益要求的合法性。"责"指责任与义务。"利"指利益，包括个人利益与公共利益。在现代社会，政府善治的根本任务是建构一种基于正义的社会制度，使权、责、利三者得到恰当的分配，并使之落到实处，其理想效果是政府与公民在合作的基础上实现对国家的最优化管理，达成政治国家与公民社会的良性互动与最佳合作状态。有学者将善治的基本要素概括为合法性、透明性、责任性、法治、回应、有效和稳定②，在一定程度上反映了善治政府的权、责要求及其善治效果。俞可平认为："善治的基础与其说是在政府或国家，还不如说是在公民或民间社会。"③ 这意味着善治不仅是政府的德政方略与官员行使权力的道德要求，也是公民遵循与维护良善制度的伦理要求。公民不是被动接受制度安排的客体，而是通过制度伦理建构来维护自身合法权益、促进社会公正并推动政府善治的社会主体。正义的制度安排是对利益关系的合法有效的规制，公正与幸福作为人类社会发展的两个等价的根本价值目标④，也是政府善治的价值指归。善治是政府权力与公民权利的有机结合，是个人利益与社会利益的协调一致，它力求在底线公平的基础上，通过责、权、利的制度伦理安排，使社会弱势群体过上一种有尊严的生活，并不断促进个体的自由发展、增进公民的普遍幸福，并实现人类的整体解放。

我国古代儒家所倡导的"仁政"实际上就是基于公正的政府善治。

---

① 参见［美］罗兰德·斯哥（Roland Sigg）等编《地球村的社会保障——全球化和社会保障面临的挑战》，华迎放等译，中国劳动社会保障出版社2004年版，第307页。
② 俞可平：《治理和善治分析的比较优势》，《中国行政管理》2001年第9期。
③ 俞可平：《治理与善治》，中国社会科学出版社2000年版，"引论"第11页。
④ 万俊人：《社会公正为何如此重要？》，《天津社会科学》2009年第5期。

公正作为古希腊四大德之一,其最高境界在于实现个人利益与公共利益的有机结合。亚里士多德从至善论出发,认为"政治学意义上的'善'就是正义,正义以公共利益为依归"①。社会公正"以城邦整个利益以及全体公民的共同善业为依据"②。维护城邦国家的整体利益是亚里士多德的善治观与公正伦理的基本倾向。当然,国家利益不能脱离个人利益与个体幸福,合理的个人利益与公民的共同善业即共同幸福是实现社会公正不可或缺的两个重要方面。

博登海默(Edgar Bodenheimer)认为:"每种社会秩序都面临着分配权利、规定它们的界限和协调它们与其他(可能有冲突的)权利的关系的任务。"③ 分配正义(distributive justice)所要关注的是在社会成员或群体成员之间权利、义务和责任配置的问题。罗尔斯指出:"一个社会体系的正义,本质上依赖于如何分配基本的权利义务,依赖于在社会的不同阶层中存在着的经济机会和社会条件。"④ 政府是公民权利与义务的主管者,它通过适当的制度安排来"掌管权利和义务的分派,决定社会生活中利益和负担的恰当分配"⑤。在罗尔斯拟设的"无知之幕"的原初状态下,有两个原则是责、权、利的制度安排所要遵循的基本原则,是实现社会公正的关键。"第一个原则:每个人对与其他人所拥有的最广泛的基本自由体系相容的类似自由体系都应有一种平等的权利。第二个原则:社会的和经济的不平等应这样安排,使它们(1)被合理地期望适合于每一个人的利益;并且(2)依系于地位和职务向所有人开放。"⑥ 第一个原则旨在确保公民平等地享有基本的权利与自由;第二个原则是分配补差原则,即收入与财富的不平等分配在不可避免的情况下,其结果也应该是能给每一个人尤其是社会的最少受惠者带来一定的利益补偿。罗尔斯的分配正义论体现了权、责、利统一,普遍性与特殊性兼顾,以及理想与现实协调的特征。

其次,效率与公平兼顾,且公平为上。效率与公平是市场经济的一对基本矛盾。效率是市场经济的激活剂,是创造财富的源动力机制;公

---

① [古希腊] 亚里士多德:《政治学》,吴寿彭译,商务印书馆 1965 年版,第 148 页。
② 同上书,第 153 页。
③ [美] 埃德加·博登海默:《法理学——法律哲学和方法》,张智仁译,上海人民出版社 1992 年版,第 280 页。
④ [美] 约翰·罗尔斯:《正义论》,何怀宏、何包钢、廖申白译,中国社会科学出版社 1988 年版,第 7 页。
⑤ 同上书,第 54 页。
⑥ 同上书,第 60—61 页。

平是市场经济的平衡剂，是财富分配的道德杠杆。如果说国民收入的初次分配坚持效率优先，那么，第二次分配即再分配则应以公平为上。公平分配不是均等分配，而是合理分配与最优分配，它是通过直接或间接的再分配将国民收入在代际间进行合理配置，以实现对包括老年人群在内的社会弱势群体的收入补偿，这是一种相对公平的社会收入分配纠偏机制。

罗尔斯认为，一个公正的社会应该是"基本善"平等的社会。公正意味着"所有的社会基本善——自由和机会、收入和财富及自尊的基础——都应被平等地分配，除非对一些或所有社会基本善的一种不平等分配有利于最不利者"[1]。不平等的利益分配只有在能给最不利者即社会的弱势人群带来某些好处时，才具有相对的公平性，这意味着"虽然财富和收入分配无法做到平等，但它必须合乎每个人的利益"[2]。由于国民收入的分配是由相应的经济制度来加以规制的，分配正义取决于制度公正，因此，罗尔斯反对由市场竞争来决定总收入的分配，这就意味着他反对收入分配的效率原则，因为这样做忽视了基本需求的权利和一种适当的生活标准。[3] 所谓适当的生活标准就是社会弱势群体的最低生存标准。他主张通过差别原则改变社会基本结构的目标，"整个制度结构不再强调社会效率和专家治国的价值"，而是"更多地注意那些天赋较低和出身较不利的社会地位的人们"，并使"在天赋上占优势者不能仅仅因为他们天分较高而得益，而只能通过抵消训练和教育费用和用他们的天赋帮助较不利者得益"[4]。可见，对于"基本善"的分配尤其是收入再分配，罗尔斯主张公平至上。毫无疑问，通过实施"差别原则"，最终结果是促进社会资源配置与国民收入再分配达到帕累托最优。

效率与公平的抉择是一种艰难而又重大的社会经济伦理抉择，一个社会制度的成功与否既要看它是否创造了高效率的经济，又要看它能否让所有人公平地分享经济发展的成果。美国著名经济学家萨缪尔森（Samuelson）曾说，由于人们逐渐意识到"追求收入公平的尝试往往都会损害应有的激励力度和效率水平"，因此，"人们会问：为了把经济这块馅饼分得更加平均，我们究竟需要牺牲这块馅饼的多大一部分？如何在国家不破

---

[1] [美]约翰·罗尔斯：《正义论》，何怀宏、何包钢、廖申白译，中国社会科学出版社1988年版，第303页。
[2] 同上书，第61页。
[3] 同上书，第277页。
[4] 同上书，第102页。

产的前提下通过重新设计收入支持计划以减少贫困和不公平?"① 阿瑟·奥肯认为:"我们无法在保留市场效率这块蛋糕的同时平等地分享它。"②"如果平等和效率双方都有价值,而且其中一方对另一方没有绝对的优先权,那么在它们冲突的方面就应该达成妥协。这时,为了效率就要牺牲某些平等,并且为了平等就要牺牲某些效率。然而,作为更多地获得另一方的必要手段(或者是获得某些其他有价值的社会成果的可能性),无论哪一方的牺牲都必须是公正的。"③ 单一的分配制度难以有效协调效率与公平的矛盾,再分配在一定程度上可以化解二者的矛盾,但也难免出现不公正的现象。因此,政府在进行收入分配时,应该将初次分配的按劳分配原则与再分配的利益纠偏原则有机结合,经济原则与伦理原则必须相互贯通,在一个有效率的经济体中不断增进公正度是政府善治的经济伦理目标。

美国经济学家布罗姆利(Bromley)指出:"不存在单一有效率的政策选择,只存在对应于每一种可能的既定制度条件下的某种有效率的政策选择。去选择某个有效率的结果,也就是去选择制度安排的某个特定结构及其相应的收入分配。关键的问题不是效率,而是对谁有效率?"④ 就目前我国的实际情况来看,"对谁有效率"这一问题需要优先考虑与解决的是社会贫困问题,老年贫困当属其列。实现改革发展成果更多更公平惠及全体人民,必须坚持效率与公平兼顾且公平为上,唯如此,才能对弱势群体进行适当的利益倾斜与利益补偿。按劳分配原则体现效率优先,再分配坚持公平为上。效率与公平兼顾,且在再分配时坚持公平至上的原则,虽然可能在一定程度上挫伤一部分生产者的劳动积极性,但能使国民收入分配进一步趋向合理化,这对于实现经济平等、成果代际共享以及社会利益的最优分配是必不可少的。从长远看,它有利于社会经济的全面协调与可持续发展,并稳步地推进社会公正。

最后,再分配要向老年弱势群体适度倾斜。再分配的利益杠杆向社会弱势群体倾斜是正义的根本要求,是政府善治的突破口。国民收入再分配

---

① [美] 保罗·萨缪尔森、[美] 威廉·诺德豪斯:《经济学》(第十九版)上册,萧琛等译,商务印书馆2011年版,第544页。
② [美] 阿瑟·奥肯:《平等与效率——重大抉择》,王奔洲等译,华夏出版社2010年版,第2页。
③ 同上书,第105—106页。
④ [美] 丹尼尔·W. 布罗姆利:《经济利益与经济制度——公共政策的理论基础》,陈郁、郭宇峰、汪春译,上海三联书店、上海人民出版社2006年3月新1版,第5页。

包括纵向分配与横向分配。纵向分配是指它在各个不同部门、不同领域的分配。横向分配是指国民收入在老、中、青、幼不同年龄群体之间进行的分配,即代际分配。国民收入在代际间如何合理分配是政府善治不可忽视的考量维度,因为它是代际经济关系的核心内容,是决定代际伦理关系能否良性循环进而能否实现代际公正的关键砝码。乔治·恩德勒（Georges Enderle）认为,"分配维度贯穿于整个经济活动之中,不仅是它的结果,而且也是它的起始条件和过程",分配是"经济活动中与生产和交换具有同等价值的基础性维度"[①]。生产、分配、交换、消费是经济活动的四个环节,分配不仅是上一轮生产的结果,也是再生产的基础。因此,分配公正成为经济活动的根本要求之一。一般来说,人们对横向分配及其是否公正关注较多,而往往忽视了纵向分配即代际分配的公正性。即使关注纵向分配,在很多情况下,也是倾向于青少年一代,老年一代常被忽视。老年群体既是生理性弱势群体,也是社会性弱势群体,经济收入低、社会地位边缘化、贫困的高发性是其基本特点。国民收入再分配必须高度关注老年群体,尤其是老年贫困者。

再分配试图通过收入补偿对初次分配加以纠偏,确保获利较小者获得基本的物质生活资料与生存条件,这对于退出职业劳动岗位的老年群体来说,是一种极为重要的收入补偿与救济机制。正义作为制度内蕴的最高伦理精神,是政府善治的根本价值依据,扶弱济困是实现社会公平正义的现实道德要求。《中共中央关于全面深化改革若干重大问题的决定》指出,"规范收入分配秩序,完善收入分配调控体制机制和政策体系","增加低收入者收入,扩大中等收入者比重,努力缩小城乡、区域、行业收入分配差距,逐步形成橄榄型分配格局"[②]。体现了政府加大收入分配公平度的政策导向。国民收入的代际再分配是否公正以及能否实现最优化,关键是看作为弱势群体的老龄人口尤其是老年贫困人群能不能得到恰当的利益补偿。因此,再分配的利益调节杠杆向老年弱势群体倾斜,使其得到适当的收入补偿,是政府善治的突破口,是实现利益纠偏的重要伦理原则。

西方发达国家建立了较完善的社会养老保障制度,它在一定程度上对不公平的初次分配进行了纠偏,通过物质资源的社会性代际转移有效地促进了代际公正的实现。"未富先老"是我国老龄社会的基本特点,老龄人

[①] 参见［美］乔治·恩德勒等主编《经济伦理学大辞典》,李兆雄、陈泽环译,上海人民出版社2001年版,第560页。
[②] 《中共中央关于全面深化改革若干重大问题的决定》,人民出版社2013年版,第46页。

口总体生活质量受到社会经济实力不足的严重制约，加之经济转型，社会资源配置市场化，老龄人口在市场竞争中处于劣势，一部分老龄人口生活质量提高缓慢甚至有所下降，成为贫困高发人群。与其他年龄的人群相比，老龄群体的致贫风险要大得多，而且贫困程度还将随着年龄增长而加大。"建立健全合理兼顾各类人员的社会保障待遇确定和正常调整机制"①是逐步消除收入分配差距、减少社会贫困现象的必然要求。消除老龄贫困现象，逐步缩小在职收入增长与养老金增长之间的差距，建立养老金正常调整的长效机制，是政府的重要职责，是实现收入分配最优化的突破口，也是改善老年民生、全面提升老龄人口生活质量的根本途径。

二 社区关怀

社区关怀主要指依托社区为老年人提供的各种关怀服务。《中国城乡老年人口状况追踪调查》结果显示：城乡老年人对上门做家务、上门护理、上门聊天等上门服务的需求增长较大，其中城市老年人对热线服务、老年饭桌的需求呈现出增长之势。然而，能够提供上门服务所覆盖的老年人比例与实际需求之间仍然存在较大的差距。同时，养老机构的硬件配置急需进一步改善，专业照护水平参差不齐，也亟待提高。

相关抽样调查资料显示，不同类型养老机构中失能老人占全部收养老人的比例分别为：社会福利院 23.8%，城镇老年福利院 20.1%，农村五保供养机构 5.7%，其他公办收养机构 30%，民办养老机构 37.6%，家庭自办收养机构 25.2%。从养老机构的设施来看，配备医务室的公办养老机构为 52.1%，民办机构为 56.0%，农村五保供养机构仅占 41.7%。配备康复理疗室的养老机构不足两成。约 22.3% 的养老机构既无单独的医疗室，也没有专业医护人员。从医生的配备来看，超过一半的养老机构是空白；农村尤其是西部农村情况最糟，超过 60% 的西部农村养老机构缺少专业医护人员。从总体上看，养老机构中经过护理及相关专业系统训练的护理员不足 30%，获得养老护理员资格证书的不足 1/3。② 可见，我国社区养老机构不仅需要大力改善硬件配置，而且需要不断优化专业人员的配备，大力提高老年照护专业水平。

硬件设施对老龄人口生活质量具有直接影响，而道德关怀是提升老龄

---

① 《中共中央关于全面深化改革若干重大问题的决定》，人民出版社 2013 年版，第 47 页。
② 张恺悌：《〈全国城乡失能老年人状况研究〉新闻发布稿》，中国老龄产业协会（http://www.zgllcy.org/chanye/news/-in.php?f=cyyanjiu&nohao=203）。

人口生活质量的暖心工程,在社区为老服务中日益显现出重要的作用。北京作为首善之区和老龄化程度较高的城市,社区为老服务以其浓浓的关怀之情,散发出沁人心脾的道德芳香。例如,西城区什刹海街道为解决老年人"吃饭难"的问题,开办了以社区公益性服务为主的"居家养老配餐服务中心",为60岁以上老人提供送餐服务,其中享受居家养老政府补贴的低保空巢老人午餐免费。该区还实行"社区服务网络管理",辖区2700多名老人凭居家养老服务卡享受多种低偿优惠服务。东城区九道弯社区的"民情日记"较为详细地记载了整个社区12条街巷、1329户居民的服务需求及其家庭困难,特别是老人的基本情况与特殊需要。海淀区羊坊店街道有色院社区和香山街道香山社区将为老年人服务的项目编制成菜单式列表,供老人们自选。此外,还开设了老人餐桌、日间托老所、健康大学、家政服务、文艺队、棋牌室、馨语润心室等,提高了老年人的生活质量。这种"菜单式"养老服务模式受到老人们的欢迎。朝阳区百子湾社区为老年人提供健康保健、精神慰藉、棋牌娱乐等服务。石景山鲁谷社区开展了陪聊、代买代购、带看病等一系列尊老爱老活动;每年春节前夕,组织"情系银龄,春满鲁谷,新春陪伴"活动,并在其他重大节假日组织多姿多彩的针对老年群体的庆祝活动。[①]

西方发达国家的专门养老机构大多配备了较好的硬件设施,老人们在其中可以获得令人满意的各类照料。然而,当今西方发达国家的老人日常照料越来越倾向于社区服务与居家照料相结合的综合性服务方式。法国自20世纪60年代以来,老年社会政策由以往的以福利机构关怀为主导转变为以社会综合关怀为导向,居家照顾成为首选。联邦德国于1984年颁行的社会援助行动法案认定,社区照顾应优先于福利机构关怀。[②] 英国的居家照料服务得到较快的发展,然而,全方位的家庭照料在老人日常照料中仍然占主导地位。[③] 美国的老年关怀服务主要是通过诸如老年保健医疗制度、医疗补助制度等机制以及一些基金会来实施的,而不是由社会公共机构提供。此外,美国各州都制定了服务形式各异的社区照顾政策,家庭关

---

① 参见张秀芬、王鲁娜编著《关注社会热点 共建生态文明——首都大学生暑期社会调研报告集》,河北大学出版社2012年版,第247—250页。
② [英] 苏珊·特斯特:《老年人社区照顾的跨国比较》,周向红、张小明译,中国社会出版社2002年版,第22—23页。
③ Phillipson, C. (1992). Family care of the elderly in Great Britain. In J. I. Kosberg (eds.), *Family care of the elderly: Social and cultural changes.* London: Sage Publication Inc. pp. 252 – 270.

怀是政府所倡导的服务形式之一。① 美国关怀主义伦理学家诺丁斯从代际关怀角度出发，主张老年照护就地化。她说："老年人搬进'老年之家'和老年社区不是唯一的出路。我们完全可以发挥想象力，设法使老年人继续住在原来的社区里，或者将他们融入其子女所住的社区。当面把老年人与其家人及友人隔离开，我们失去的是几代人之间相互关怀的机会，既失去了长辈关怀晚辈的榜样，也减损了晚辈关爱长辈的机会。"② 诺丁斯不赞成老年人住进老年之家或老年社区这些专业化的社会养老机构，而主张社区服务与居家照料相结合的就地养老方式，因为这是实现代际道德关怀的有效渠道。社区关怀与居家养老相结合正是当今西方发达国家老年服务政策的发展方向之一，目的在于使老年人在家获得更多、更直接的道德关怀与其他社会支持，同时可以在一定程度上减轻政府的制度性福利开支压力。西方发达国家老年社会服务政策的另一个发展方向是：由统一的标准化服务向根据个体差异设计的"套餐服务"转变，以适应老年人的不同需求，充分体现了老年照护服务的灵活性与消费选择权。③

三　家庭孝养

家庭孝养是最基本的老年道德关怀形式，主要包括子女对老年父母的经济支持、日常照料与精神慰藉，下面就从这三个方面进行分述。

首先，关于经济支持。相关调查资料显示，从 2005 年到 2010 我国老龄人口的经济生活来源中，家庭成员供养的比例呈现出下降的趋势，而依靠离退休金、养老金的比例逐步上升。表 5—1 是我国 60 岁及以上老龄人口主要生活来源构成。具体来看，依靠家庭成员供养的老龄人口比例由 2000 年的 43.83% 下降为 2010 年的 40.72%；依靠自己劳动收入的老年人口比例由 2000 年的 32.99% 下降到 2010 年的 29.07%；主要依靠离退休金或养老金的老年人口比例由 2000 年的 19.61% 增加到 2010 年的 24.12%。④ 表 5—2 是 2010 年我国分年龄老年人主要生活来源状况。从整体上看，我国社会养老保障制度正在不断完善，依靠养老金养老的

---

① ［英］苏珊·特斯特：《老年人社区照顾的跨国比较》，周向红、张小明译，中国社会出版社 2002 年版，第 27 页。
② ［美］内尔·诺丁斯：《始于家庭：关怀与社会政策》，侯晶晶译，教育科学出版社 2006 年版，第 249 页。
③ ［英］苏珊·特斯特：《老年人社区照顾的跨国比较》，周向红、张小明译，中国社会出版社 2002 年版，第 20 页。
④ 姜向群、郑研辉：《中国老年人的主要生活来源及其经济保障问题分析》，《人口学刊》2013 年第 2 期。

老龄人口比例呈现出逐年递增的趋势；子女、配偶等家庭成员的经济支持是当前我国老龄人口的主要经济来源之一；大多数老年女性（2010年占比为52.58%）主要依靠家庭成员供养，其对家庭成员经济供养的依赖性大大高于男性（2010年仅为28.24%）；随着年龄的增长，低龄老人和高龄老人的生活来源存在较大差别，低龄老人以劳动收入作为主要生活来源的比例远远高于高龄老人。

表5—1　　我国60岁及以上老龄人口主要生活来源构成（%）

主要生活来源	2010年 合计	2010年 男	2010年 女	2000年 合计	2000年 男	2000年 女
合计	100.00	100.00	100.00	100.00	100.00	100.00
劳动收入	29.07	36.59	21.92	32.99	42.74	23.72
离退休金养老金	24.12	28.89	19.58	19.61	26.66	12.92
失业保险金	—	—	—	0.03	0.04	0.03
最低生活保障金	3.89	4.11	3.69	1.59	1.54	1.64
财产性收入	0.37	0.41	0.33	0.18	0.19	0.18
家庭其他成员供养	40.72	28.24	52.58	43.83	27.02	59.81
其他	1.83	1.76	1.90	1.76	1.82	1.70

转引自姜向群、郑研辉《中国老年人的主要生活来源及其经济保障问题分析》，《人口学刊》2013年第2期。

表5—2　　2010年我国分年龄老年人主要生活来源状况（%）

主要生活来源	60—64岁	65—69岁	70—74岁	75—79岁	80—84岁	85岁及以上
合计	100.00	100.00	100.00	100.00	100.00	100.00
劳动收入	48.11	34.64	18.12	10.11	3.97	2.50
离退休金养老金	23.30	24.57	26.56	25.09	22.26	17.33
家庭其他成员供养	24.29	35.08	48.21	57.05	65.52	71.44
其他	4.30	5.71	7.11	7.75	8.25	9.73

转引自姜向群、郑研辉《中国老年人的主要生活来源及其经济保障问题分析》，《人口学刊》2013年第2期。

其次，关于日常照料。从整体上看，老年人的身体健康状况不可逆转地衰退，日常照料对他们来说变得越来越重要。2006年相关调查资料显示，60—69岁、70—79岁、80岁及以上三个年龄组有照料需求的城市男性老人获得家庭成员照料（主要是子女与配偶的照料）的比例分别为 55.5%、91.5%、89.4%，合计为 77.2%；城市女性老人这一比例分别为 90.9%、88.0%、95.8%，合计为 91.6%；三个年龄段男女综合比例分别为 69.4%、89.7%、93.1%，合计为 84.3%。从农村情况来看，以上三个年龄阶段有照料需求的男性老人获得家庭成员日常照料之比分别是 92.0%、94.6%、93.1%，合计为 93.3%；农村老龄女性这一比例分别为 99.0%、91.8%、98.5%，合计为 96.4%；三个年龄阶段男女综合比例分别为 95.4%、93.2%、96.7%，合计为 95.0%。① 可见，农村有照料需求的老年人获得家庭成员照料的情况要好于城市，比城市高 10.7 个百分点。此外，无论城乡，女性老人获得家庭照料的情况均要好于男性。

2010 年我国城乡老年人口状况追踪调查情况显示，日常生活完全不能自理（失能）的城乡老年人为 1208 万人，占老年人口总数的 6.8%；有部分自理困难的老年人为 2824 万人，占 15.9%。其中城镇失能的为 438 万，占 5.6%；自理困难的为 971 万，占 12.4%。农村失能的为 775 万，占 7.8%；自理困难的为 1847 万，占 18.6%。认为自己日常生活需要照料的比例城乡合计 13.7%，其中 79 周岁及以下的为 10.2%，80 周岁及以上的为 39.9%；这三项数据在城镇分别为 12.8%、9.2%、39.9%，农村分别为 14.4%、11.0%、39.9%。② 可见，目前我国城乡需要长期日常生活照料与护理的老龄人口占有一定比例，是一个必须引起全社会高度关注的弱势群体。

子女为老年父母提供的日常照料主要包括家务、购物、陪同看病与病期看护等。调查资料显示，约有 89.7% 的被调查城市老年人表示子女会陪同看病，而 80 岁以上者子女陪同看病之比达到 93.2%。90.6% 的农村老人表示子女能够陪同看病。③

目前在一些西方国家，家庭也是为老年人提供各种支持的重要来源。在墨西哥文化中，家庭是社会再生产、医疗保健以及社会支持的基本制度单元。表 5—3 是 1992—2009 年墨西哥老年人家庭的百分比。2009 年有老人的核心家庭、扩展家庭占比分别为 36.4%、47.4%，是老人家庭的主要形式。单身老人家庭占比呈现出逐年上升的趋势，2009 年达到 16.0%。其中

---

① 参见张恺悌、郭平主编《中国人口老龄化与老年人状况蓝皮书》，中国社会出版社 2010 年版，第 299 页。
② 《2010 年我国城乡老年人口状况追踪调查情况》，豆丁网（http://www.docin.com/p-482023989.html）。
③ 参见张恺悌、郭平主编《中国人口老龄化与老年人状况蓝皮书》，中国社会出版社 2010 年版，第 299—300 页。

有老人的扩展家庭百分比在2006年降幅较为明显，其余年份没有大的变化，这种类型家庭是为子女、孙辈以及老年人提供家庭支持的一种重要形式。[1]

表5—3　墨西哥1992—2009年有老年人的家庭百分比（%）

	1992	1997	2006	2009
核心家庭	39.0	37.7	42.3	36.4
扩展家庭	49.1	50.2	43.5	47.4
单身家庭	11.5	11.7	13.8	16.0
同居家庭	0.5	0.4	0.3	0.3
家庭总数	100.0（13788）	100.0（17162）	100.0（9620）	100.0（24562）

资料来源：Villegas, S. Garay, et al.（2014）. Social support and social networks among the elderly in Mexico. Journal of Population Aging, 7, 143 – 159.

在墨西哥老年社会服务资源有限的条件下，家庭承担起相应的老年支持责任。相关调查强调家庭在老年阶段的物质供给、财务支持以及日常生活照料的重要性。事实证明，不论是给予支持还是获得支持，家庭都是老年支持的最主要来源，80岁及以上老人尤其如此。[2] 随着健康状况下降，老年人需要从家庭成员那里获得更多的支持。[3] 因此，在或多或少的程度上，家庭成员构成了老龄人口最主要的社会支持者。[4] 表5—4、表5—5分别是2005年墨西哥老年人在日常情况下和困难情况下获得家庭支持的百分比。

表5—4　日常情况下墨西哥老年人获得家庭支持的百分比（%）（2005年）

	60—64岁	65—69岁	70—74岁	75—79岁	80岁及以上
家庭成员	48.6	50.2	58.0	52.4	64.0
子女	23.7	30.4	42.5	34.8	41.6
父母	0.3	0.0	0.0	0.0	0.0
兄弟姐妹	9.7	8.9	3.5	4.3	4.5
其他	14.9	10.9	11.9	13.4	18.0

---

[1] Villegas, S. Garay, et al.（2014）. *Social support and social networks among the elderly in Mexico. Journal of Population Aging*, 7, 143 – 159.

[2] Ibid..

[3] Ibid..

[4] Ibid..

续表

	60—64 岁	65—69 岁	70—74 岁	75—79 岁	80 岁及以上
非家庭成员	51.4	49.8	42.0	47.6	36.0
合计	100.0	100.0	100.0	100.0	100.0

资料来源：Villegas, S. Garay, et al. (2014). Social support and social networks among the elderly in Mexico. *Journal of Population Aging*, 7, 143-159.

表5—5 困难情况下墨西哥老年人获得家庭支持的百分比（%）(2005年)

	70—74 岁	80 岁或以上
家庭成员	85.7	42.9
子女	83.3	42.9
兄弟姐妹	0.0	0.0
其他	16.7	0.0
非家庭成员	14.3	57.1
合计	100.0	100.0

Villegas, S. Garay, et al. (2014). Social support and social networks among the elderly in Mexico. *Journal of Population Aging*, 7, 143-159.

从表5—4、表5—5可见，不论是日常情况下，还是困难情况下，家庭都是老年支持的重要支柱。其中，配偶与子女为老年人提供的支持最多。非家庭成员提供支持的比例也不应忽视。需要特别关注的是单身老人家庭。自20世纪90年代以来，墨西哥的单身老人家庭比例一直在上升，2009年达到16.0%（见表5—3）。最脆弱的老年人往往居住在单身家庭，他们无法获得家庭支持，缺乏收入保障与医疗保障。[①]

老年人不仅是困难情境下接受家庭支持的人群，也是日常生活中给予他人支持与照顾的群体。[②] 研究显示，墨西哥约有50.6%、国外有8.0%的60岁及以上妇女为他人提供照顾以换取礼物与捐赠。(Rubalcava 1999)[③] 墨西哥公共护理与日常照料资源有限，用之往往需要大笔费用，而这由于祖母承担起照料孙辈的责任而在一定程度上得到改善，老年女性

[①] Villegas, S. Garay, et al. (2014). Social support and social networks among the elderly in Mexico. *Journal of Population Aging*, 7, 143-159.

[②] Ibid..

[③] Ibid..

因维护家庭和照顾孙辈的作用而更易为其子女家庭所接受。① 值得注意的是，老年人倾向于向非家庭成员提供更多的支持，特别是在日常生活中。这在一定意义上凸显了老年人的社会主体性及其社会价值。表5—6、表5—7分别是日常情况下与困难情况下老年人提供家庭支持的百分比。

表5—6　日常情况下墨西哥老年人给予家庭支持的百分比（%）（2005年）

	60—64岁	65—69岁	70—74岁	75—79岁	80岁及以上
家庭成员	41.5	41.5	40.1	38.7	27.9
子女	17.0	20.3	19.4	14.8	16.2
父母	1.8	0.9	0.9	0.0	0.0
兄弟姐妹	7.6	7.0	6.5	7.7	0.9
其他	15.2	13.3	13.4	16.1	10.8
非家庭成员	58.5	58.5	59.9	61.3	72.1
合计	100.0	100.0	100.0	100.0	100.0

资料来源：Villegas, S. Garay, et al. (2014). Social support and social networks among the elderly in Mexico. Journal of Population Aging, 7, 143–159.

表5—7　困难情况下墨西哥老年人给予家庭支持的百分比（%）（2005年）

	60—64岁	65—69岁	70—74岁	75—79岁	80岁及以上
家庭成员	53.9	54.0	57.6	55.3	52.1
子女	7.2	7.6	8.3	7.6	11.3
父母	6.7	6.2	3.6	2.9	1.4
兄弟姐妹	12.1	13.5	15.0	15.3	14.6
其他	27.9	26.6	30.7	29.5	24.9
非家庭成员	46.1	46.0	42.4	44.7	47.9
合计	100.0	100.0	100.0	100.0	100.0

资料来源：Villegas, S. Garay, et al. (2014). Social support and social networks among the elderly in Mexico. Journal of Population Aging, 7, 143–159.

综上所述，在墨西哥人口结构老龄化背景下，家庭是老年支持与日常照料的重要形式，家庭成员构成了老龄人口的主要支持者，而老年人也为

---

① Villegas, S. Garay, et al. (2014). Social support and social networks among the elderly in Mexico. *Journal of Population Aging*, 7, 143–159.

家庭成员提供一定的支持。

最后,关于精神慰藉。老龄人口生活质量主要是由身体健康状况、经济保障以及主观幸福感三个方面决定的,而主观幸福感在很大程度上来自子女与其他亲友的精神慰藉。老年人尤其是独居与"空巢"老人对精神慰藉的需求十分迫切,他们热切希望与子女保持经常性的亲情互动,及时获得心理安慰,得到定期探望与适时的帮助,子女们的成就对他们来说也是一种极大的鼓励与精神支持。

由于居住条件不断改善与传统价值观念的变化,尤其是独生子女一代成年后成家单独生活等诸多因素的影响,老年人独居与"空巢"家庭比例呈现出增长的趋势。2010年我国城乡老年人口状况追踪调查结果显示,"空巢"老年人城乡合计占比49.3%,其中城镇"空巢"老年人占54.0%,农村为45.6%。有16.5%的城镇老年人和28.6%的农村老年人常常感到孤独。①

《中国人口老龄化与老年人状况蓝皮书》载,2006年我国城市老人每月至少能与子女或亲属见一次面或与之联系者约占87.9%,农村这一比例为88.8%。随着年龄的增长,该比例呈现出下降的趋势。城市中约有86.2%的老年人有可与之敞开心扉说心里话的亲属,随着年龄增长,这一比例也在下降。约有86.9%的城市女性老年人有可交心谈聊的亲属,略高于城市男性老年人。农村有能放心谈心里话的亲属的老年人占比87.1%,略高于城市;且农村有能敞开心扉聊心里话的男性老人占比略高于女性,这一点与城市恰好相反。这可能与农村男性老年人的地位高于女性老年人、城市老年女性的社交开放度大于农村老年女性有关。无论城乡,随着年龄的增长,有能够与之谈心里话的亲属的老人所占比例均在下降;而且这一比例与老年人所受教育程度及婚姻状况存在一定关联。在农村,有能放心聊心里话的老年人占比随着受教育程度的提高呈现出增加的趋势,初中、中专、高中、大专及以上教育程度的老年人中有能放心聊心里话的占比均超过90%,大专及以上学历的老年人中这一比例高达97.5%。②

2010年我国城乡老年人口状况追踪调查情况显示:城镇感觉较幸福的老年人占城镇老年人口总数的比例为58.9%,差不多的占37.5%,较

---

① 《2010年我国城乡老年人口状况追踪调查情况》,豆丁网(http://www.docin.com/p-482023989.html)。

② 张恺悌、郭平主编:《中国人口老龄化与老年人状况蓝皮书》,中国社会出版社2010年版,第301—303页。

不幸福的占 3.7%；对自己的生活满意的占 61.3%，其中非常满意的占 9.8%，一般的占 29.6%，不满意的占 9.1%，其中很不满意的占 4.1%。农村感觉较幸福的老年人占其老年人口总数的 35.4%，差不多的占 55.7%，较不幸福的占 8.9%；对自己的生活满意的占 46.4%，其中非常满意的占 6.7%，一般的占 40.3%，不满意的占 13.3%，其中很不满意的占 4.5%。①

2012 年 12 月 28 日全国人大常委会第三十次会议修订通过、自 2013 年 7 月 1 日起施行的《中华人民共和国老年人权益保障法》第十八条规定："家庭成员应当关心老年人的精神需求，不得忽视、冷落老年人。与老年人分开居住的家庭成员，应当经常看望或者问候老年人。用人单位应当按照国家有关规定保障赡养人探亲休假的权利。"这里的核心是"保障赡养人探亲休假的权利"，用工单位要依法执行。这可以看作是精神赡养的法律化，它为传承孝道美德、实现代际伦理关系的良性互动提供了坚实的法律保障与制度伦理支持。

西方发达国家建立了较完善的社会养老保障制度，老年人一般都能依靠社会养老金与个人储蓄实现经济自立，而不需要子女的经济支持。"在大部分情况下，成年子女没有赡养父母的法律责任，他们自己的收入和资产不会被用来决定他们父母的援助资格。"② 虽然在经济上西方国家的子女没有赡养父母的法定义务，但对父母的日常照料与情感支持是存在的，西方文化并没有丢弃家庭支持的伦理精神，正如费孝通所言："尽管不存在法律上的赡养义务，西方子女对父母在感情上和在经济的资助上还是存在着千丝万缕的联系。旧巢里天伦余热，温而不熄还是常态。"③ 为了获得子女的日常照料并排遣孤独，西方发达国家部分高龄与丧偶老人选择与子女合住，英国有 15%、美国有 23.9%、法国超过 32% 的高龄组（80 岁及以上）妇女与子女生活在一起。④ 20 世纪后半叶以来，随着人口老龄化与高龄化程度的逐渐加剧，西方发达国家的老人独居比例呈现出上升的趋势，然而，对老年父母的日常照料仍被视为子女的一项重要责任，帮助老

---

① 《2010 年我国城乡老年人口状况追踪调查情况》，豆丁网（http://www.docin.com/p-482023989.html）。
② ［美］Neil Gilbert，Paul Terrell：《社会福利政策导论》，黄晨熹、周烨译，华东理工大学出版社 2003 年版，第 159 页。
③ 费孝通：《家庭结构变动中的老年赡养问题——再论中国家庭结构的变动》，《北京大学学报》（哲学社会科学版）1983 年第 3 期。
④ 穆光宗：《家庭养老制度的传统与变革》，华龄出版社 2002 年版，第 384 页表 8.11。

年父母被看作子女一生中能做的最好的事情。在一项调查中，认为"照顾老年父母是孩子的责任"者占被调查总人数的93%，认为"子女一生中能做的最好的事情就是帮助老年父母"者占94%。"当年迈的父母生病或遇到困难时，子女和其他亲属要给予物质上的帮助。""即使子女已为人父母、与自己的孩子生活在一起，照顾老年父母仍然是他们的责任。"坚持这种观点者占被调查总人数的74%。[1] 又如意大利，随着人口老龄化程度加剧以及生育率的下降，家庭规模与家庭功能以及内部角色承担均已发生变化，然而，父母与子女之间的代际联结在意大利人的生活中始终是一个牢固的情感支点。[2]

在墨西哥，家庭被定义为一种人们相互联系、同居一地并组织日常生活的社会单元。作为一种老年支持形式，拉丁美洲的家庭集多代而组成家庭群。许多长者理所当然地依赖家庭支持，特别是在那些社会保障制度不完善且未充分覆盖全体人口的国家。[3] 分布广泛的老龄人口改变了家庭动力学的各个方面，包括代际之间的交换关系、家族性共存、家庭成员之间照顾任务的分配，以及一系列满足年轻一代与老年一代的不同需求所作的调整。家庭规模缩小、核心家庭相对减少以及扩展家庭增长的减少、女性主导家庭的出现、老人家庭的产生以及男女共担财务责任，是家庭的五种新变化。[4] 家庭成员共居被视为老人照顾机制与激发支持的条件之一，许多研究探讨了扩展家庭作为危机时刻家庭成员之间生存策略的作用。[5] 对于老年人来说，这种生存策略与照护问题而非财务问题相关联。[6] 多代共居不仅表明父母对子女的依赖，同时表明成年子女对父母的依赖，尤其是当父母有房屋、地产等实物资产时。这种代际之间的相互依赖不仅体现在物质方面，也渗透在精神关怀中，特别是对老年人的精神慰藉中。

---

[1] Palomba, R. (1995). Italy, the invisible change. In H. Moors & R. Palomba (eds.), *Population, family, and welfare: A comparative survey of European attitudes*. Oxford: Clarendon Press, pp. 158-176.

[2] Ibid..

[3] Villegas, S. Garay, et al. (2014). Social Support and Social networks among the elderly in Mexico. *Journal of Population Aging*, 7, 143-159.

[4] Ibid.

[5] Ibid..

[6] Ibid..

第六章　中西老龄健康伦理比论

世界卫生组织将健康定义为"身体、精神和社会幸福的完整状态，而不仅仅是没有疾病或者不虚弱"①。1946年6月纽约国际健康大会采用了这一概念；同年7月，此概念由61个国家的代表共同签署，1948年4月正式实施，沿用至今。

健康既具有生物学意义，也具有社会学、伦理学以及心理学等多方面意义。健康是人力资本价值的重要组成部分，是蕴于内而显于外的一种生命发展态势。它既是个体全面发展的基础，也是关系千家万户幸福和人类社会可持续发展的生命之本。

健康伦理是指关涉人口健康的社会伦理关系，以及有效调节社会健康伦理关系，从而保障公民健康权利、促进公民健康水平有效提升的伦理原则及其道德规范的总和。老龄健康伦理是指与老龄人口健康有关的社会伦理问题以及解决这些问题所应遵循的伦理原则及其具体道德规范的总称。健康权是公民的一项基本权利，保障公民的健康权是政府的重要职能。健康公平是健康伦理的核心范畴，是老龄健康伦理的基本原则，也是人口健康老龄化的重要目标。

第一节　老龄健康公平的影响因素与评价指标

健康公平是基于健康权平等的价值原则，是社会公平的重要衡量指标，实现健康公平是社会发展的终极目标之一。健康公平包括健康机会公平与健康结果公平。就健康机会公平而论，它侧重于代际健康公平；就健康结果公平而论，它侧重于代内健康公平。健康公平需要从个体层面与社会层面并从制度伦理与生命伦理两维视角进行立体式解读，关键是抓住影

---

① 参见卢风、肖巍主编《应用伦理学概论》，中国人民大学出版社2008年版，第308页。

响老龄人口健康的主要因素，为实现"仁寿"的生命伦理价值目标提供有力的制度保障。

一　老龄健康公平的内涵

健康公平是指所有社会成员不分经济收入、社会地位、教育文化水平、职业、地域以及性别等差异，均等地享有基本医疗资源和卫生保健服务等健康资源与健康机会，从而最大限度地发挥健康潜能，并达到基本相同的健康水平。[1]

健康机会公平是健康公平的前提。由于外在客观条件与主体自身素质等方面的差异，即使健康机会公平成立，健康结果却未必公平。健康老龄化更多地强调健康机会的公平，这是一种理想状态的健康过程公平，也是健康老龄化制度建设的重点。罗尔斯提出正义的两个原则："第一个原则：每个人对与其他人所拥有的最广泛的基本自由体系相容的类似自由体系都应有一种平等的权利。第二个原则：社会的和经济的不平等应这样安排，使它们①被合理地期望适合于每一个人的利益；并且②依系于地位和职务向所有人开放。"[2] 他进一步阐释道："所有社会价值——自由和机会、收入和财富、自尊的基础——都要平等地分配，除非对其中的一种价值或所有价值的一种不平等分配合乎每一个人的利益。"[3] 虽然他预设的"无知之幕"是实现社会公正的一个理论假设，但为创设健康机会公平从而实现健康结果公平提供了可资参考的理想社会环境。

老龄健康公平具体包括以下两个方面的内涵。

其一，老龄群体享有与其他年龄群体同等的健康机会，并优先享有基本医疗资源与卫生保健服务，在此基础上充分发挥老龄阶段的健康潜能，且达到尽可能高的身心健康水平，这种良性健康发展态势实质上是代际健康公平。其关键在于实现基本医疗资源与卫生保健服务的代际公平分配，并以此为基础，不断实现老龄健康权利的优先性。

其二，不同经济地位的老年人平等享有健康机会，且主要健康指标基本一致，具体体现为老龄群体健朗安康的身体状态、乐观向上的精神状态以及稳定的社会生活状态三个方面的有机统一。这是老龄群体内部的健康

---

[1] 参见周良荣、陈礼平、文红敏、颜文健《国内外健康公平研究现状分析》，《卫生经济研究》2011年第2期。

[2] [美] 约翰·罗尔斯：《正义论》，何怀宏、何包钢、廖申白译，中国社会科学出版社1988年版，第60—61页。

[3] 同上书，第62页。

公平，即代内健康公平，强调老龄群体内部健康机会的平等性及其健康结果的相对一致性，尤其是后者。

二 老龄健康公平的影响因素

发展程度不同的国家，影响老龄健康公平的因素各异。概括而言，主要有两个方面：一是物质条件，包括经济收入、医疗保障、居住环境等；二是老年人自身的功能能力与精神健康状态。物质条件与对老龄健康机会公平具有十分重要的影响，而老年人自身的功能能力与精神健康状态对健康结果公平具有直接影响。

物质条件的优劣程度对当前我国老龄健康公平的实现具有极为重要的影响，其中以养老金待遇、医疗保障以及居住环境等因素影响最大。当前，中国社会健康老龄化的重点在农村，经济收入尤其是养老金待遇的城乡差距、医疗卫生资源城乡分布不均衡，特别是农村医疗卫生资源的相对贫乏，是制约广大农村特别是农村落后地区健康老龄化进程的瓶颈，也是造成老龄健康不公平的首要因素。

老年人自身的功能能力主要包括脏器功能与躯体功能，精神健康状态主要指精神调适能力与心理健康状态、社会参与力与社会适应性等，见图6—1。[①] 老年个体的身体功能及精神健康状态具有很大的差异性，成为影响老龄健康公平的内在要因。

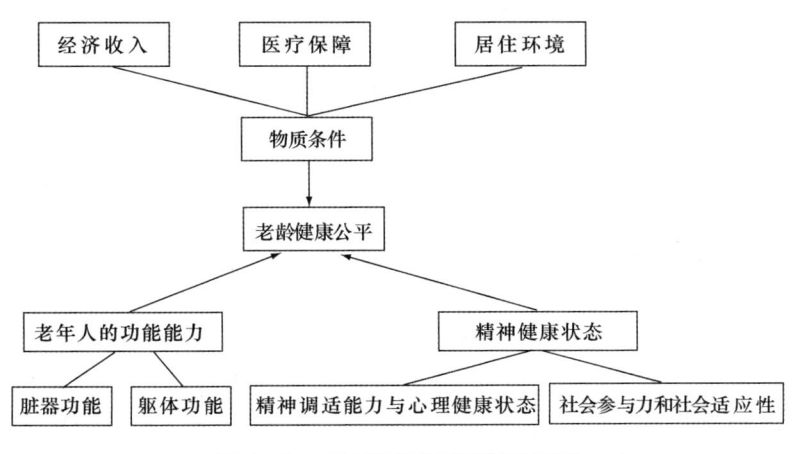

图6—1 老龄健康公平的影响因素

---

① 参见郝晓宁、胡鞍钢《中国人口老龄化：健康不安全及应对政策》，《中国人口·资源与环境》2010年第3期。

以德国、英国、瑞士等为代表的西方发达资本主义国家建立了比较完善的社会养老保障制度，老年人一般都能依靠退休金安享晚年。同时，发达国家的医疗保险制度与老年护理保险制度为老年人提供了健康风险防范、疾病救治以及长期护理的制度保障。然而，由于西方个人本位的传统价值观念与契约社会崇尚独立的生活方式影响，加上现代社会信息传媒的非直接互动性，老年一代与年轻一代以及家庭内父母与成年子女之间的代际亲情互动呈现出疏远或淡化的趋势，这对实现老龄精神健康公平造成了一定程度的负面影响。因此，对于西方发达国家来说，影响老龄健康公平的最主要因素是老年人的精神健康状态，以代际伦理关系的道德情感调适为核心的老龄精神健康公平是健康老龄化建设的重点。

三 老龄健康公平的评价指标

如何评价老龄健康公平？选择科学、合理的健康指标是健康公平评价的核心问题。然而，健康指标的选择至今尚未形成较为一致的意见。大体上，健康指标主要包括死亡率、失能率、无残疾期望寿命（disability-free life expectancy）、健康期望寿命（healthy life expectancy）、自评健康（self-rated health, perceived health, self-assessed）、两周患病率、慢性病患病率等。[①]

健康公平评价使用的健康指标与之基本一致，但健康公平评价是对不同个体或群体的健康指标测评结果的一种公平性评价。根据不同情况，老龄健康公平评价指标一般选用自评健康、两周患病率、慢性病患病率以及健康期望寿命。其中，两周患病率、慢性病患病率的测量方法已有统一标准，而自评健康有的采用"很好、好、一般、差、很差"五个等级的Likert-scale 尺度法，有的采用百分制刻度尺法。

健康公平评价的基点是社会经济地位，它是综合反映个体或群体的经济收入、文化程度、职业、地域等因素的一个综合指标。代际健康公平以健康机会公平性评价为重点；代内健康公平以健康结果公平性评价为主。老龄健康公平评价主要是关于老年群体内部健康机会公平度评价及其主要健康指标测评结果的公平性评价。老龄健康公平的建设重点包括两个方面：代际健康机会的公平供给、代内健康结果的

---

① Mackenbach, J. et al. (1997). Socioeconomic inequalities in morbidity and mortality in western Europe. *The Lancet*, 349, 1655-1659.

公平保障。

第二节　实现老龄健康公平的价值依据与伦理要求

老龄阶段是一个充满了健康风险的危龄期，老龄健康风险重在防范。这种防范一方面是老年人自身对不可逆生命进程进行抗争，以期延寿的过程；另一方面也是政府乃至整个社会构筑健康安全屏障，最大限度地降低老龄健康风险，提升老龄健康公平度的制度安排及其社会伦理实践。

当前，全球范围的老龄健康不公平现象客观存在。化解老龄健康风险，促进老龄健康公平，是"仁寿"的内在要求，是健康老龄化制度伦理建构的客观需要，也是全球人口共享健康资源和共同健康发展的现实需要。老龄健康权利优先、代际健康机会公平、代内健康结果公平是老龄健康公平的具体伦理要求。

一　健康风险与老龄健康不公平现象

风险是指人们在生产建设和日常生活中遭遇能导致人身伤亡、财产受损及其他经济损失的自然灾害、意外事故和其他不测事件的可能性。健康风险指具有导致个体或社会群体的某些生理病变或心理疾患，从而使其健康水平下降乃至死亡的种种可能性。老龄健康风险是老年人因外在客观原因或自身健康方面的原因而遭遇突发疾病的可能性，或病后未能得到及时救治而使健康受损或死亡以及意外伤亡的种种可能性。

从宏观上看，老龄阶段的健康风险主要来自社会医疗保障制度缺位或不健全，其中最主要的问题是医疗资源分配不公平和老年卫生保健服务机制不健全，这是制度健康风险。从中观上看，体现为家庭照料缺失或不周全而隐埋的家庭健康风险。从微观上看，则是老年人自身生命机能下降而可能招致的意外伤亡以及各种原因的自杀，这是生理健康风险。郝晓宁、胡鞍钢认为，老年人大部分处于相对弱势的健康状态，面临健康不安全的风险最大，其健康不安全表现为重叠的、多维的不安全现象。从社会维度看，体现为社会支持差、环境不安全等；从生理维度看，包括机体疾患、残疾、不健康的行为方式等；从心理维度看，体现为情绪异常、认知障碍以及精神疾患等。①

　　健康公平是基于健康资源公正分配和医疗保障制度公正建构的社会公平，医疗保障制度是否健全、健康资源能否实现公正分配以及卫生保健服务是否到位，在很大程度上决定了健康风险是否形成及其能否及时化解。实现健康公平一方面在于健康风险的预防，即防患于未然；另一方面在于病后救治，这是健康风险事实化后的补救。社会伦理视角下的老龄健康风险规制以医疗保障制度公正建构为基石，以卫生保健资源的公正分配以及贴身到位的老年保健服务为具体要求，是一种以健康公平为伦理原则、以健康老龄化过程为运行态势、以"仁寿"为终极目标的生命伦理实践。

　　健康公平体现为一个国家或地区不同年龄群体共享医疗保健资源和共同健康发展的良性循环状态；也指发达国家与发展中国家以及落后国家之间人口健康风险梯度逐渐缩小，人均预期寿命差异与人口死亡率差距逐步减小的发展态势。健康不公平指不同年龄群体享有的健康机会不公平，发展程度不同的国家在医疗卫生保健资源分配、人均预期寿命以及人口死亡率上存在较大差异性及不平衡性。健康不公平不仅存在于发展中国家与落后国家，在发达国家同样存在，而发达国家与发展中国家以及落后国家之间的健康不公平更甚，可以说，健康不公平是一种全球现象。全球范围的老龄健康不公平主要体现在以下三个方面。

　　一是不同国家医疗卫生保健资源分配的差异性。医疗卫生资源的公平分配与卫生保健服务的公平供给是现代医疗保障制度无可争议的目标。无论在富裕国家还是全球范围内进行健康不公平的比较，对健康不公平的讨论更具体的是社会条件与健康结果之间因果关系的差异性研究。② 健康不公平在很多情况下是由社会资源特别是医疗卫生保健资源的分配不公平引发的，二者如影随形，这种负向相随性集中体现为富裕国家与贫穷国家由于医疗卫生保健资源分配不公平而引发的健康结果不平等。

　　医疗支出是医疗卫生保健资源分配的重要内容，它占 GDP 的比重在一定程度上反映出一个国家医疗卫生保健制度的完善程度及其健康公平性。世界银行相关统计数据显示，2005 年世界各国医疗支出占 GDP 的比重平均为 9.9%，高收入国家平均为 11.2%，中等收入国家平均为 5.6%，

---

① 郝晓宁、胡鞍钢：《中国人口老龄化：健康不安全及应对政策》，《中国人口·资源与环境》2010 年第 3 期。

② Howse, K. (2012). Editorial: Health Inequalities and Social Justice. *Jurnal of Population Ageing*, 5, 1-5.

低收入国家平均为4.2%。① 2013年美国、法国、瑞士、德国、奥地利、加拿大、日本、希腊、新西兰的医疗支出占GDP的比重分别为17.1%、11.7%、11.5%、11.3%、11%、10.9%、10.3%、9.8%、9.7%；中国、阿尔巴尼亚、爱沙尼亚、拉脱维亚、土耳其、加纳、罗马尼亚、伊拉克、埃及分别为5.6%、5.9%、5.7%、5.7%、5.6%、5.4%、5.3%、5.2%、5.1%。② 发达国家与发展中国家的医疗支出占GDP的比重存在较大的差距，反映出全球范围内医疗卫生保健资源分配具有不均衡性。我国医疗支出占GDP的比重在发展中国家处于中等水平，而与发达国家相比差距较大，表明我国医疗卫生保健领域发展空间巨大，医疗卫生保健资源分配的公平性问题亟待解决。

当前我国最突出的问题是现有医疗资源总量不足和优质医疗资源分布不均衡。相关调查显示：2012年中国执业医生大部分分布在中东部地区，其中47.3%分布在东部，28.8%分布在中部，23.9%分布在西部，从一个侧面反映出当前我国医疗资源分配存在区域的不均衡性。同时，人均医疗资源城乡差距较大，见表6—1③。令人欣慰的是，调查显示2012年我国医院分布情况较好，东部、中部、西部的一级医院数量分别为1061个、1052个、693个，二级医院分别为2029个、2018个、1948个，三级医院分别为726个、443个、389个，整体上较为均衡。④

表6—1　　　　　　　　医疗资源的城乡分布情况

地区	每千人拥有			
医院	卫生技术人员	执业（助理）医师	注册护士	医疗卫生机构床位数
城市	8.54	3.19	3.65	6.88
农村	3.41	1.4	1.09	3.11

二是老龄人口死亡率的差异性。老龄人口死亡率是衡量老龄人口健康水平的一个重要参数。表6—2显示：1957年至2007年的50年间，比利

---

① 《各国医疗支出占国内生产总值比重及人均医疗支出》，百度文库（http://wenku.baidu.com/view/3124377c27284b73f242500b.html）。
② 《各国医疗支出占GDP百分比》，新浪博客（http://blog.sina.com.cn/s/blog_4d2da9ba0102wfuz.html）。
③ 《互联网医疗行业深度报告：享行业盛宴，记"四句真经"（一）》，新浪博客（http://blog.sina.com.cn/s/blog_af54fa930102uz9o.html）。
④ 同上。

时、加拿大、丹麦、法国、意大利、日本、荷兰、西班牙、瑞典、英国、美国、西德12个经合组织国家60岁人口死亡率的变化，以及1957年60岁人口死亡率在2007年的相当年龄。除丹麦、荷兰，其余10国在这50年间60岁人口死亡率均下降50%以上，这12个经合组织国家60岁人口死亡率平均下降一半以上，各国60岁以上老龄人口平均延长寿命9.06岁，延寿年数平均百分比为15.11%。[①] 除日本外，其余11国均为欧美国家。这表明，在过去50多年间，随着经济快速发展，西方部分发达国家老龄人口健康水平大幅度提高。

表6—2 1957年至2007年经合组织12个国家60岁人口死亡率的变化以及1957年60岁人口死亡率在2007年的相当年龄

国家	1957年60岁人口死亡率	2007年60岁人口死亡率	1957—2007年60岁人口死亡率变化百分比	1957年60岁人口死亡率在2007年的相当年龄	延长的年龄	延长年龄百分比
比利时	0.0236	0.0105	55.4%	69.85	9.85	16.42%
加拿大	0.0214	0.0093	56.8%	69.65	9.65	16.09%
丹麦	0.0166	0.0105	36.9%	64.59	4.59	7.66%
法国	0.0239	0.0107	55.4%	71.25	11.25	18.75%
意大利	0.0206	0.0084	59.5%	70.02	10.02	16.70%
日本	0.0242	0.0091	62.5%	71.96	11.96	19.93%
荷兰	0.0153	0.0083	45.6%	65.84	5.84	9.73%
西班牙	0.0219	0.0096	55.9%	69.41	9.41	15.68%
瑞典	0.0152	0.0071	53.4%	66.73	6.73	11.21%
英国	0.0233	0.0091	60.8%	70.06	10.06	16.76%
美国	0.0246	0.0118	52.2%	69.59	9.59	15.98%
西德	0.0234	0.0107	54.3%	69.81	9.81	16.35%

资料来源：Milligan, K. & Wise, D. A. (2015). Health and work at older ages: Using mortality to assess the capacity to work across countries. Journal of Population Ageing, 8, 27–50.

针对1990年和2000年我国两次人口普查有关死亡数据的分析显示：1990年60岁及以上老龄人口粗死亡率为41.67‰，其中男性老龄人口的

---

① Milligan, K. & Wise, D. A. (2015). Health and work at older ages: Using mortality to assess the capacity to work across countries. *Journal of Population Ageing*, 8, 27–50.

粗死亡率为46.77‰，女性老龄人口粗死亡率为37.06‰，远远低于同期老年男性。2000年人口普查时，60岁及以上老龄人口粗死亡率以及老年男性与老年女性的粗死亡率分别是39.29‰、43.48‰、35.32‰，三个数据相比1990年下降幅度分别为2.38‰、3.29‰、1.74‰。[1] 2010年我国60岁及以上老龄人口粗死亡率约为32.20‰，其中男性为35.99‰，女性为28.55‰。[2] 2010年比2000年老龄人口粗死亡率减少7.09‰，其中男性老龄人口粗死亡率下降7.49‰，女性下降6.77‰。对1990年、2000年、2010年三次全国人口普查中老龄人口死亡数据的分析表明：我国老龄人口粗死亡率以及分性别的粗死亡率持续下降，且2000年至2010年期间下降幅度尤为明显，反映出我国老龄人口整体健康状况得到一定程度的改善，健康公平性逐步增强。同时，1990年、2000年、2010年三次人口普查数据显示，在我国60岁及以上老龄人口中女性粗死亡率比同期男性分别低9.71‰、8.16‰、7.44‰，反映出老龄人口粗死亡率存在一定的性别差异，但有缓慢缩小的趋势；同时在一定程度上反映出女性的长寿优势。[3] 就此而言，老龄健康性别公平具有相对性。

综上所述，包括上述12国在内的部分发达国家尽管"已经在很大程度上消除了'旧式的'贫困，年轻阶段的死亡率大大下降，卫生系统通过全民医疗保险提供越来越有效的医疗干预"[4]，人口预期寿命延长，老龄人口死亡率也有不同程度的下降，"但由巨大的健康差距所引发的健康不公平仍然持续存在"[5]。因此，世界卫生组织呼吁我们应该把低死亡率国家的健康不平等与世界上最穷和最富国家之间更大的健康不平等当做同样的事情来看待。[6] 发达国家与发展中国家以及落后国家的老龄人口死亡率存在较大的差异，根本原因在于经济发展水平的差异，并由此导致医疗保障制度建设与社会环境等各个方面的差异性。

三是人均预期寿命的差异性。人均预期寿命又称平均预期寿命（life

---

[1] 原野：《我国老年人口死亡率研究》，《市场与人口分析》2004年增刊。
[2] 张文娟、魏蒙：《中国人口的死亡水平及预期寿命评估——基于第六次人口普查数据的分析》，《人口学刊》2016年第3期。
[3] 综合参考原野《我国老年人口死亡率研究》，《市场与人口分析》2004年增刊；张文娟、魏蒙《中国人口的死亡水平及预期寿命评估——基于第六次人口普查数据的分析》，《人口学刊》2016年第3期。
[4] Howse, K. (2012). Editorial: Health inequalities and social justice. *Journal of Population Ageing*, 5, 1–5.
[5] Ibid..
[6] Ibid..

expectancy at birth）或人均寿命，是一个国家人口健康状况的时年投影。由于各国综合实力不同，人口健康状况存在较大的差异性，人均预期寿命也相应不同。

一个国家的经济发展水平、医疗卫生保健的财政投入以及社会环境等都对人均寿命具有重要影响。有学者认为，寿命的不平等可能被认为是人类最本质的不平等。[1] 据世界卫生组织统计，2011 年，低收入、中低收入、中高收入、高收入国家的人均寿命分别为 56 岁、66 岁、76 岁、80 岁。[2]《2013 年世界卫生统计报告》从人类预期寿命、死亡率、医疗卫生服务体系等 9 个方面对 194 个国家和地区的卫生与医疗数据进行分析，报告显示：2013 年日本、瑞士人均寿命最长，为 83 岁；其次为澳大利亚、意大利、冰岛、以色列、法国等国，平均约为 82 岁；非洲人均寿命最短，其中乍得为 49.6 岁、赞比亚为 49 岁，而中非共和国、刚果民主共和国、莱索托、几内亚比绍、塞拉利昂等国的人均寿命只有 48 岁左右。[3] 第六次全国人口普查资料显示，2010 年中国人均寿命达到 74.83 岁，比 10 年前提高 3.43 岁，高于同等发展水平国家。

人均预期寿命的差异实际上反映了不同国家之间经济发展水平、医疗保障制度发展水平以及卫生保健服务水平等方面的差异性。出生时的预期寿命作为实现社会正义的一个标尺具有至关重要的意义，它既可以用于富裕国家，也可以应用于全球。人们对预期寿命差距的关注更多的不是它所体现的健康不公平，而是其与社会及经济资源分配不公平之间的关系。[4] 毫无疑问，寿命不平等在很大程度上是由其他社会不平等所致；同时，寿命不平等加剧了金钱与权力分配的不平等[5]，它使不公平的状况更加不公平。[6]

如何解决上述矛盾？一种观点认为，政府制定相关政策的重点是向处于最不利地位的人口即最没有钱与权力的人提供公共物品特别是医疗卫生

---

[1] Edwards, R. & Tuljapurkar, S. (2005). Inequality in life spans and a new perspective on mortality convergence across industrialized countries. *Population and Development Review*, 31, 645–674.

[2] 《世界各国人均寿命排行榜》，中国女网（http://www.clady.cn/2014/xinzhoubao_1103/157621.shtml）。

[3] 《2014 中国人均健康寿命在全世界排名》，排行榜网（http://www.phbang.cn/general/143560.html）。

[4] Howse, K. (2012). Editorial: Health inequalities and social justice. *Journal of Population Ageing*, 5, 1–5.

[5] Ibid..

[6] Ibid..

保健与教育。另一种观点认为，除此以外，政府还应寻求公平分配权力与金钱的方法。① 此外，由于一些不良行为如吸烟、高脂肪与高糖食物以及缺乏体育锻炼等易导致很多丧失能力甚至危及生命的疾病，因而，健康状况的改善与健康公平的实现还有赖于人们尤其是社会地位低下者切断与这些不良行为的关联。②

值得关注的另一个问题是：提高预期寿命与增加寿命不平等存在明显的相关性。随着死亡率降低，最富裕的国家于20世纪实现了预期寿命的巨大飞跃，这些国家人口死亡年龄的差异比过去要小得多。现在人类寿命的不确定性少多了，绝大多数人可以期望活到成年，大多能活到拿退休金。从20世纪来看，长寿与健康生活的机会不平等现象减少了，这不仅可以从成年死亡率（活到成年的死亡年龄）而且可以从死亡年龄的整体分布上看到。然而人们经常注意到，出生时预期寿命的提高与活到老年的寿命不平等呈正相关性（Engelman, et al., 2010）。③ 那么，政策制定者在花钱避免死亡时该做何选择？既能减少寿命不平等又能增加预期寿命的花钱方式虽不是一个容易采取的决策，却是必须考量的决策因素。据此，减少成人前的死亡应是优先政策，但这并不意味着在避免老龄人口死亡时，医疗服务应该"放松努力"。④ 2012年《老龄人口杂志》（Journal of Population Ageing）的一篇编者按指出："如果我们认为增加寿命不平等的确是一件坏事，不考虑它与其他形式的社会不平等的关联，那么，应该采取在减少寿命不平等的同时增加预期寿命的花钱方式。其政策含义是，在避免老龄人口死亡时，医疗服务应该'放松努力'。这种观点在最近几篇刊发于《英国医疗杂志》的论文中被阐述（Godlee, 2010; Heath, 2010）。根据这一观点，减少成人前的死亡应是优先政策。此观点与稀缺资源的使用效率有关，是不是可以由于其减少寿命不平等的趋势而获得更多支持？"⑤ 我认为，"减少成人前的死亡"可以作为优先政策，但这与"避免老龄人口死亡"或对老年患者的全力救治并不矛盾。全力救治是医疗服务的基本原则，不论对年轻人还是老年人都是如此；除非救治中的"放松努力"是在尊重老年患者特别是绝症患者意愿的基础上减轻其病痛

---

① Howse, K. (2012). Editorial: Health inequalities and social justice. *Journal of Population Ageing*, 5, 1–5.
② Ibid..
③ Ibid..
④ Ibid..
⑤ Ibid..

而为。若仅为提高"稀缺资源的使用效率"而放松对老年人的医疗救治与卫生保健服务，不仅不能增进寿命平等与健康公平，反而有悖生命至上与全力救治的医疗伦理原则，对代际健康公平也是一个极大的伤害。

随着银发浪潮在全球逐步铺开，老龄健康不公平现象成为不可忽视的全球健康伦理难题。有效破解这一难题不仅是发达国家的重要使命，也是发展中国家与落后国家的健康发展目标，实现老龄健康公平乃是一项全球事业。老龄健康不公平问题的调整策略或解决方案具有全球联动性，针对上述问题，本书拟提出以下具体社会伦理对策。

第一，促进医疗卫生保健资源的全球公平配置。

医疗卫生保健资源在全球的公平配置以及优质医疗资源的全球共享，是国际社会的共同呼声。《维也纳国际老龄行动计划》提出要"公平合理地分配食物、财富、资源和技术"，使年长者有适当而足够的营养保证身体健康。[①] 1978年世界卫生组织与联合国儿童基金会联合拟定《阿拉木图宣言》，指出："以国际新经济秩序为基础的经济及社会发展对充分实现人人享有保健，并缩短发展中国家及发达国家之间卫生状况的差距是首要的。增进并保障人民健康对持续的经济社会发展是首要的，并有助于更为美好的生活质量及世界和平。"发展意味着不断改善社会条件与生活质量，并为其成员所共享。人口健康与卫生发展不仅指卫生资源的增长，人们少生病、不生病、死亡率降低以及平均寿命延长，还指社会健康公平的实现。人口健康与卫生发展策略是一个国家或地区根据影响人口健康因素而制定的改善社会卫生状况、提高人口健康水平并实现健康公平的所有措施的总称。健康公平是民生之本，是国家软实力竞争的关键要素之一，是人类社会可持续发展的重要保障。人口结构老龄化背景下的全球人口健康与卫生发展策略应立足各国人口健康现状与健康需求，建立健全相关医疗卫生保健制度，促进医疗卫生保健资源的全球公平配置，逐步缩小发达国家与发展中国家以及落后国家之间人口健康发展水平的差距，在推动全球人口健康发展的基础上促进全球老龄健康公平。

第二，构建全球共享的老年医疗保障协同发展机制。以降低老龄贫困人口的死亡率为切入点，逐步缩小发展程度不同国家老龄人口死亡率的巨大差距，从整体上降低全球老龄人口死亡率。为此，各国尤其是发展中国家与落后国家要在建立与完善医疗保障制度的基础上，确保老年人各项社

[①] 参见全国老龄工作委员会办公室、中国老龄协会编《第二次老龄问题世界大会暨亚太地区后续行动会议文件选编》，华龄出版社2003年版，第334页。

会权益特别是医疗保障权的优先性。国际社会特别是发达国家应当肩负起老年国际互助的道德重任,以世界卫生组织为重要协调机构,构建老年医疗保障的全球协同发展机制,促进老龄人口尤其是老龄贫困人群优先享受基本医疗资源与卫生保健服务的良好发展态势,有效降低老龄人口健康风险及死亡率。

第三,各国政府、国际组织以及非政府组织多渠道开展卫生技术合作,不断提高全球人口卫生保健水平与平均预期寿命。联合国经社理事会于1946年7月22日举行国际卫生大会,60多个国家的代表签署了《世界卫生组织宪章》。1948年4月7日,世界卫生组织成立,"使全世界人民获得可能的最高水平的健康"是其宗旨。

1978年《阿拉木图宣言》提出"2000年人人享有初级卫生保健"的全球卫生战略目标,如今已在发达国家以及部分发展中国家实现。初级卫生保健(Primary Health Care)包括健康促进、预防保健、合理治疗和社区康复,有八项具体要素:关于当前主要卫生问题及其预防与控制方法的健康教育、改善食品供应与合理营养、供应足够的安全卫生水和基本环境卫生设施、妇幼保健与计划生育、主要传染病的预防接种、地方病的预防与控制、常见病与外伤的合理治疗、基本药物的供给。初级卫生保健是个人和家庭能够普遍获得的基本卫生保健,费用由国家承担。它既是国家卫生体系的核心组成部分,也是世界卫生合作与全球人口健康发展的重要内容。对于发达国家而言,人口健康发展的主要问题是卫生保健体系的升级。对于发展中国家和落后国家来说,初级卫生保健工作任重道远。这正是当前发达国家、发展中国家以及落后国家人口平均寿命呈现出较大差距的一个客观原因,也是各国政府进行卫生技术合作的一个突破口。

《阿拉木图宣言》指出:"人民健康状态,特别是发达国家与发展中国家之间以及国家内部现存的严重不平等,在政治上、社会上及经济上是不能接受的,从而是所有国家关心所在。""以国际新经济秩序为基础的经济及社会发展对充分实现人人享有保健,并缩短发展中国家及发达国家之间卫生状况的差距是首要的。增进并保障人民健康对持续的经济社会发展是首要的,并有助于更为美好的生活质量及世界和平。"政府应为人民的健康负主要责任,采取切实可行的措施使人民达到基于富裕生活的健康水平,并不断推进健康公平,是各国政府以及国际社会的重要发展目标。《阿拉木图宣言》强调:"由于任何一个国家实现全民健康都将直接作用于并有助于其他国家,因而,所有国家都应本着协同共事精神进行合作。"《维也纳国际行动计划》指出:"各国政府和非政府组织之间应形成伙伴关系，以确保通过综合的、统一的、协调的和多目的的方法来满足年长者的社会福利需要。"不同国家政府之间、政府与非政府组织之间的卫生保健合作以及全球范围的健康资源合理调配是提高全球人口预期寿命，从而提升全球人口健康水平并促进全球健康公平的有效途径。

中国作为发展中国家，在构建全球老龄健康体系、促进全球老龄健康公平的进程中，发挥着重要的作用。党的十九大报告提出"实施健康中国战略"，把它作为提高保障和改善民生水平、加强和创新社会治理的重要方略之一。"要完善国民健康政策，为人民群众提供全方位全周期健康服务。""积极应对人口老龄化，构建养老、孝老、敬老政策体系和社会环境，推进医养结合，加快老龄事业和产业发展。"①体现了党中央对民生健康的高度重视。"坚持和平发展道路，推动构建人类命运共同体"②是新时代赋予我们的使命。增强各国健康发展能力、改善国际健康发展环境、优化健康发展伙伴关系、健全健康发展协调机制应成为我国的"健康发展品牌"③，也是我国参与构建全球老龄健康体系和人类健康命运共同体的基本主张。

二 实现老龄健康公平的价值依据

实现老龄健康公平是老龄群体"仁寿"的内在需要。《世界人权宣言》第一条指出："人人生而自由，在尊严和权利上一律平等。"这里的"权利平等"就包含健康权利平等。第二十五条指出："人人有权享受为维持他本人和家属的健康和福利所需的生活水准，包括食物、衣着、住房、医疗和必要的社会服务；在遭到失业、疾病、残废、守寡、衰老或在其他不能控制的情况下丧失谋生能力时，有权享受保障。"老年人是社会的弱势群体，衰老、病残以及由退休导致的经济收入下降是老龄阶段的重要特点，因此，社会养老保障与医疗保障对老年人来说至关重要。生命伦理视角下的老龄健康公平强调老年人自身的健康体认以及养生与养心合一的"仁寿"实践。

实现老龄健康公平是健康老龄化制度伦理建构的需要。《维也纳国际老龄行动计划》指出："老龄化是贯穿整个人生的过程，我们应当把它作

---

① 习近平：《决胜全面建成小康社会 夺取新时代中国特色社会主义伟大胜利——在中国共产党第十九次全国代表大会上的报告》，人民出版社2017年版，第48页。
② 同上书，第57页。
③ 习近平在联合国成立70周年系列峰会期间提出增强各国发展能力、改善国际发展环境、优化发展伙伴关系、健全发展协调机制，这就是中国的"发展品牌"。

为这样一个事实来加以认识。为全体人民安度晚年做好准备，应当成为社会政策的一个组成部分。这种准备应该包括身体、心理、文化、宗教、精神、经济、保健和其他诸方面的因素。"[1] "使老年人能够在物质和精神方面享受公正和富裕的生活"是实施该计划的宗旨之一。制度伦理视角下的老龄健康公平侧重于代际健康公平及其制度伦理建构，集中体现在政府决策应当以健康公平作为核心理念，以对老龄人口尤其是老龄弱势人群的健康关怀为突破口，建立健全各项老龄人口相关法律法规与健康政策，以健康制度公正来逐步实现老龄健康公平，并有效推进整个社会的健康老龄化。

实现老龄健康公平是全球人口共享健康资源和共同健康发展的现实需要。随着银发浪潮在全球范围逐渐铺开，老龄健康公平作为全球正义不可或缺的内容显得越来越重要，它是全球健康公平的风向仪。如何在地球村这个大家庭里实现老龄健康公平，事关全球代际健康公平以及全人类的健康公平发展，不论发达国家还是发展中国家，都应做出具有责任担当的道德回应。

三 实现老龄健康公平的伦理要求

第一，老龄健康权利优先。

在健康伦理领域，自由主义正义观与平等主义正义观之别是争论最为激烈的道德难题之一，如何对待社会弱势群体的健康问题是两者冲突的焦点。[2] 自由主义正义观是一种市场正义观，它从个体健康权利与健康责任的对等性出发，主张按照人们的贡献与价值大小来分配权利与财富，尽管这会导致社会财富与资源占有的不平等，却是公正的。相反，从平等主义出发对社会弱势群体给予特殊关怀是不公正的，因为这样违反了"得所应得、得所该得"的分配原则，且将本应属于弱势群体的某些负担或责任转嫁给他人，造成权利与义务的失衡、贡献与享受的分离。它强调实现健康的过程公平尤其是健康机会公平，不追求健康结果的公平；认为基于个体健康权益与健康责任相适应的健康结果的差异性就是健康公平。

那么，自由主义正义观之于老龄健康权利的优先性具有何种价值倾向？由于老年人对社会的贡献具有先在性，其健康权利的优先性源自他们

---

[1] 参见全国老龄工作委员会办公室、中国老龄协会编《第二次老龄问题世界大会暨亚太地区后续行动会议文件选编》，华龄出版社2003年版，第318页。

[2] 喻文德、李伦：《国外的公共健康伦理研究》，《河北学刊》2010年第1期。

曾经为社会所作的贡献，所以，基本医疗资源与卫生保健服务的分配以及人口健康发展整体规划都应将老年人列为重要受众，这种后延式的健康回馈体现了分配公正的应得原则。就此而论，自由主义正义观并未隐含或不应引发老龄健康歧视。当然，如果因老年人劳动角色的丧失而忽视其社会贡献的先在性，则将陷入老龄健康歧视。

平等主义正义观是一种具有社会属性的正义观，它以社会整体为关涉视域，以社会整体的健康责任与人口健康发展作为出发点，认为健康权是个体的一项基本权利，每个人应该平等地享有包括健康权在内的各项社会基本权利。基本权利的平等超越了人与人之间的种种差异，而健康权在所有基本权利中具有优先性。这就是说，不仅社会优势人群有条件享受因其财富、地位与荣誉等带来的健康资源，而且那些穷困者和看不起病、买不起医疗保险的社会弱势群体也有权平等分享基本医疗资源，获得健康保障。[1] 它强调基于社会健康责任与公民健康权利平等的健康结果公平。劳伦斯·格斯汀（Gostin, L.）和麦迪逊·鲍尔斯（Powers, M.）说："正义的核心特征是利益与负担的公平分配。基于市场与政治影响的分配有利于富人、权贵和有社会关系的人。即使中立的或随机的分配也可能是不公平的，因为这种分配对最需要的人不利。例如，引导人们撤离或避难的卫生官员应该预见到穷人将不会有私人交通工具或储备食物与供给物的手段。因此，正义需要公共卫生官员制定计划和措施对弱势群体给予特殊的关注。"[2] 他们坚持的是典型的平等主义健康正义观。

老年人是社会弱势人群，社会地位边缘化、心理承受力脆弱化、经济贫困化以及身体功能不可逆转地衰退是其重要特点。从身体健康潜能来看，幼儿如同初升的旭日，青年就像早晨八九点钟的太阳，中年人如日中天，而老年人已是夕阳西下。老年一代为子女和年轻一代的健康成长付出了无数心血，辛劳一辈子，已等不起、耽误不起了，因此，他们的健康权具有绝对的优先性，他们是社会健康关怀的重点对象。

自由主义正义观与平等主义正义观各持一端，具有各自的理论优势及一定的片面性，但二者的互补性显而易见。社会正义视野下的老龄健康公平既追求健康机会公平，又力争实现健康结果公平。因此，应当将自由主义正义观与平等主义正义观辩证地结合起来。老龄群体的健康需求是实现

---

[1] 参见龚群《公共健康领域里的几个相关伦理问题》，《伦理学研究》2008年第4期。
[2] Gostin, L. O., Powers, M. (2006). What does social justice require for the public's health? Public health ethics and policy imperatives. *Health Affairs*, 25, 1053–1060.

老龄健康公平的客观基础；老龄健康权利的平等性是健康资源公正分配的重要价值依据；老龄健康权利的优先性是实现老龄健康公平的关键；利益共享与健康结果公平是健康老龄化的目标及健康公平原则的价值旨归。

第二，代际健康机会公平，即老龄群体与其他年龄群体对基本医疗资源和卫生保健服务具有相同的可及性。

医疗卫生保健资源能否在代际间实现公正分配，直接关系到能否实现老龄健康公平，也直接影响到老龄化社会的整体健康发展。分配正义视角下老龄健康公平的实现，关键在于各国根据具体情况建立健全社会养老保障制度与医疗保险制度，尤其是涉及老龄人口健康的相关制度，如：老年医疗保障制度、老年长期护理保险制度以及老龄人口居家医疗与卫生保健服务制度。以美国为代表的西方部分发达国家老龄人口的福祉状况在近几十年来得到较大的改变，他们"成为经济上非弱势的人口群体，这在历史上尚属首次"①。从摇篮到坟墓的社会保障制度对不公平的初次分配进行调整，在一定程度上保证了代际分配的公正性，为实现老龄健康公平奠定了坚实的社会伦理基础。

自2016年1月1日起，我国以6.5%左右的增幅继续提高企业和机关事业单位退休人员养老金标准，并向退休较早、养老金偏低的退休人员以及艰苦边远地区企业退休人员适当倾斜，这意味着退休人员养老金将实现"十二连涨"。同时，我国将努力建立基本工资正常调整机制，促进退休人员待遇水平与在职者同步协调增长。这对于全面提升老龄人口生活质量与健康水平，推进老龄健康公平，具有十分重要的现实意义。

然而，爱幼有余、尊老不足是当前我国不可忽视的年龄歧视与负面道德现象，在家庭内部资源的代际分配上更为明显。消除年龄歧视，培育正确的老年价值观，是实现老龄健康公平的观念前提。《维也纳国际老龄行动计划》指出："尊重和照顾年长者是全世界任何地方人类文化中的少数不变的价值因素之一，它反映了自我求存的动力同社会求存的动力之间的一种基本相互作用，这种作用决定了人种的生存和进步。"②"对老龄问题和年长者的政策是与整个社会都密切相关的重要问题，而不仅仅是照顾少数弱者的问题。因此，需要采取全面的预防政策。"③ 不断完善各项分配

---

① [美] Neil Gilbert, Paul Terrell：《社会福利政策导论》，黄晨熹、周烨译，华东理工大学出版社2003年版，第165—166页。
② 全国老龄工作委员会办公室、中国老龄协会编：《第二次老龄问题世界大会暨亚太地区后续行动会议文件选编》，华龄出版社2003年版，第319页。
③ 同上书，第321页。

制度，促进医疗卫生保健资源的代际分配公正，是实现代际健康机会公平和老龄健康公平的根本途径。

第三，代内健康结果公平。主要是指不同经济水平的老年人在自评健康、日常生活活动能力（ADL）、四周患病率、慢性病患病率、健康期望寿命等主要健康指标上具有相对一致性。自评健康是老年人对自身健康的感知性评价，虽然其准确性还存在较大争议，却是目前国内外常用的健康状况测评指标。ADL是对老年人穿衣、上下床、进餐、洗澡、如厕、控制大小便六项活动能力的综合测定，有一项无法独立完成即视为ADL受损。四周患病率、慢性病患病率需经医生诊断。

"中国健康与养老追踪调查（CHARLS）"结果表明，不同经济水平的①老年人的健康状况存在一定的差异性，其中自评健康不良率、ADL受损率、慢性病患病率等指标都存在统计学上的差异（$P<0.05$），见表6-3。②

表6—3　　　　　　不同经济水平的老年人的健康状况（%）

消费水平分组	自评健康不良率	ADL受损率	慢性病患病率	4周患病率
I	39.81	28.11	71.92	27.53
II	34.88	26.63	72.48	28.82
III	35.62	23.79	73.23	29.27
IV	36.57	23.47	75.92	30.91
V	34.32	22.04	77.37	29.82

集中指数（CI）是衡量健康公平的主要参数，其值介于-1和+1之间。$CI=2Cov(X,H)/M$，其中X表示不同经济地位的秩序；H表示不同经济地位人口的健康水平；M表示人口整体健康平均水平。$CI<0$，表明健康资源与医疗卫生保健服务利用主要集中在经济地位或经济水平较低的老年人群；$CI>0$，说明健康资源与医疗卫生保健服务利用主要集中在经济地位或经济收入较高的老年人群；CI接近0，反映的是一个较为公平

---

① 这里的"经济水平"主要指老年人的年人均消费性支出，从低到高分成五组：最低消费组（I）、次低消费组（II）、一般组（III）、较高消费组（IV）、高消费组（V）。参见仲亚琴、高月霞、王健《不同社会经济地位老年人的健康公平研究》，《中国卫生经济》2013年第12期。

② 参见仲亚琴、高月霞、王健《不同社会经济地位老年人的健康公平研究》，《中国卫生经济》2013年第12期。

的健康状态,即不同经济地位的老年人在健康资源与医疗卫生保健服务利用等方面基本实现了公平分配,且主要健康指标测评结果趋于一致。表6—3显示:自评健康不良、ADL受损的集中指数CI分别是 -0.010 2、-0.024 7,表明经济水平较低的老年人倾向于自评健康不良、ADL受损率较高。而慢性病患病率与4周患病率的集中指数CI分别是0.007 8、0.009 1,说明经济水平较高的老年人群的慢性病患病率和4周患病率较高。①

教育程度与健康状况是否存在一定的关联性?"中国健康与养老追踪调查(CHARLS)"结果证实两者存在一定的相关性,从表6—4可见:教育程度不同的老年人在上述4个健康指标上都存在统计学差异($P < 0.05$)。自评健康不良率、ADL受损率、慢性病患病率、4周患病率的集中指数CI分别是 -0.064 4、-0.082 1、0.003 3、-0.018 8。② 这说明:教育程度较低的老年人群倾向于自评健康不良,ADL受损率、4周患病率均较高;而教育程度较高的老年人的慢性病患病率较高。

表6—4　　　　不同教育程度的老年人的健康状况(%)

教育程度分组	自评健康不良率	ADL受损率	慢性病患病率	4周患病率
I	43.62	32.41	73.12	31.33
II	38.81	25.99	74.80	30.92
III	31.77	19.82	74.57	27.26
IV	27.32	16.58	74.38	24.87
V	20.20	11.61	76.41	27.44

"中国健康与养老追踪调查(CHARLS)"结果还显示:我国老龄人口健康状况呈现出地域性差异。自评健康不良率在东部、西部分别是30.61%、39.73%,东部最低、西部最高。慢性病患病率在东部、中部、西部分别是70.32%、76.48%、74.59%。ADL受损率在东、中、西部分别为20.41%、26.42%、27.48%。4周患病率东部最低,为24.62%;西部最高,为33.61%。③ 可见,自评健康不良率、ADL受损率、4周患病

---

① 参见仲亚琴、高月霞、王健《不同社会经济地位的老年人的健康公平研究》,《中国卫生经济》2013年第12期。
② 同上。
③ 同上。

率3个指标西部均最高，4项指标东部均为最低。

关于不同经济水平的老年人就诊与卫生服务利用情况，见表6—5。[①]"CHARLS"结果显示，4周门诊就诊率、年住院率的CI分别是0.001、0.004 2，均大于0，说明门诊就诊和住院服务集中于经济水平较高的老年人群。4周应就诊未就诊率与应住院未住院率的CI小于0，表明经济水平较低的老年人的未就诊率与未住院率较高。

表6—5　　不同经济水平的老年人的卫生服务利用（%）

消费水平分组	4周门诊就诊率	4周应就诊未就诊率	年住院率	应住院未住院率
Ⅰ	19.75	28.61	8.15	4.40
Ⅱ	21.90	24.37	10.87	5.80
Ⅲ	21.13	28.05	10.48	4.69
Ⅳ	22.21	28.33	14.08	5.47
Ⅴ	22.15	26.22	16.98	5.21

关于不同教育程度的老年人的就诊与住院情况，见表6—6。"CHARLS"结果显示，4周应就诊未就诊率和应住院未住院率的CI分别是-0.001 4、-0.000 8。可见，4周未就诊者及未住院者集中于教育程度较低的老年人群。教育程度较高的老年人住院服务利用的CI为0.001 5，说明他们的就诊率及住院服务利用率较高。[②]

表6—6　　不同教育程度的老年人的卫生服务利用（%）

消费水平分组	4周门诊就诊率	4周应就诊未就诊率	年住院	应住院未住院率
Ⅰ	22.56	28.25	11.35	5.46
Ⅱ	22.38	27.91	13.07	5.54
Ⅲ	20.59	24.90	10.61	4.58
Ⅳ	18.16	27.43	13.77	5.47
Ⅴ	20.61	25.01	14.83	3.48

---

① 参见仲亚琴、高月霞、王健《不同社会经济地位老年人的健康公平研究》，《中国卫生经济》2013年第12期。
② 同上。

关于不同地区的老年人的卫生服务利用情况。"CHARLS"相关数据显示：4周门诊就诊率在东、中、西部分别是20.95%、22.12%、21.22%。4周应就诊未就诊率在东、中、西部分别是14.91%、25.81%、37.09%，东部最低，西部最高。年住院率在东、中、西部分别是10.36%、11.83%、14.11%。东、中、西部老年人应住院未住院率分别是3.65%、5.19%、6.65%，东部最低，西部最高。从城市与农村的整体情况来看，城市、农村老年人的住院率分别是14.27%、11.46%，城市高于农村。未住院率城市、农村分别是3.76%、5.54%，农村高于城市。①

综上所述，结论如下。第一，当前我国不同经济水平的老年人健康不公平状况客观存在，具体体现在经济水平较低的老年人自评健康不良、ADL受损率较高；且经济水平较低的老年人4周应就诊未就诊率、应住院未住院率均较高。这表明，经济水平对老年人的健康具有重要影响，经济条件较差的老年人往往不能及时就诊、住院，不能获得所需的基本医疗资源与卫生保健服务。而经济条件较好、教育程度较高的老年人健康意识更强，对自身健康也更为关注，他们更有经济能力有病早治、无病早防，能够较好地利用医疗卫生资源，并更有能力支付医疗卫生服务费用。第二，城乡之间、地区之间存在老龄健康不公平现象。这与我国城乡二元结构存在一定的关联性。城市老年人的经济收入、医疗保障、居住环境等总体上好于农村老年人，其整体健康状况也比农村老年人要好。东部地区经济较发达，中部其次，西部最差；相应地，老年人整体健康水平东部最好、西部最差，中部居中。第三，老龄健康不公平还体现在女性老年人健康状况各项指标均比男性老年人差。②

如何根据老龄人口的整体健康状况及其健康需求进行相应的政策安排与制度建构，推进老龄健康公平，直接关系到健康中国战略的实施，关系到我国能否顺利实现健康老龄化。为此，拟从宏观上提出如下对策。

第一，进一步完善社会养老保障制度与覆盖全民的医疗保险制度，在真正实现老有所养、病有所医的基础上，不断提高老龄人口生活质量与医疗保障水平，促进老龄人口整体健康水平有效提升。

---

① 参见仲亚琴、高月霞、王健《不同社会经济地位老年人的健康公平研究》，《中国卫生经济》2013年第12期。
② 《中国健康与养老追踪调查全国基线报告》发布，北京大学新闻网（http://pkunews.pku.edu.cn/xxfz/2013 - 06/04/content_ 274291.htm）。

第二，推进医疗卫生保健资源在城乡之间、地区之间以及男女性别之间的合理配置，并向农村落后地区、西部偏远地区及高龄女性适度倾斜。

第三，以完善初级卫生保健为切入点，进一步实现基本医疗资源和卫生保健服务的代际公平分配，促进代际健康伦理关系良性循环。

第三节　中西老龄社会医疗保障制度的差异

广义的健康支持体系是医疗保障制度和其他旨在提升公民健康水平的政策及具体措施的总称。老年健康支持体系包括四个层次。第一个层次是政府主导下的老年医疗保障制度，主要包括老年医疗保险制度、老年长期护理保险制度及与老龄人口相关的医疗卫生保健资源分配制度。第二个层次是以社区为载体的老年健康服务体系，包括基层社区、民间组织、慈善机构、相关企业等非政府组织以及志愿者所提供的各种为老健康服务。第三个层次是家庭老年健康支持体系，主要是子女、配偶及其他家庭成员所提供的老年健康服务。第四个层次是老年人自身的健康支持体系。[1]

完善的医疗保障制度是人口健康发展与社会健康老龄化的重要基础，一个国家医疗保障制度的完善程度可以从其医疗制度建构、医疗卫生总支出占 GDP 的比重、公共医疗卫生支出占医疗总支出的比重、医疗费用负担情况、人均医疗费用额度等略见一斑。这里主要对美、德、英、瑞典及中国的医疗保障制度进行概括式比较研究。

一　初级老龄社会的美国医疗保障制度

美国于 20 世纪 50 年代左右进入老龄社会，即 65 岁及以上人口占其总人口的比重超过 7%。1965 年美国建立公立医疗保障制度，2010 年 3 月颁行《医改法案》，其中涉及老龄人口的医疗保障制度由三部分构成。一是基本医疗保险（Medicare Program），这是一种面向 65 岁及以上老年人和残障人士的联邦医疗保险制度。二是医疗补助保险（Medicaid），属于州立特困医疗救助保险，主要帮助解决低收入群体和因病

---

[1] 参见刘玮玮、贾洪波《人口老龄化背景下老年健康支持体系》，《中国老年学杂志》2012 年第 16 期。

致贫老年人的医疗保障费用问题,尤其是支付一部分长期护理(Long-Term Care Program)费用。三是医疗补充保险(Medigap Insurance),旨在弥补基本医疗保险未能覆盖的处方药及其他服务费用等。由于绝大多数老年人的基本医疗保险不能有效支付全部医疗需求,约有三分之二的美国老年人购买了医疗补充保险。目前,美国人均医疗费用水平居世界第一[1],如何解决庞大的医疗费用开支问题是历届政府面临的难题。多种医疗保险机制并存、功能互补、风险共担,是美国老年医疗保障制度的重要特点。以长期护理保险(LTC)费用为例,基本医疗保险支付约40%,医疗补助保险支付20%,医疗补充保险支付7%,自费26%,其余7%因人而异。[2] 2010年,美国政府对老年人的医疗费用支出是儿童的5倍。[3] 就此而论,老年人是美国医疗保障制度的最大受益者,从一个侧面反映出美国政府对老龄人口的健康制度关怀以及社会层面的孝老伦理情怀。

二 深度老龄社会的英国、瑞典医疗保障制度

英国与美国一样于20世纪50年代进入老龄社会。1945年英国建立国民健康服务体系(NHS),全部费用由国家财政负担。自1975年左右进入深度老龄社会以来(即65岁及以上人口达到人口总数的14%以上),英国政府对NHS不断进行改革和完善。1997年至2010年工党执政期间,NHS经历了较大幅度的调整。医疗保障制度改革一直是英国主要政党争议的焦点,但以下几个方面是不变的。首先,三个基本原则不变。第一个原则是满足每一个人的健康需要。第二个原则是人人享有免费的基本医疗。目前,患者只需在全科医生GPs诊断后支付6.86镑左右的人头费,即可享受免费基本医疗,且65岁及以上老人无需支付。第三个原则是根据医疗需要而非患者的支付能力提供服务。[4] 其次,责任主体不变。政府是国民健康服务的责任主体,保障医疗服务的全民性和可及性是政府的基本职能。最后,基本制度结构不变。税收是NHS的主要财务来源;基本

---

[1] 参见杨燕绥主编《中国老龄社会与养老保障发展报告(2013)》,清华大学出版社2014年版,第146页。
[2] Gail E. Russell:《美国老年医疗卫生保障系统概况》,陶红、郭宏晶译,《现代护理》2004年第3期。
[3] 参见杨燕绥主编《中国老龄社会与养老保障发展报告(2013)》,清华大学出版社2014年版,第146页。
[4] 宋凌寒:《英国:国民健康服务体系迎来65岁生日》,中国社会福利与养老服务协会(http://www.caswss.org.cn/gjzx/_content/13_09/04/1378281156245_6.html)。

医疗服务以公共部门为主，私营部门为辅；实行全科医生首诊制；医疗服务的购买与提供相分离。① 2008 年以来，英国卫生部根据 WCF 原则，并通过 PCTs 在全国统筹配置医疗资源和医疗保障资金②，对于打破医疗资源及医疗保障资金分布不均衡的格局起到了一定作用。2012 年至 2013 年英国国民健康服务体系年预算为 1080 亿英镑，占 GDP 的 9.4%，财政收入构成了 NHS 的主要资金来源。③ 虽然英国的 NHS 改革取得了一定成效，但围绕医疗成本控制、医疗资源和医疗保障资金的公平配置、服务效率与公众满意度提升④的 NHS 改革还在进行，这些问题是英国政府破解人口深度老龄化困境的突破口。

瑞典医疗保障制度。目前，瑞典 65 岁及以上人口约占总人口的 17%，属于深度老龄化社会。瑞典的医疗保障制度始于 19 世纪 80 年代出现的"医药互济社"及 1891 年实施的"自愿性疾病保险计划"。1951 年，瑞典施行强制性健康保险制度，规定所有 16 岁以上的公民都必须参保，该保险为被保险人支付 75% 的医生诊疗费用。1962 年，国民保险法将健康保险与其他社会保险合并，使得健康保险日现金补贴标准得到提高，且自营劳动者也有权领取此项补贴。健康保险津贴内含现金补贴、卫生服务补贴、住院治疗补贴、医药补贴、交通补贴等，其日支付额达到税前收入的 90%。较高的疾病补贴一度大量滋生"泡病号"现象，医疗保障支出不堪重负。1967 年瑞典医疗保障制度的责任主体改为地方政府，医疗保障支出占地方财政支出的 50% 左右。⑤ 20 世纪 80 年代开始，瑞典医疗保障制度开始实质性改革，包括削减健康保险津贴、延长津贴领取等待期、雇主承担前 14 天健康保险津贴责任、提高就诊费与处方费，并调查因病长期不工作者的实际病情等。目前，瑞典的医疗保障制度由两部分构成：医疗费用补贴和现金补贴。医疗费用补贴的项目主要包括药品补贴、牙科补贴等；现金补贴是一种间接收入的补贴，包括病假工资、疾病补贴、护理亲属补贴、交通补贴等。⑥

---

① 参见杨燕绥主编《中国老龄社会与养老保障发展报告（2013）》，清华大学出版社 2014 年版，第 143 页。
② WCF 是 weighted capitation formula 的缩写，译为"人均经费配款权重法"。PCTs 则是 primary care trustees 的缩写，意思是"地方初级护理受托人"。
③ 参见杨燕绥主编《中国老龄社会与养老保障发展报告（2013）》，清华大学出版社 2014 年版，第 146 页。
④ 同上书，第 143 页。
⑤ 参见粟芳、魏陆等编《瑞典社会保障制度》，上海人民出版社 2010 年版，第 139 页。
⑥ 同上书，第 42—43 页。

省级地方政府为瑞典老年医疗保障的责任主体。此外，瑞典老年人还享有三种特殊的医疗保健服务：医生与护士可以到家为老年人看病诊疗；各医院均设有一定数量的老年专用病床，为老年人提供长期住院治疗服务；疗养院。65 岁及以上老年人口占比达到 19% 的瑞典利町屿还建立了全市家政服务网，提供全天候为老服务，并为行动不便的及高龄老人提供特别居住场所，进行特殊护理。

表 6—7 是 2005—2008 年瑞典社会保障支出构成及其占 GDP 的比例。由表可见，老年保障支出是瑞典社会保障支出最大的项目，2005—2008 年老年保障支出占社会保障支出的比例分别是 49.5%、49.5%、51.0%、52.0%。其次是疾病与残疾保障支出，2005—2008 年此项支出占社会保障支出的比例分别是 31.6%、30.8%、29.9%、29.07%。2005—2008 年瑞典社会保障支出占 GDP 的比例分别为 16.3%、15.8%、15.0%、14.7%，呈现逐年下降的趋势。[①]

表 6—7　2005—2008 年瑞典社会保障支出构成及其占 GDP 的比例

年份 比例 支出	2005 年 支出（百万瑞典克朗）	比例（%）	2006 年 支出（百万瑞典克朗）	比例（%）	2007 年（预计）支出（百万瑞典克朗）	比例（%）	2008 年（预计）支出（百万瑞典克朗）	比例（%）
家庭及儿童保障支出	60949	14.0	65406	14.6	67364	14.9	69097	14.9
疾病与残疾保障支出	137485	31.6	137710	30.8	135838	29.9	138092	29.07
老年保障支出等	215406	49.5	221460	49.5	230025	51.0	241622	52.0
其他支出	11583	2.7	11810	2.6	8056	1.8	5556	1.2
管理费用	9855	2.3	10829	2.4	10617	2.4	10357	2.2
总计	435280	100.0	447216	100.0	450900	100.0	464723	100.0
占 GDP 比例	16.3		15.8		15.0		14.7	

资料来源：The scope and financial of social insurance in Sweden 2005 - 2008, p. 12.

---

① 参见粟芳、魏陆等编《瑞典社会保障制度》，上海人民出版社 2010 年版，第 51—52 页。

三 超级老龄社会的德国医疗保障制度

德国国会于 1883 年通过《工人疾病保险法》，建立了世界上第一个法定社会医疗保险制度。1884 年、1889 年相继出台了《意外伤害保险法》《伤残老年保险法》，这一系列关乎健康尤其是老年健康的保险法为德国进入老龄社会后的医疗保障制度建设奠定了坚实的基础。德国于 20 世纪 50 年代进入老龄社会，20 世纪 70 年代左右进入深度老龄社会，2010 年进入超级老龄社会，即 65 岁及以上人口占总人口的比重超过 20%。1977 年德国颁布《健康保险成本预防法案》（Health Insurance Cost-Containment Act），1989 年颁行《健康保险法案》（Health Care Reform Act of 1989），表明社会医疗保险与健康保障制度不断发展完善。

德国医疗保险制度由强制参加的法定医疗保险和自愿参加的私人医疗保险两大系统构成。法定医疗保险不以风险因素计算保费，凡年收入在一定限额以下的公民都必须参保，没有收入来源的家属可以联保；年收入超过该限额的公民可以自主选择。法定医疗保险费由雇主和雇员各负担一半，缴费率占工资收入的 14%—15%，额度取决于投保人的工资收入。目前，约有 90% 的德国人参加了法定医疗保险，9% 参加了私人医疗保险。参加法定医疗保险的雇员一人投保，包括未成年子女在内的所有家庭成员均可享受医疗保险的各种项目服务，包括预防保健、医疗服务、患病期间的服务、康复性服务、药品和辅助医疗品、免费或部分免费就诊所需的交通费用等。而私人医疗保险则是缴一人、保一人，费用较为昂贵。

1994 年德国颁布《长期护理保险法案》。自 1995 年起实行"护理保险跟随医疗保险"的原则，并于 1995 年 4 月 1 日起为参保人提供家庭护理，1996 年 7 月 1 日起提供住院护理。护理保险的主要目的是为那些失去自理能力的老年人、伤残者以及其他需要长期照护者支付护理费用，主管机构是法定医疗保险公司附设的护理保险公司。社会护理险的保费率为月毛工资的 1.7%。2003 年德国联邦政府建立长期护理储备基金，将长期护理保险设在社会医疗保险计划内，由政府提供最高上限额度的长期护理保险补贴，并将老年痴呆症患者纳入长期护理保险的受益范围。总之，德国医疗保险制度充分体现了"高收入者帮助低收入者，互助共济，健康公平"的宗旨。

作为发达资本主义国家典型代表的美国、英国、瑞典、德国四国的医疗保障制度从初建到发展，以及后来的改革与不断完善，经历了较长的周期，各有特点，但有一个共同点：在社会医疗保障全民普享的基础上，给予老年人一定的特殊医疗优惠政策，并实施老年医疗照护制度，充分保证老年人的生命权与健康权，体现了政府与社会对老年人的健康制度伦理关怀，保证了老龄健康权利的优先性。

四 中国医疗保障制度概况

我国于 2000 年左右进入老龄社会，但老龄化速度远远快于上述发达国家，属于典型的"未富先老"国家。城乡二元结构决定了我国医疗保障制度具有鲜明的城乡差异性。1951 年颁布实施《中华人民共和国劳动保险条例》，建立了以全民所有制企业和城镇集体所有制企业职工及其离退休人员为覆盖对象的劳保医疗制度。1952 年国务院发布《关于各级人民政府、党派、人民团体实行公费医疗预防措施的指示》，建立了公费医疗制度，主要为国家机关、企事业单位的工作人员提供免费治疗与疾病预防，医疗费用由国家财政按照年人均定额进行划拨，各地区统一管理。公费医疗与劳保医疗制度是计划经济的产物，对于保障企事业单位职工及其退休人员的身体健康起到了很大作用，其弊端主要是覆盖面窄、筹资机制不健全、国家和单位医疗负担过重、医疗资源浪费较为严重等。

自 20 世纪 80 年代以来，城镇职工医疗保险制度历经多方面改革。1998 年《国务院关于建立城镇职工基本医疗保险制度的决定》出台，建立了覆盖全体城镇职工的基本医疗保险制度，基本医疗保险费用由单位和职工共同负担，基本医疗保险基金实行社会统筹与个人账户相结合的原则。到 2003 年年底，全国 98% 的地区都启动了基本医疗保险制度，至此，与社会主义市场经济体制相适应的城镇职工基本医疗保险制度初步建立。此外，还有各种不同类型的补充医疗保险以及医疗救助制度。[1] 2003 年农村居民新型合作医疗开始推行。它由政府组织并给予支持，农民自愿参加，政府、集体与个人多方筹资，共担风险，以大病统筹为突破口，极大地缓解了农民因患大病而致贫、返贫的问题，促进了农村医疗互助共济，为广大农民提供了有效的医疗制度保障。

目前，我国已形成以城镇职工基本医疗保险和新型农村合作医疗为主要载体，多层次、全覆盖、筹资水平适度的社会医疗保障体系。2017 年

---

[1] 龚维斌等著：《中外社会保障体制比较》，国家行政学院出版社 2008 年版，第 110—115 页。

我国城乡居民基本医保参保人数达到 12.7 亿人，占我国人口总数的 95%。覆盖全民的基本医疗保障制度已经建立，并形成了世界上最大的医保网。[1]

"全覆盖、保基本、可持续"是我国医疗保障制度改革与发展的基本目标。老而不病、病有所医、病而不残、残而不废、老有所养、老有所料、老有所终、老有所归，是老年健康支持体系的总要求。清华大学就业与社会保障研究中心和《中国经济周刊》联合发布《中国老龄社会与养老保障发展报告（2014）》，从卫生出资合理性、医保政策科学性以及医疗服务治理有效性三个方面对"中国老龄社会医疗保障发展指数"进行综合测评，2013 年该指数评价分值为 63.5 分，比 2012 年增加 0.8 分。[2] 在"老龄社会与银发经济发展指数""养老金发展指数""医疗保障发展指数"三个指数中，只有"医疗保障发展指数"及格，且其分值较上年提高，表明我国医疗保障状况得到逐年改善。具体来看，2013 年医疗总费中的财政支出和社会支出有所增加，其中，财政支出占医疗卫生总费用的比例从 2012 年的 30.04% 上升到 2013 年的 30.14%，达到世界卫生组织 30% 的标准。2013 年社会支出占 35.98%，比 2012 年的 35.61% 略有上升，但未达到世界卫生组织 50% 的标准。个人现金直接支付占比 33.88%，高于世界卫生组织 20% 以下的标准，但比 2012 年的 34.35% 略有下降。[3] 由此可见，进一步提高社会支出在医疗总费用中的支出比例，降低个人的直接支出比例，并逐步推广老年长期护理保险，是我国医疗保障制度改革与发展的重要内容之一。

老龄化程度不同的美国、英国、瑞典、德国，其不同的医疗保障制度安排导致其医疗卫生支出、医疗费用负担等情况具有一定的差异性。世界卫生组织统计数据显示：2010 年美国总医疗费用支出中约 30% 由政府财政支付，40% 由商业健康保险支付，15% 由社会保障信托基金支付，个人负担约 15%。在德国的医疗费用支付中，财政支出、社会医疗保险基金支出、个人支付大约分别占 18%、70%、10%。英国的财政支出、商业

---

[1]《全国基本医保覆盖率达 95% 已成世界最大医保网》，网易保险网（http://baoxian.163.com/zx/chanpin/18120.html）。

[2] 参见杨燕绥主编《中国老龄社会与养老保障发展报告（2014）》，清华大学出版社 2015 年版，第 124 页。

[3] 同上书，第 125—128 页。

健康保险支出以及个人支出占总医疗费用支出的比例分别为 80%、10%、10%。[1] 从人均医疗费用额度来看,美国最大且增速最快;德国、英国约为美国的一半偏下。我国人均医疗费用额度虽远不及发达国家,但逐年递增的趋势较明显。[2]

---

[1] 参见杨燕绥主编《中国老龄社会与养老保障发展报告(2013)》,清华大学出版社 2014 年版,第 143 页。
[2] 同上书,第 141 页。

第七章　中西善终伦理比论

"生，人之始也；死，人之终也；始终俱善，人道毕矣。"[1] 善终不只是善待生命的终了阶段，而且是由对死亡的深刻领悟而真切地把握生命整体过程，并实现优死的生命伦理实践。从死亡现象学的视角看，人是基于死亡意识而构建生存信念，并将其外化为社会道德实践的伦理性存在。[2] 向死而生与"向死亡的自由"在一定意义上反映出中西死亡伦理的差异性。老年人的临终需求主要包括减轻身体疼痛的需求、得到亲友陪伴与关爱的情感需求以及表达临终决策意愿的需求。尊重原则、舒适照护原则、减轻痛苦原则是老年临终关怀的三个伦理原则。传统丧葬制度承载着重要的社会功能，然而，其内蕴的孝道在一些地方发生畸变。因地制宜、遵循风习，生态殡葬、回归自然，是现代文明丧葬的伦理要求。

第一节　向死而生与"向死亡的自由"

生命以何种方式存在，是传统伦理思想的一个重要主题。向死而生、死而后生是中国传统伦理思想关于死亡的生存伦理，对此，儒家、道家、佛家各有不同的实践路径。在古希腊时期，赫拉克利特、德谟克利特等思想家从朴素唯物主义出发来解释人的生死，为消除人们的死亡恐惧与死亡焦虑提供了心灵抚慰，在一定意义上这种具有朴素唯物主义倾向的死亡观为实现"向死亡的自由"奠定了伦理文化基础。中世纪基督教神学以复活论为希望的依据，为信徒提供了一种信仰层面的死亡终极关怀。在现代西方哲学中，海德格尔将"本真地为死而在"作为每个人此生此在的确

---

[1] 《荀子·礼论》。
[2] 参见靳凤林《死，而后生——死亡现象学视阈中的生存伦理》，人民出版社 2005 年版，第 171 页。

定状态。他认为，死不是一个事件，而是一种需要从生存论上加以领会的现象，"向死的自由"就是在死亡的不可逾越之境中实现主体自身的自由。

一 向死而生

从整体上看，儒家把人看作一种伦理性存在，认为人生是"立德、立功、立言"的道德实践过程，正如《左传》所言："太上有立德，其次有立功，其次有立言。虽久不废，此之谓三不朽。"①《国语》曰："其身殁矣，其言立于后世，此之谓死而不朽。"② 韩愈云："生而不淑，孰谓其寿？死而不朽，孰谓其夭？"③ 寿夭不在于活的长短，而在于德行如何。"世俗以形骸为生死，圣贤以道德为生死。赫赫与日月争光，生固生也，死亦生也。碌碌与草木同腐，死固死也，生亦死也。"④ 儒家将死之无奈与死之意识转化为生之创造的理念与现实的道德实践，在死亡的无限悬临中创造人生的价值，这就是儒家向死而生、死而不朽的道德实践过程。

孔子曾说："齐景公有马千驷，死之日，民无德而称焉。伯夷、叔齐饿于首阳之下，民到于今称之。其斯之谓与？"⑤ 朽与不朽主要看是否有德行，而非有无显赫的地位与权势。《论语》载："季路问事鬼神，子曰：'未能事人，焉能事鬼。'敢问死？曰：'未知生，焉知死。'"⑥ 由此看来，孔子重视现世的人生而非鬼神，看重生而不是死。孔子还说："朝闻道，夕死可矣。"⑦ 生以载道、死而后生，以积极入世的精神与向善的道德追求把握当下与今生，这就是儒家向死而生的善终伦理。

生死两忘是道家对待生死的基本态度。庄子曰："方生方死，方死方生。"⑧ 人生无常，生死无间。"死生为昼夜"⑨，生与死如同昼夜交替，乃自然之道。"人之生，气之聚也。聚则为生，散则为死。"⑩ 生命是由气

---

① 《左传·襄公二十四年》。
② 《国语·晋语八》。
③ 《韩昌黎集》卷二十四，《李元宾墓碑》。
④ 汪汲：《座右铭类编·摄生》转引自罗国杰主编《中国传统道德》简编本，中国人民大学出版社1995年版，第385—386页。
⑤ 《论语·季氏》。
⑥ 《论语·先进》。
⑦ 《论语·里仁》。
⑧ 《庄子·齐物论》。
⑨ 《庄子·至乐》。
⑩ 《庄子·知北游》。

构成的，人之生死就是气之聚散，这种朴素唯物主义的生死观是道家"逍遥游"的自然主义认识论基础。"人生天地之间，若白驹之过隙，忽然而已。注然勃然，莫不出焉；油然廖然，莫不入焉。已化而生，又化而死。生物哀之，人类悲之。解其天韬，堕其天帙。纷乎宛乎，魂魄将往，乃身从之。乃大归乎！"① 人生于天地之间，由生机勃发到悄然消遁，若白驹过隙，如尘埃飘散，而这恰是人生的本真归宿。"夫大块载我以形，劳我以生，佚我以老，息我以死。故善吾生者，乃所以善吾死也。"② 既要善待生，也要善待死。道家提出"安时而处顺"③，"不以心损道，不以人助天"④，以实现生死一如的本真之性。庄子妻死，鼓盆而歌，这份洒脱、悲怆与凄美应源于此。如果说齐生死、与道为一是"逍遥游"的心理机制，那么，"不失其所者久，死而不亡者寿"⑤ 则是道家向死而生并实现"逍遥游"的最高境界。

佛教认为，一切皆苦、苦海无边，生、老、病、死是人生的四大苦。避苦求乐、延年益寿是人类的本真追求。然而，人终有一死，这个无法改变和逃遁的终局成为人生的最大痛苦与最严峻的挑战，生命的有限与死亡的悬临使人类备受煎熬。人们只有通过苦修来根除心中的各种欲念，才能圆满一切清净功德，造福来世，并由此彻悟佛法真谛，实现涅槃。所以，佛教向死而生的基本方法就是：了悟—修行—灭欲—涅槃。

二 "向死亡的自由"

重生是西方生死论的一种主要倾向，大多数西方思想家如此。然而，他们既不像儒家道德至上、向死而生，又非佛教主张的苦修今生、造福来世，也不似道家超越生死而"逍遥游"，而是从自然主义出发，注重现世的当下的幸福。对于死亡，西方思想家或者视之为人生一体两面的自然事件，或者把它看作回归上帝。

古希腊哲学家赫拉克利特以火之燃熄喻示万物生灭。他说："这个世界，对于一切存在物都是一样的，它不是任何神所创造的，也不是任何人所创造的；它过去、现在、未来永远是一团永恒的活火，在一定的分寸上

---

① 《庄子·知北游》。
② 《庄子·大宗师》。
③ 同上。
④ 同上。
⑤ 《道德经》第三十三章。

燃烧，在一定的分寸上熄灭。"① 这种朴素唯物主义自然观破除了神创造万物的原始宗教观念，在一定意义上阐释了生与死的自然本质。他认为，"灵魂是从水而来的"，"对于灵魂来说，死就是变成水"②。"在我们身上，生与死，梦与醒，少与老，都始终是同一的东西。后者变化了，就成为前者，前者再变化，又成为后者"③。"火论"与"水论"形象地说明了生与死的对立统一关系。

德谟克利特认为，物质是由不可再分的原子构成的，人与自然万物一样，也由无数物质性的原子聚合而成；死亡就是原子的分离，是自然之身的解体。人的灵魂也是由原子构成的，死亡既是肉身的解体，也是灵魂原子的离散，不存在不死的灵魂。"愚蠢的人怕死"④，只因其对死亡和灵魂本性的无知。他还指出，惧怕死亡和企图逃避死亡的人实际上是在追逐死亡。

伊壁鸠鲁从自然主义感觉论出发，认为"一切善恶吉凶都在感觉中，而死亡不过是感觉的丧失"⑤，"死对于我们无干，因为凡是消散了的都没有感觉，而凡无感觉的就是与我们无干的"⑥。虽然死亡是感觉的最终消失，但人生一直处于这一不可逆转的感觉丧失过程中，就必然带来死亡恐惧与死亡焦虑。对此，伊壁鸠鲁说："正确地认识到死亡与我们无干，便使我们对于人生有死这件事愉快起来，这种认识并不是给人生增加上无尽的时间，而是把我们从对于不死的渴望中解放了出来。"⑦ 他以感觉消失来解释死亡的自然本性，劝导世人消除死亡恐惧，去追寻快乐幸福的生活，"贤者既不厌恶生存，也不畏惧死亡，既不把生存看成坏事，也不把死亡看成灾难。贤者对于生命，正如同他对于食品那样，并不是单单选多的，而是选最精美的；同样地，他享受时间也不是单单度量它是否最长远，而是度量它是否最合意"⑧。他认为，注重好好地活和注重好好地死

---

① 参见北京大学哲学系外国哲学史教研室编译《西方哲学原著选读》上卷，商务印书馆1981年版，第21页。
② 参见北京大学哲学系外国哲学史教研室编译《古希腊罗马哲学》，商务印书馆1982年版，第22页。
③ 同上书，第27页。
④ 同上书，第116页。
⑤ 同上书，第366页。
⑥ 参见周辅成编《西方伦理学名著选辑》上卷，商务印书馆1996年版，第92页。
⑦ 参见北京大学哲学系外国哲学史教研室编译《古希腊罗马哲学》，商务印书馆1982年版，第366页。
⑧ 参见周辅成编《西方伦理学名著选辑》上卷，商务印书馆1996年版，第102—103页。

是同一件事的两个方面。

卢克莱修（Titus Lucretius Carus）说："一定的生命的一定终点永远在等待着每一个人；死是不能避免的，我们必须去和它会面。"① 他关于老年人的劝死论耐人寻味。他说："如果一个年纪更大更老迈的人在埋怨，并且为他的死而悲哭超过适当的限度，那她岂不更有权利来对他大喝一声，用更严峻的声音来加以谴责：'省点眼泪罢，丑东西，别再号啕大哭！你皮也皱了，也享受过生命的一切赏赐；你总渴望没有的东西，蔑视现成的幸福，以致对于你生命不完满而无用地过去了，而现在出乎你意料之外地死神已站在你的头旁边；——并且是在你能吃饱盛筵而心满意足地回家去之前。你就把不适合你年纪的东西放下，大大方方地让位给你的子孙们吧，因为你不能不这样做。'"② "因为旧的东西被新的东西排挤，总得让开来。一物永远从他物而获得补充。"③ 直白的话语道出了衰老与死亡是不可抗拒的自然规律，"顺从自然的厄运"④ 才是明智的。"生命并不无条件地给予任何一个人，给予所有的人的，只是它的用益权。"⑤ 既然生命是属于自然的，人所拥有的只是生命的用益权，那么，当自然要取走生命时，就应该平心静气地将它归还自然，这样才能走出死亡恐惧。

从上可见，从赫拉克利特、德谟克利特到伊壁鸠鲁乃至卢克莱修，以自然主义物质观或自然主义感觉论来解释人之生死，为人们尤其是老年人认识生死的自然本质，消除死亡恐惧与死亡焦虑，提供了一剂心灵妙方。

中世纪基督教神学通过原罪、赎罪、回归上帝阐释了死的必然性及其超越性，为人们提供了一种信仰层面的死亡终极关怀。"死又是从罪来的；于是死就临到众人，因为众人都犯了罪。"⑥ 既然罪的代价乃是死，那么，"罪"从何而来？据《圣经》记载，上帝原本是将人造成不死的，但由于亚当和夏娃受到隐身于蛇形的魔鬼引诱，违背上帝的诫命，偷吃了分辨善恶树的果子，犯下罪错，被逐出伊甸园。从此以后，人间就有了各种罪恶、灾难和痛苦，这就是所谓的原罪。人类必须终生劳作直至死亡，才能赎清原罪，最终与上帝归一。原罪说讲的是人类原罪的由来，那么，

---

① 周辅成编：《西方伦理学名著选辑》上卷，商务印书馆1996年版，第134页。
② 同上书，第126页。
③ 同上书，第126—127页。
④ ［古罗马］卢克莱修：《物性论》，方书春译，商务印书馆1982年版，第180—181页。
⑤ 周辅成编：《西方伦理学名著选辑》上卷，商务印书馆1996年版，第127页。
⑥ 《新约·罗马书》5：12，参见《圣经》，中国基督教三自爱国运动委员会、中国基督教协会出版发行，2000年版，第172页。

现实的人何罪之有？基督教认为，撒谎、邪恶、贪婪、阴毒、嫉妒、凶杀、竞争、诡诈、毒恨、狂傲、自夸、谗毁他人、无知、背约、无亲情、不孝、违背父母等①，以及不将上帝视为唯一真神，都是罪。做了不该做的事当然是罪，而想了不该想的事也是罪。《罗马书》上说："因为世人都犯了罪，亏缺了神的荣耀"②，所以，在上帝面前，每个人都是"罪人"，都必须为自己的罪付出死的代价。然而，上帝不只是给人安排了死亡的终局，对那些虔诚地信奉、尊崇上帝，心甘情愿地赎罪者，上帝可将其灵魂引向极乐世界。复活论是基督教吸引信众的另一剂灵药。《新约》宣称，人死可以复活，而耶稣的复活是基督教信仰的根基。"若没有死人复活的事，基督也就没有复活了。若基督没有复活，我们所传的便是枉然，你们所信的也是枉然；并且明显我们是为神妄作见证的，因我们见证神是叫基督复活了。"③ 众人是因基督复活而复活的，基督教由此劝导众人"不靠自己，只靠叫死人复活的神"④。怎样才能复活？耶稣曾喻诫门徒："若有人要跟从我，就当舍己，背起他的十字架来跟从我。因为凡要救自己生命的，必丧掉生命；凡为我丧掉生命的，必得着生命。"⑤ 然而，"人若赚得全世界，赔上自己的生命，有什么益处呢？人还能拿什么换生命呢？"⑥ 耶稣答道："人子要在他父的荣耀里，同着众使者降临，那时候，他要照各人的行为报应各人。"⑦ 由此看来，只有信奉上帝、舍身为主，人才能死而复活。基督教由此劝导信徒寄希望于来世，摆脱今生赎罪的痛苦与死的烦扰，这样，死亡之时就能心生欢喜地与上帝"接吻"。

在现代西方哲学中，海德格尔充分揭示了死亡的深层意义。他说："死作为此在的终结乃是此在最本己的、无所关联的、确知的、而作为其本身

---

① 《新约·罗马书》1：21—31，参见《圣经》，中国基督教三自爱国运动委员会、中国基督教协会出版发行，2009 年版（2016 年 3 月印刷），第 168—169 页。
② 《新约·罗马书》3：23，参见《圣经》，中国基督教三自爱国运动委员会、中国基督教协会出版发行，2009 年版（2016 年 3 月印刷），第 170 页。
③ 《新约·哥林多前书》15：13—15，参见《圣经》，中国基督教三自爱国运动委员会、中国基督教协会出版发行，2009 年版（2016 年 3 月印刷），第 196 页。
④ 《新约·哥林多后书》1：9，参见《圣经》，中国基督教三自爱国运动委员会、中国基督教协会出版发行，2009 年版（2016 年 3 月印刷），第 199 页。
⑤ 《新约·马太福音》16：24—25，参见《圣经》，中国基督教三自爱国运动委员会、中国基督教协会出版发行，2009 年版（2016 年 3 月印刷），第 21 页。
⑥ 《新约·马太福音》16：26，参见《圣经》，中国基督教三自爱国运动委员会、中国基督教协会出版发行，2009 年版（2016 年 3 月印刷），第 21 页。
⑦ 《新约·马太福音》16：27。参见《圣经》，中国基督教三自爱国运动委员会、中国基督教协会出版发行，2009 年版（2016 年 3 月印刷），第 21 页。

则不确定的、超不过的可能性。死,作为此在的终结存在,存在在这一存在者向其终结的存在之中。"① 他是从死观生、以生论死。海德格尔认为,"死并不是无差别地'属于'本己的此在就完了,死是把此在作为个别的东西来要求此在"②。这就意味着对本真的向死存在进行生存论筹划。③ 他进一步论述了生存论筹划的具体途径与内容:"向死存在,就是先行到这样一种存在者的能在中去:这种存在者的存在方式就是先行本身。……把自身筹划到最本己的能在上去,这却是说:能够在如此揭露出来的存在者的存在中领会自己本身:生存。先行表明自身就是对最本己的最极端的能在进行领会的可能性,换言之,就是本真的生存的可能性。"④ 本真的生存是能在的表现,是向死而在的一种路径,而自由是向死而在、向死而生的目标和归宿。"对从生存论上所筹划的本真的向死存在的特征标画可以概括如下:先行向此在揭露出丧失在常人自己中的情况,并把此在带到主要不依靠操劳操持而是去作为此在自己存在的可能性之前,而这个自己却就在热情的、解脱了常人的幻想的、实际的、确知它自己而又畏着的向死的自由之中。"⑤ "本真地为死而在"是每个人此生此在的一种确定状态,因为每个人自出生之日起,就被抛入死亡之无限悬临中,而死亡何时到来却是未知的。这种"先行到死"的在必然使此在从死的悬临中反悟和筹划本真的自我,从沉沦着的非本真的状态中走出来,在被无情地抛入死亡之无限可能性中实现对此在的本真持有,"为这种无可逾越之境而给自身以自由"⑥,而不是简单地"放弃自己本身"⑦,并最终获得"向死的自由"⑧。

第二节 临终需求与临终关怀

临终关怀(hospice care, hospice)一词起源于中世纪西欧修道院附设的安宁院,它在当时主要是给朝圣者提供中途休息的驿站,特别是为濒

---

① [德]马丁·海德格尔:《存在与时间》,陈嘉映、王庆节合译,生活·读书·新知三联书店2014年版,第297页。
② 同上书,第302页。
③ 同上书,第298页。
④ 同上书,第301—302页。
⑤ 同上书,第305—306页。
⑥ 同上书,第303页。
⑦ 同上。
⑧ 同上书,第306页。

死或病重的朝圣者提供一些照护。1879 年南丁格尔（Florence Nightingale）在都柏林开设了 Our Lady's Hospice，专门收治癌症晚期患者，为他们提供临终照顾服务。英国护士西塞莉·桑德斯博士（Cicely Saunders）长期在肿瘤医院工作，目睹了很多垂危患者的疼痛，决心改变这一现状。她于 1967 年在英国伦敦创办圣·克里斯托弗临终关怀护理院（ST. Christopher's Hospice），成为世界上第一家临终关怀护理院，开启了"临终关怀运动"的先河。随后，美国、法国、加拿大以及我国港台等 60 多个国家和地区相继开展临终关怀服务的实践与理论研究。经过半个世纪的发展，西方主要发达国家建立了系统化的临终关怀服务体系。

1988 年 7 月 15 日，天津医学院临终关怀研究中心成立，这是我国大陆第一家临终关怀研究机构。之后，上海、北京、安徽、西安、宁夏、成都、浙江、广州等城市陆续建立临终关怀医院或在医院设立临终关怀病房或临终护理院。目前，除西藏以外的 30 个省、市、自治区都创办了临终关怀服务机构。然而，藏传佛教基于《西藏度亡经》的临终关怀不只是临终时期的一种死亡救助，更是超越自我与贯穿生死的生命终极关怀。

世界卫生组织认为，临终关怀是一种综合性的照护方法，它通过运用早期确认、准确评估和完善治疗身体病痛及心理和精神疾患来缓解患者的痛苦，并以此提高罹患威胁生命疾病的患者及其家属的生活质量。缓解临终患者的身体疼痛症状，在兼顾患者身体病症与心理需求的同时，帮助其在最后阶段体认生命的快乐，获得终极的精神回归，并有尊严地离世，这就是临终关怀的宗旨。

一 老年人的临终需求

对于临终患者来说，临终期是一个充满病痛折磨和心理煎熬的痛苦时期。减轻临终患者的身体疼痛，缓解其心理焦虑与死亡恐惧，从而最大限度地提高患者的生命质量，使其舒适而有尊严地走完生命的最后一程，是临终关怀的目的。而这一切都建立在充分了解临终患者需求的基础之上，对于老年临终者而言，更是如此。老年人的临终需求主要包括以下三个方面。

一是减轻身体疼痛的需求。这是最基本的需求。老年临终患者有相当一部分是晚期癌症患者，而晚期癌症患者中约有 70% 伴有不同程度的疼痛。[1] 因此，对临终患者的护理很多时候是对疼痛的控制。叶连侠对 41

---

[1] 龚丽娟、陈海燕、闫立君：《癌症晚期患者临终需求的调查与护理》，《中国医药导刊》2008 年第 5 期。

例晚期癌症患者的临终需求调查显示：对舒适感的需求，包括疼痛得到有效控制与临床症状减轻，是排在第一位的需求。① 龚丽娟等人对 160 例癌症晚期患者的问卷调查结果显示：控制疼痛、大小便通畅、呼吸困难得到改善是临终患者的重要需求与期望，排在第四位需求。② 伊丽莎白·库伯勒 - 罗斯（Elisabeth Kuble - Ross）在多年的临终关怀实践中发现：持续性的医疗保健，即从积极的治疗变为保守的舒适护理，是临终患者的重要需求之一。③ 不论是积极治疗，还是保守疗护，对于减轻患者的疼痛都具有一定的作用，尤其是在最后的安宁护理阶段。患者身体疼痛一旦得到有效控制，他们就能思考并安排身后之事了。

二是临终情感需求。临终患者的情绪变化很大，其情感需求也很复杂，主要的情感需求是亲友的陪伴与关爱以及医护人员的关心，并得到那些保持生命的希望、富有同情心、敏感、知识渊博的人的照顾。④ 同时，他们希望自己死后，所关爱的人不要悲伤。孩子参与并理解死亡的过程也是一部分临终患者的情感需求。⑤ 此外，临终患者还需要用自己的方式表达对疼痛及死亡的感受与情绪⑥。需要所有的问题得到完全诚实的回答⑦；需要参与临终关怀决策，同时被当作一个活着的人来对待，从而平静而有尊严地死亡⑧；需要知道圣洁的身体死后会被尊重⑨。随着生命临近终点，修复一段令人不愉快的关系成为一些临终患者埋藏于心底的情感需求。玛姬·克拉兰（Maggie Callanan）、派翠西亚·克莉（Patricia Kelley）通过长期的临终护理实践发现，"随着临近终点，临终者似乎意识到他在某些关系上有问题，从而感到悲伤、罪恶、不舒服。为了安宁辞世，他们必须做出和解或修复，无论通过表示歉意还是表达感谢。有的时候，他是要挽回一个已经疏远的人；有的时候，他是要修复一段很久以前的关系，或

---

① 叶莲侠：《住院晚期癌症患者的临终需求调查及护理对策》，《安徽医学》2012 年第 4 期。
② 龚丽娟、陈海燕、闫立君：《癌症晚期患者临终需求的调查与护理》，《中国医药导刊》2008 年第 5 期。
③ Kessler, D. (2007). *The needs of the dying* (Tenth anniversary edition). Harper Collins, p. 38.
④ Ibid., p. 57.
⑤ Ibid., p. 115.
⑥ Ibid., p. 95.
⑦ Ibid., p. 132.
⑧ Ibid., p. 151.
⑨ Ibid., p. 176.

完成别人认为不重要的事"①。临终患者的这种情感需求往往具有隐秘性，亲友或医护人员需要细心体察才能理解。

还有一部分临终患者通过宗教来寻求灵性与精神寄托，这是他们摆脱愤怒与怨恨的一种方式②，可以看作是一种特殊的宗教情感需求。伊丽莎白·库伯勒-罗斯说："我们把大部分时间花在向外的生活上，直到时间、疾病、年龄迫使我们向内寻求安宁。我们开始审视我们的本质、灵魂、精神。在生命行将结束时追寻灵性，回顾人生，询问接下来将发生什么，这并不是新概念。"③宗教是人类特有的精神家园，是引导临终患者通往上帝之城的一盏明灯，临终患者无论是信徒还是非信徒，其宗教情感需求都有着特殊的意义，应尽可能给予尊重和满足。

三是表达临终决策意愿的需求。参与有关自己命运的决策是临终患者的重要需求之一。④ 国内外有关临终决策的主要内容包括生命维持治疗⑤、拒绝复苏、死亡态度与地点、预先指示等⑥。临终患者意识清醒时关于疗护及死亡态度等方面的表达是临终关怀的重要依据。

二 老年临终关怀的伦理原则

第一，尊重原则。

首先是尊重临终患者的主体人格。临终患者与健康人一样，是具有人格尊严的社会主体，不应遭受歧视、冷漠、遗弃。临终关怀是一种主客体统一的医学道德实践活动。临终患者既是临终关怀的受众即客体，也是临终关怀的重要主体。尊重临终患者的主体人格，其关键在于将患者视为一个活生生的人，一个有希望的人⑦，而不是一个无可挽救的"活死人"，这是对临终患者生命权的尊重。在没有食物和水的情况下，人们可以生存好几周；而一旦丧失希望，就只能活几个小时。对于临终患者来说，虽然

---

① [美]玛姬·克拉兰，派翠西亚·克莉：《最后的拥抱》，李文绮译，华夏出版社2013年版，第174页。
② Kessler, D. (2007). *The needs of the dying* (Tenth aniversary edition). Harper Collins, pp. 95 – 114.
③ Ibid., pp. 99 – 100.
④ Ibid., p. 38.
⑤ Lindstrom, I., et al. (2010). Patients' participation in end – of – life care: relations to different variables as documented in the patients' records. *Palliative & Supportive Care*, 8, 247 – 253.
⑥ 周雯、倪平、毛靖：《患者临终决策意愿的研究现况》，《护理学杂志》2016年第1期。
⑦ Kessler, D. (2007). *The needs of the dying* (Tenth anniversary edition). Harper Collins, p. 1.

生的希望时刻受到挑战，但生的希望如同烈酒一般可以生发开来。① 希望于我们，既是生活的一部分，也是死亡的重要因素。② 因此，医护人员和家属应该帮助临终患者充分利用希望③，使其生命的最后阶段富有光彩，正如桑德斯博士对临终患者所言："到生命的最后一刻，你都很重要，而我们会尽可能帮助你，不只安详地走向死亡，还要好好地活着，直到最后一刻。"④

其次，尊重临终患者的知情权。是否告知临终患者真实病情是医护人员和家属面临的一个难题。一般患者对自身病情既想知又怕知，而家属担心如实告知病情太残忍，会给患者以毁灭性打击。有相当一部分患者就是在这种纠葛中"不明不白"而又遗憾地离世。临终关怀是基于医疗真实性的医学伦理关怀和道德心理关怀，以适当的方式告知患者病情是必要的，这是尊重患者知情权的客观要求。

2010年3月4日，"卫生部医政司关于推荐使用《医疗知情同意书》的函"下发。由北京大学人民医院整理修订的《医疗知情同意书》从"以病人为中心"的理念出发，着重强调医患沟通，对常见疾病诊疗的知情同意进行规范，帮助患者科学地认识所患疾病及其诊治方法；同时对诊疗的利弊与风险都进行了详细说明。⑤ 绝症患者在得知病情后，一般都会经历否定、愤怒、抑郁、接受、协商五个阶段。让患者知晓病情难免有些残酷，但这有助于帮助患者认识所患疾病的发病机制与预后，理解并配合医生的诊疗，以最大限度地延长生命，这也为后续临终关怀做了必要的准备。因此，充分尊重临终患者的知情权是确保救治效果并减少医患纠纷的客观基础，也是实施临终关怀的前提和伦理要求。

最后，尊重临终患者的自主决策权。这种决策权当且仅当临终患者意识清醒时才具备。具体来说，临终患者的自主决策权应当包括是否拒绝复苏、是否进行生命维持治疗以及药物的选择、疗护方法的选择、护理员的选择、辞世地点的选择乃至安乐死的抉择等，这些选择能够表达出临终患者的真实愿望与需求，是他们安心到"另一个世界"或放下俗世的重要

---

① Kessler, D. (2007). *The needs of the dying* (Tenth anniversary edition). Harper Collins, p. 9.
② Ibid., p. 10.
③ Ibid., p. 9.
④ [美]玛姬·克拉兰、派翠西亚·克莉:《最后的拥抱》，李文绮译，华夏出版社2013年版，第39页。
⑤ 北京大学人民医院:《新版〈医疗知情同意书〉出台，助医患关系和谐发展》，《北京大学学报》（医学版）2010年第2期。

表达形式，应尽量得到尊重和满足。在临终患者意识清醒时，医护人员可帮助患者制定预先指示，以传达其疗护意愿，这样既能保护患者的自主决策权，也可以避免其在丧失决策能力时遭受不必要的侵入性操作。美国于1990年通过 The Patient Self-Determination Act（PSDA），即《患者自决法案》，赋予患者参与医疗决策的权利，鼓励和协助患者制定预先指示，包括预先选择临终时可以接受和拒绝采用的医疗处置措施。[1] 库伯勒－罗斯通过多年的临终护理实践发现，临终患者有参与有关自己命运的决策的需求。[2] 遗憾的是，他们极少有机会自主选择疗法，就算住在最好的医疗院所里，他们也通常被安置在隔离病房，或时常被施以高剂量的镇静剂，还有没完没了的检查。"然而，在这些'专业疗法'下，丧失的是一个有着恐惧、疑惑、欲望、需求与人权的人类生命。"[3] 她希望医护人员和社会大众用一种全新的眼光看待末期病患，给他们以自主决策权。

安宁疗护尤其是居家安宁疗护给病患以很大的自主抉择权。它尽可能让病患了解自己的病情及其可能的进程乃至死亡的可能状况，他/她不受任何强制，疗护方式并非出于医学专业上的方便或临床试验所需，而是病患在知晓相关信息后的一种自主决定。美国著名临终疗护专家玛姬·克拉兰和派翠西亚·克莉认为，安宁疗护应顺应自然，以病患为中心，"病患有权选择自己要如何度过最后余生"是安宁疗护最重要的原则之一。[4] 由于拥有一些自主权，临终患者能够尽量地享受其剩余时光。[5]

第二，减轻痛苦原则。

老年人的临终痛苦首先是肉体上的病痛，其次是心理与情感上的痛苦。肉体上的病痛主要来自两个方面：一是不可救治的疾病所致的疼痛，如由病原微生物侵袭、恶性肿瘤、血管梗塞等引起的各种显著的炎症肿痛与癌症疼痛；二是年老所致的机体组织器官老化与脏器功能衰竭，如老年肺气肿、慢性肾功能衰竭、老年痴呆症等，病程较长，常伴有并发症。减轻患者的病痛是临终关怀的重要任务，当患者身体疼痛得到一定程度的控制之后，就会感觉舒服很多。

---

[1] Mc Closkey, E. L. (1991). The Patient Self-Determination Act. *Kennedy Institute of Ethics Journal*, 1, pp. 163–169.
[2] Kessler, D. (2007). *The needs of the dying (Tenth anniversary edition)*. Harper Collins, p. 38.
[3] [美] 玛姬·克拉兰、派翠西亚·克莉：《最后的拥抱》，李文绮译，华夏出版社2013年版，第39—40页。
[4] 同上书，第38页。
[5] 同上书，第41页。

控制疼痛的方法分为两种：药物控制与非药物控制。针对癌症疼痛，首先需要明确诊断，在此基础上采取相应的治疗方法与止痛疗法。癌症患者的疼痛分为四类：直接由癌症引起的疼痛；与癌症相关的疼痛；与癌症治疗有关的疼痛；与癌症无关的疼痛。相关调查显示，直接由癌症引起的疼痛者占78.6%。① 世界卫生组织于1986年开始推荐使用癌症三阶梯止痛法。第一阶梯针对轻度疼痛患者，采用非阿片类加减辅助止痛药，如：阿司匹林、扑热息痛、双氯芬盐酸、布洛芬、芬必得、吲哚美辛等。第二阶梯主要针对中度疼痛患者，给予弱阿片类加减非甾类抗炎药以及辅助止痛药，常用药物有强痛定、可待因、曲马多、奇曼丁等。第三阶梯针对重度疼痛患者，采用阿片类加减非甾类抗炎药及辅助止痛药，吗啡片、美菲康、美施康定等是第三阶梯的常用药。

　　临终患者心理方面的痛苦主要是对死亡的恐惧。死亡恐惧的消减以对死亡本质的辩证认识为基础，古代道家的齐生死论及"真人"三境界说对于消除老年死亡恐惧具有一定的心灵安抚作用。《庄子》载，"生也死之徒，死也生之始"②，"死生为昼夜"③，生死就像昼夜交替，是无可变更的自然之道，凡人唯有坦然接受。"不逆寡，不雄成，不谟事"④ 是道家顺时应命的"真人"第一境界；"其寝不梦，其觉不忧，其食不甘，其息深深"⑤ 是无欲无情的"真人"第二境界；"不知悦生，不知恶死"，"不忘其所始，不求其所终"，"受而喜之，忘而复之"⑥ 是齐生死的"真人"第三境界。不以生而喜，不以死而悲；既不忘记自己之由来，也不追求最终的归属；无论什么事，来了就安然受之，忘记死生，归真自然，这就是齐生死的"真人"之境，此境可以为临终患者提供一处超越生死的心灵寓所。

　　宗教关怀是基于宗教信仰的终极关怀，它既是关照现世的人文关怀，也是穿透心灵的道德关怀，更是指向来世的终极价值关怀，是减轻临终患者死亡恐惧的有效方式。⑦《圣经》载："我听见从天上有声音说：'你要写下，从今以后，在主里面而死的人有福了！'圣灵说：'是的，他们息

---

① 《癌症三级止痛阶梯疗法指导原则》，百度网（http://wenku.baidu.com）。
② 《庄子·知北游》。
③ 《庄子·至乐》。
④ 《庄子·大宗师》。
⑤ 同上。
⑥ 同上。
⑦ 赖虹、木子：《宗教关怀的三个层次及其特点》，《社科纵横》2012年第10期。

了自己的劳苦，作工的果效也随着他们。'"① 死亡对于基督徒来说是停止劳苦、安生永息，是到天国永享幸福，所以，不必惧怕死亡。"神就是光，在他毫无黑暗。这是我们从主所听见，又报给你们的信息。"② 基督教信仰就像通往天路的一束神光，陪伴临终患者跨越死亡的幽谷，在上帝圣手的牵引下来到永生的天堂，安息在上帝爱的怀抱中。

伊斯兰教认为，人的生命长短是由真主安拉定夺的，安拉既使人生，又使人死。《古兰经》说："我们确是真主所有的，我们必定归依他。"人人都要尝到死的滋味。既然生死都是由真主决定的，死亡是人生的复命归真，是今生与来世的一个连接点，那么，穆斯林就应该坦然接受死亡。明醒"伊玛尼"（信仰）与"讨白"是伊斯兰教临终关怀的具体形式。穆斯林信徒临终之际，要明确自己对真主的信仰，念诵："我作证：除安拉外，别无神灵，我作证：穆罕默德是安拉的使者。"不能自己念诵的，可由他人代诵。明醒"伊玛尼"就是在心念"作证词"中平静离世，这样，死后灵魂就能有所归依。"讨白"意为"忏悔""悔罪"。穆斯林临终之际，亲人与阿訇引导其忏悔罪过、放下精神包袱，坚定信念、一心归主；同时祈祷安拉饶恕她/他的罪过，使其安心归真。

超越生死轮回而实现涅槃是佛教临终关怀的主旨。汉传佛教有助念阿弥陀佛、做荐福佛事等临终关怀活动，藏传佛教的中阴救度也具有临终关怀的意义。佛教认为，临终是一个人凡圣分界、净秽升沉的关键时刻。《观无量寿经》曰："或有众生，作不善业，五逆十恶，具诸不善。如此愚人，以恶业故，应堕恶道，经历多劫，受苦无穷。如此愚人，临命终时，遇善知识，种种安慰，为说妙法，教令念佛。如是至心，令声不绝，具足十念，称南无阿弥陀佛。命终之时，见金莲华，犹如日轮，住其人前，如一念顷，即得往生极乐世界。"病患临终时，请人念佛，并善加开导，帮助其提起信、愿、行的正念，在佛的接引下，达至西方极乐净土。有相当一部分病患临终时恐惧、烦恼，加上身体疼痛，有的甚至死不瞑目，留下诸多遗憾。临终助念可以帮助临终者放下俗世，安心归佛，在神圣的助念仪式下，患者的病痛也能稍许减轻。"助念团"是佛教独有的为临终者助念的慈善团体，浙江温州苍南县马站地区活跃着一支"助念团"，在患者临终前念经消灾、祈福感恩，死后念诵以超度亡灵，度其升

---

① 《新约·启示录》14：13。参见《圣经》，中国基督教三自爱国运动委员会、中国基督教协会出版发行，2009 年版，第 285 页。
② 《新约·约翰一书》1：5。参见《圣经》，中国基督教三自爱国运动委员会、中国基督教协会出版发行，2009 年版，第 268 页。

天永福。一些医院设立的院牧部专门负责宗教方面的事务，承担着临终关怀的职责。香港的教会医院早在 2001 年就设立了院牧部，灵实医院所有医生、一半的护士都信仰天主教和伊斯兰教。患者平时可在规定时间做"礼拜"活动，院牧部成员根据临终患者的需要，可以到其床前做祷告，助其平静升天。

并不是每个人都信教，但贴心而温暖的宗教关怀对很多临终患者都产生了难以言喻的奇妙功效，它在一定程度上消减了临终患者的死亡恐惧与身体疼痛，帮助其超越生死，使心灵得到解脱。

临终老人情感上的痛苦集中体现为心愿未了的遗憾、对亲人的担心、亲情缺失之痛等。临终情感关怀因人、因病而异，总体要求是细心、体贴，具体方式如下。其一，亲友与医护人员要尽量了解并帮助临终老人了却心愿，开导释疑，缓解其内心的焦虑与痛苦。如：安排临终老人与一直想见而不得见的人见面，或冰释前嫌，或复拾情谊，实现与他人、与自己的和解。其二，亲友陪伴，这是对临终老人的最大安慰。其三，触摸式护理表达理解与爱，这是很多临终老人乐于接受的一种护理方式。亲人或医护人员坐在老人的床边，轻握其手，一起聆听往事或回忆一段趣事。而对体力极其虚弱无法言语者，通过眼神与手势等传达关怀与爱，这对临终老人都会起到积极的情感抚慰与心理安抚作用。香港临终服务会主任钟淑子女士曾说："不论你的情况有多坏，我们仍然能够尽一切努力减轻你的痛苦，我会陪伴你度过这些困难的日子，不会离你而去。"[1] 给临终老人一直到死的照护和关爱，帮助其平静离世，是临终情感关怀的任务。

第三，舒适照护原则。

从宏观来看，社会要给老年人提供足够的照护资源。老年照护包括日常生活照料、医疗护理和精神慰藉。有相当一部分老年人尤其是高龄老人临终前完全失能或部分失能，需要他人照护，甚至需要医护人员的专门护理。

顾大男等对中国老年人健康长寿影响因素研究项目 2005 年调查数据进行分析，发现 65 岁及以上老年人临终前 1 个月、临终前 6 个月以及临终前 1 年需要他人照料的平均天数分别为 11 天、33 天、47 天，65 岁及以上老年人临终前卧床不起的平均天数为 80 天。[2] 黄匡时、陆杰华根据

---

[1] 参见陈蕃、李伟长主编《临终关怀与安乐死曙光》，中国工人出版社 2004 年版，第 14 页。

[2] 顾大男等：《我国老年人临终前需要完全照料的时间分析》，《人口与经济》2007 年第 6 期。

国家人口宏观管理与决策信息系统（PADIS）平台数据、国际通用人口预测软件 PADIS—INT 预测以及中国老龄科学研究中心课题组 2011 年相关成果进行综合分析，结果表明：2010 年年底我国部分失能和完全失能的老年人城乡合计约 3300 万人，占老年人口总数的 19%；其中完全失能老人 1080 万人，占老年人口的 6.23%。①

ADL 量表从洗澡、穿衣、吃饭、上下床、弯腰、屈膝或下蹲、如厕等几个方面评价老年日常生活自理能力，其中至少有 1 项无法独立完成即视为自理能力丧失。北京大学国家发展研究院主持的"中国健康与养老追踪调查（CHARLS）"（2011—2012）结果显示：目前我国有日常生活照料需求的老年人约占总数的 18.03%，其中 60% 以上丧失日常生活活动能力的老年人主要为 1 项活动能力丧失，多项交叉失能者较为普遍。弯腰、屈膝或下蹲的失能比例最高，为 15.08%；吃饭的失能程度最低，为 2.83%。CHARLS 调查显示：需要日常生活照料和医疗护理的城市和农村老年人口占比分别是 7.06%、4.84%；需要生活照料和精神慰藉的城市和农村老年人口占比分别为 1.73%、4.43%；需要医疗护理和精神慰藉的城市和农村老年人口占比分别为 29.23%、32.5%；生活照料、医疗护理和精神慰藉都需要的城市和农村老年人口占比分别是 8.49%、12.53%。综合来看，老年人的照护需求是多方面的，至少需要两项照护的城乡老年人口占比分别是 46.51%、54.30%，合计 52.59%。老年人得到的家庭照料在城市和农村的所占比例分别是 85.12%、87.06%，合计 86.72%；社会照料的城乡占比分别为 6.55%、2.03%，合计 2.82%；无人照料的城乡老年人口占比分别是 8.33%、10.91%，合计 10.46%。②

上述资料表明，我国需要照护的老年人口数量具有一定的规模，不容忽视。其中一些老年人经过治疗后，虽然身体状况得到一定程度的改善，但相当一部分老年人部分失能或完全失能的状况一直持续到临终阶段直至生命终结。给临终老人提供舒适的照护是医院、社区和家庭的共同责任。我国于 2000 年左右进入老龄化社会，属于典型的"未富先老"国家，老年照护需求与实际供给资源之间存在较大的缺口。目前，我国共有注册护士 230.07 万人，每千人口护士比例为 1.39，医护比例为 1∶0.80，远低

---

① 黄匡华、陆杰华：《中国老年人平均预期照料时间研究》，《中国人口科学》2014 年第 4 期。
② 转引自张娜、苏群《基于需要视角的我国老年照料问题分析——兼论社会照料体系的构建》，《学术论坛》2014 年第 6 期。

于世界平均水平。① 概括而言，我国老年照护存在的主要问题是专业护理人员缺口大、专业化程度低、尚未建立制度化的老年照护规程，难以满足老年人全方位的综合照护需求。家庭照护是目前我国老年照护的主要形式，但以配偶、子女为主体的家庭照护的可持续性较差，居家式社区照护是今后老年照护的重要发展方向，而依托于社区的居家式临终关怀是老年临终关怀的一种重要形式。

西方一些发达国家现已形成比较完善的老年护理保险制度，基本实现了老年护理队伍专业化、老年服务质量标准化②，包括老年临终关怀服务在内的老年人综合社区护理模式（integrated community care for older people，ICCOP）值得我国借鉴。

为临终患者提供适宜的饮食和周到的护理是舒适照护必不可少的环节。老年临终患者大多消化吸收功能明显降低，需食少而稀，一般以流食为主。可根据其口味定做平时喜爱而又便于吞咽和消化的食物。有时，他/她喝几口家人做的可口的汤也许比输液效果更好，喝一小杯喜爱的饮料也会感觉很开心。衣着、被褥最好选用透气、柔软的棉质品。医护人员与家属要帮助患者搞好个人卫生，勤换衣被，勤擦身子，定时翻身、防止褥疮，及时清污、减少感染。细心、体贴、话语轻柔，切忌言行粗暴或流露出厌烦的神色，因为真正的关怀是发自内心的关爱，患者是能够体会到的。

舒适的临终环境是患者度过最后时光并安心离世的必要条件。英国、加拿大和其他一些欧洲国家注重完善专门临终关怀院的服务，临终关怀院的专业化照护程度较高。美国的临终关怀服务侧重于居家式临终照护，尽量不住医院或专门的临终关怀院。③ 我国农村老年人大多在家离世，城市老年人以在医院离世者居多。除了给临终患者提供各种必要的照护外，还要保持室内整洁、卫生，患者的居室最好朝阳，温度要适宜，墙体颜色采用白色、浅绿色、浅蓝色等柔和色调，还可以摆上几盆绿叶植物或鲜花，让患者感受到生命的活力与生活的希望。

---

① 刘宇、郭桂芳：《我国老年护理需求状况及对老年护理人才培养的思考》，《中国护理管理》2011 年第 4 期。
② Auerhahn, C., Kennedy-Malone, L. (2010). Integrating gerontological content into advanced practice nursing education. New York: *Springer Publishing Company*, p. 1. 转引自宋梅《老龄化社会背景下的老年护理教育现状与伦理学思考》，《护理研究》2016 年第 2 期。
③ 参见邬沧萍主编，杜鹏、姚远、姜向群副主编《社会老年学》，中国人民大学出版社 1999 年版，第 299—300 页。

第三节 丧葬伦理论

《吕氏春秋》曰："凡生于天地之间，其必有死，所不免也。"[①] 人生于天地之间，必有一死，这是任何人都不可逃遁的终局。丧葬伦理是关于死亡的伦理原则及其具体规范。传统丧葬制度十分复杂，主要包含丧礼、葬礼、祭礼三个部分，每种礼制各有不同的规定，承载着十分重要的社会伦理功能。现代文明丧葬既表敬哀之意，又以生态殡葬传播道德文明，尊重传统、因地制宜、绿色环保、回归自然，是文明丧葬的伦理要求。

一 传统丧葬制度的起源及其社会伦理功能

人类诞生之始，即开启死亡之思。远古时代的人们相信人是有灵魂的，而且灵魂不灭，人死后灵魂离开躯体继续活动。中国古代的"气论"形象地阐发了气与病以及灵与肉的关系。《左传》云："天有六气，降生五味，发为五色，徵为五声，淫生六疾，六气曰：阴、阳、风、雨、晦、明也；分为四时，序为五节，过则为灾。阴淫寒疾，阳淫热疾，风淫末疾，雨淫腹疾，晦淫惑疾，明淫心疾"[②]，这种朴素唯物主义的哲学医学思想是中医学上"百病生于气"的萌芽。"气"指天地万物之气，是蕴于内、显于外的一种生命力。道家认为，气是构成生命的根基。"天气不和，地气郁结，六气不调，四时不节。"[③] 对于人而言，气受损，人就会生病；元气散尽，人的生命力就丧失殆尽，这就是死亡。《庄子·知北游》载："人之生，气之聚也。聚则为生，散则为死。"人之生死乃气之聚散，气聚为生，气散则为死。《庄子·逍遥游》曰："若夫乘天地之正，而御六气之辩，以游无穷者，彼且恶乎待哉！"随顺天地万物的本性，遵循六气变化的规律，这样就能在辽阔无边的宇宙中自由翱翔，而无需借助任何外力。《庄子·在宥》提出"合六气之精以育群生"，意思是：调和六气之精华来养育众生灵。"气"由精气与形气构成，精气为"魂"，形气为"魄"。《左传·昭公七年》载："人生始化曰魄，既生魄，阳曰魂；用物精多，则魂魄强。"孔颖达疏："魂魄，神灵之名，本从形气而有；

[①] 高诱注，《吕氏春秋》之"孟冬纪第十·节丧 安死 异实 异用"，见《诸子集成》第6卷，上海书店1986年版，第96页。
[②] 《左传·襄公二十五年》。
[③] 《庄子·在宥》。

形气既殊，魂魄各异，附形之灵为魄，附气之神为魂也。"① "魂"就是人的内在生命力，"魄"是身躯、体魄，死亡就是"魂飞魄散"，也就是人的精气丧尽，而构成精气之魂离开肉身继续活动，"魄"则化作尘泥，此所谓"魂气归于天，形魄归于地，自儿而归于鬼也"。《礼记·祭法》曰："人死曰鬼。"所谓"鬼"，是指离开身躯继续活动的人的灵魂，它飘忽不定，但能洞察世事，或降祸或赐福给活着的人。为了给灵魂一个"家"，人们举行一定的丧葬活动来寄托哀思，并祈福。考古发现，北京周口店山顶洞人会在尸体周围撒赤铁矿粉，他们认为这样做能起到安魂的作用，这种丧葬习俗与同时期的欧洲相近。在新石器时代的文化遗存中，死者生前使用过的一些生产工具或生活用品被当作随葬品。②

在我国古代社会，上至天子、下至庶民，各有不同的陪葬品及相应的丧葬仪规，这在一定意义上反映出灵魂不灭的观念在古代社会是普遍盛行的。殷商时期，以灵魂不灭、鬼神敬畏以及祖先崇拜为基础的丧葬习俗逐步形成。

《礼记》载："葬于北方，北首，三代之达礼也，之幽之故也。"③将死者葬于都城之北，头也朝北，因为这是灵魂归升之所。《墨子》云，"鬼神之明必知之"，"鬼神之罚必胜之"④。汉代有"上天苍苍，地下茫茫；死人归阴，生人归阳；生人有里，死人有乡"⑤的碑文记载。上述情况反映出古人对灵魂不灭、鬼神有知的一种体认。正是灵魂不灭的观念与祖先崇拜的习俗将阴阳两界紧密联系在一起，"幽明两界好像只隔着一层纸，宇宙是人、鬼共有的；鬼是人的延长，权力可以长有，生命也可以长有。"⑥冥界不过是现实世界的一种翻版，具有等级之分与贫富之别，死而不灭的先灵仍然与后人一样享用人间的一切。因此，活着的人及其子孙后代要像孝养现世的父母尊长一样，为逝去的父母长辈及亲人等找好安身之所，并举行一定的安葬仪式，由此形成了一套有关送终和善终的丧葬礼制。

我国传统丧葬制度的社会伦理功能主要包括以下四个方面。

第一，明辨等级与亲疏。"礼"是宗法等级制度的总纲，是人们日常

---

① 《辞海》（第六版缩印本），上海辞书出版社2010年版，第812页。
② 郭大东：《东方死亡论》，辽宁教育出版社1989年版，第26页。
③ 《礼记·檀弓下》。
④ 《墨子·明鬼下》。
⑤ 参见周洁《中日祖先崇拜研究》，世界知识出版社2004年版，第79页。
⑥ 郭沫若：《中国古代社会研究》，人民出版社1954年版，第48页。

行为规范的总和。丧葬制度是传统礼制的重要组成部分，丧礼属于凶礼之一，分为丧、葬、祭三个部分。"辨君臣、上下、长幼之位"，"别男女、父子、兄弟之亲，婚姻、疏数之交"① 是传统宗法制度的基本功能，丧葬活动以其特有的方式明辨等级亲疏，实现"亲亲""尊尊"的政治伦理功能。《礼记·丧服小记》云："亲亲，尊尊，长长，男女之有别，人道之大者也。""亲亲""尊尊"既是宏观层面的社会伦理要求和中观层面的家庭伦理原则，也是微观层面的个体行为准则，它贯穿于每个人由生到死的整个生命历程。

丧葬制度明辨亲疏与贵贱等级的社会功能主要有三点。其一，死的称谓不同。《礼记·曲礼》曰："天子死曰崩，诸侯曰薨，大夫曰卒，士曰不禄，庶人曰死。"看来，"死"这一对生命消逝的最平常指称在宗法社会是专属于平民百姓的。其二，丧服礼制存在较大的差异性。《礼记·大传》云："服术有六：一曰亲亲，二曰尊尊，三曰名，四曰出入，五曰长幼，六曰从服。"丧服的制定主要依据血缘关系的远近、社会地位的尊卑、异姓女子嫁来后的名分、本族女子是否出嫁、死者成年与否以及从服，"服术"六原则体现了"亲亲""尊尊"在丧葬制度中的纲领性地位。"其恩厚者其服重，故为父斩衰三年，以恩制者也。"② 血缘关系越近，恩情越深，丧服也就越重。为父亲斩衰三年，是因为父亲的恩情最深。不同等级的人在殓服、复衾颜色、尸口所含、铭旌、明器规格、柩饰等方面均有不同的规定，不能越界乱用。其三，服丧期限有异。"亲亲以三为五，以五为九。上杀，下杀，旁杀，而亲毕矣。"③ "杀"意为递减，"上杀"是由父亲上推至祖父、曾祖父、高祖父，"下杀"是由儿子下移至孙子、曾孙、玄孙，均是共四世而穷，由内向外血亲链一层远于一层，丧葬礼重自然逐层变淡、变轻。服丧期就是根据这个丧葬制度的总纲依血缘亲疏而渐次递减的：为父服斩衰三年丧，为祖父服齐衰丧，为曾祖、高祖皆服齐衰三月；父为子服齐衰期（若为嫡长子则服斩衰三年），为孙服大功九月，为曾孙服小功五月，为玄孙服缌麻三月；为父之兄弟（伯父、叔父）服齐衰期，为祖之兄弟服小功五月，为曾祖之兄弟则服缌麻；又父为兄弟之子视若己子而服齐衰期，为堂兄弟之子服小功五月，为族兄弟之子服缌麻，服至缌麻而尽。④

---

① 《礼记·哀公问》。
② 《礼记·丧服四制》。
③ 《礼记·丧服小记》。
④ 参见杨天宇撰《礼记译注》（上），上海古籍出版社2004年版，第403—404页。

第二，表达感恩之情。孝道是传统伦理道德的根基，承载着感恩的浓情厚意。它不仅体现为孝养父母，也体现为在父母尊长去世后的丧葬祭祀活动中继续行孝，正如《孝经》所言："孝子之事亲也，居则致其敬，养则致其乐，病则致其忧，丧则致其哀，祭则致其严，五者备矣，然后能事亲。"① 丧葬祭祀是孝道不可缺少的环节，孟子甚至认为"养生者不足以当大事，惟送死可以当大事"②。《孝经·丧亲》曰："生事爱敬，死事哀戚，生民之本尽矣，死生之义备矣，孝子之事亲终矣。"不论生时的爱与敬，还是死后的丧葬和祭祀，都是因为父母恩情至大，丧葬祭祀是感恩父母的延伸。《曾子·本孝篇》曰："故孝子之于亲也，生则有义以辅之，死则哀以莅焉，祭祀则莅之以敬，如此而成于孝。"子女对待父母的生、养、病、死、祭都有不同的伦理要求，生要敬养、病要担忧、死要礼葬、祭要虔敬，正所谓"事死如事生，事亡如事存，孝之至也"③。

孔子曰："子生三年，然后免于父母之怀。三年之丧，天下之通丧也。"④ 父母生下孩子，至少要抚育三年，孩子才能慢慢地离开父母的怀抱，所以，子女为逝去的父母服丧三年是孝道的基本要求，自庶民至天子概不例外，"斯礼也，达乎诸侯、大夫，及士、庶人。……三年之丧，达乎天子；父母之丧，无贵贱，一也"⑤。《礼记》云："三年之丧何也？曰：称情而立文，因以饰群别、亲疏、贵贱之节，而弗可损益也，故曰'无易之道'也。"⑥"故三年之丧，人道之至文者也，夫是之谓至隆，是百王之所同，古今之所壹也，未有知其所由来者也。"⑦ 父母恩情深似海，三年之丧是为了表达对已逝父母的哀思和至爱真情及感恩之意，这一最长的丧期是区分群己、亲疏的重要标志，乃人之常情。三年之丧是不可更改的丧葬规则，它的普遍推行对于巩固宗法等级制具有潜移默化的重要功能。

第三，承志续业。丧葬活动是宗法社会推行礼制、实现道德教化的一种重要形式。《论语》以曾子之口提出："慎终追远，民德归厚矣。"⑧ 意

---

① 《孝经·孝纪行》。
② 《孟子·离娄下》。
③ 《中庸》第十九章。
④ 《论语·阳货》。
⑤ 《中庸》第十八章。
⑥ 《礼记·三年问》。
⑦ 同上。
⑧ 《论语·学而》。

思是：慎重对待父母的去世，追念远去的先祖，以培育醇厚的民德民风。孔子认为：“慎终者，丧尽其哀；追远者，祭尽其敬。君能行此二者，民化其德，皆归于厚也。”①"慎终追远"不仅是为了表达哀思，也是为了承志续业。孔子云：“武王、周公，其达孝矣乎！夫孝者，善继人之志，善述人之事者也。”② 孔子认为，孝就是善于继承先辈遗志和事业。斯人虽逝，英魂永存。"继人之志""述人之事"就是将先辈的高尚品行代代相传，并努力完成其未竟之业。

第四，丧祭致和。《孝经·孝治》云：“夫然，故生则亲安之，祭则鬼享之。是以天下和平，灾害不生，祸乱不作。故明王之以孝治天下也如此。”③ 古代圣明的帝王都是以孝治天下，身为天子、诸侯、卿大夫，若都能遵循孝道，父母在世时孝养之，父母去世后敬祭之，上行下效，这样，人与人就能和睦相处、天下就是太平盛世，灾害与祸乱就不会发生。由以孝治家达到天下太平的根本路径在于孝养、礼葬、敬祭的一致性，在由生到死的孝道伦理实践中实现睦亲、齐家、安邦、治天下的社会政治伦理目标，是宗法社会维护统治秩序的重要途径。《孝经·感应章》曰：“宗庙致敬，不忘亲也。修身慎行，恐辱先也。宗庙致敬，鬼神著矣。孝悌之至，通于神明，光于四海，无所不通。”到宗庙祭祀祖先时要心诚，以表敬意。平日修身养性，谨言慎行，不敢玷辱祖先的名声。天子在宗庙祭祖时若诚心诚意，那么，鬼神必会显扬其功德。孝悌的最高境界就是能够感通神明，感化四海八方的臣民百姓，这样就能无所不通、所向披靡。基于孝道的丧葬与祭祀活动，自天子至庶民都是日常生活不可缺少的重要活动，因而是教化百姓、凝聚民心以维护宗法统治秩序的血缘通途，是内化于心而外化于行的德教手段。《礼记·祭义》云：“祭日于坛，祭月于坎，以别幽明，以制上下。祭日于东，祭月于西，以别内外，以端其位。日出于东，月生于西，阴阳长短，终始相巡，以致天下之和。”祭祀日月要合于"阴阳长短"之变化，以达天下之和平，祭祀逝去的父母先祖也是这样，所谓"吉凶异道，不得相干，取之阴阳也。丧有四制，变而从宜，取之四时也"④。由此看来，丧葬与祭祀活动不只是表达哀思的方式，

---

① 刘宝楠：《论语正义·学而》，注曰："孔曰：'慎终者，丧尽其哀；追远者，祭尽其敬。君能行此二者，民化其德，皆归于厚也。'"载《诸子集成》第1卷，上海书店1986年版，第13页。
② 《中庸》第十九章。
③ 《孝经·孝治》。
④ 《礼记·丧服四制》。

也是凝聚血缘亲情、促进家族成员和睦共处的一条基本途径，是统治者据以教化民众、实现宗法血缘统治的重要手段，是实现人与自然和谐相处并达至天下之和的妙径。

二 当前丧葬活动存在的主要问题

由于传统文化的长期积淀，传统丧葬制度对当世产生了深远的影响。当父母尊长离世时，举行隆重的葬礼成为孝子贤孙们的义务。然而，传统丧葬制度内蕴的孝道在一些地方畸变成为一股骇人的"白色消费"之风。

一是坟墓占用耕地。入土为安是农村由来已久的习俗，也是绝大多数农村老人的心愿，理应得到尊重。然而，目前农村一些地方，坟墓占用耕地的现象比较普遍，应引起高度关注。目前我国每年死亡的老年人口数约为800万人，如果城镇与农村老人死亡人数各占一半，那么，每年就约有400万农村老人死亡，若全部实行土葬，按平均一尸花费0.2分土地计算，则要占用耕地8万亩；每亩按1000斤粮食计，年损失粮食0.8亿斤，可供13.6万人吃1年；按每亩折合经济收入250元计，年均减少收入2000万元，以农村年人均基本生活水准2000元计，可供1万人生活1年。每口棺材按0.5方计，全国每年浪费木材200万方；每口棺材按300元计，价值12亿元。一方面耕地严重不足，另一方面耕地被棺葬侵占；一方面轻纺工业、农业以及人民日常生活需要大量木材，另一方面许多珍贵木材随尸埋入地下腐烂。另外，"富不富，看坟墓"的攀比心理，"修好坟，泽后世"的迷信心理，使得一些地方出现了大量"在生坟"，这也在一定程度上助推了厚葬之风。

二是薄养厚葬，赎洗心债。"事死如事生，事亡如事存，孝之至也。"[①] 儒家认为，无论事死还是事生，都是为了践行人子之孝道，不可偏废。然而，在现实生活中，薄养与厚葬的道德错位现象并不少见。一些做儿女的，父母在世时不曾尽心赡养，在其清贫地过完一生而离世后，却良心发现，大摆丧席，以求得心灵安慰与心理平衡，故而厚葬成为其赎洗心债的一种补偿方式。丧葬费在农村是一笔不小的开支。按照长江中下游一些农村的习俗，死者要让人吊唁三天才能火化或土葬，为前来追悼的亲属、邻友及请来的吹鼓手、"神汉"等人办饭，一般要办50桌，以每桌200元计算，要花费1万元。加上棺材或骨灰盒、寿衣、烧纸、鞭炮及其他开销，往往要突破2万元。好在近年来，国家施行殡葬惠民政策，农村

---

① 《中庸》第十九章。

每一次殡葬给予补贴3万元,对于中档规模的殡葬来说,基本够用。

三是借尸还魂,迷信复燃。丧葬是生者为死者送行而举行的哀悼活动。按照地方传统习俗安葬逝去的亲人,这是人之常情;相反,如果违背风习而草草安葬,活着的人肯定于心不忍、愧疚不安。然而,在一些地方,借着死亡的黑色香火,迷信活动沉渣泛起。或是为了让逝去的父母尊长在阴间享福,或是为了得到庇佑,请风水先生选看墓地、择安葬吉日,请道士、和尚或尼姑祈祷、诵经,做道场以超度亡灵,还要焚烧纸做的衣服、家电、汽车、手机、佣人、存款单等,丧葬一条龙服务周到至极。在个别经济比较发达的沿海地区,"死文化"借尸还魂、迷信复燃,社会风气受到侵害,人们的心灵也遭受污染,富饶的贫瘠折射出物质文明与精神文明的巨大反差。

其实,儒家并不主张厚葬,而是主张丧葬要适宜,即"丧祭械用皆有等宜"①。《论语·八佾》载:"林放问礼之本。子曰:'大哉问!礼,与其奢也,宁俭;丧,与其易也,宁戚。'""礼"既不可多,也不可少,"礼贵在得中","唯其称也"②。既然"礼"不以奢为本,那么,丧葬之礼也不以厚葬为重;当然,也不能过于简单、草率,寄托哀思是其根本。看来,传统儒家的丧葬适宜论值得我们借鉴。

四是殡葬暴利,亟待整饬。"内地殡葬第一股"福寿园在香港上市后,成为港股自2013年以来认购人数最多的一支新股,其招股说明书称其毛利润高达80%,净利润达38.5%,一时引发热议。殡葬暴利主要来自没有价格限制的非基本服务和购买墓穴的费用。殡仪馆的殡葬基本服务项目包括遗体接送、存放、火化、骨灰寄存,有全国统一的价格标准。非基本服务的殡葬项目如骨灰盒与墓地,没有价格限制。骨灰盒单价几百元至几千元不等,有的地方一个骨灰盒的价格高达成本的3倍。当然,最贵的还是墓地。广州市银河园一个2平方米的双穴墓地,价格高达11万元至13万元。上海是目前内地最大的殡葬市场之一,传统双人墓穴的最低价都在4万元到8万元之间,有的甚至数十万元。青浦区的福寿园有25万元的艺术定制墓、8万元的成品艺术墓、4万元的传统成品墓,还有6万元的草坪卧碑墓,1万元的绿色环保墓以及2万元的室内葬,墓地收入

---

① 《荀子·王制》。
② 刘宝楠:《论语正义·八佾》,注曰:"礼之本意失于奢,不如俭。丧失于和易,不如哀戚。""先王之制礼也,不可多也,不可寡也,唯其称也。不同者,礼之差等。礼贵得中。"载《诸子集成》第1卷,上海书店1986年版,第44页。

占福寿园总收益的87%。① 当前殡葬行业的墓地市场可以说是另类的增值潜力巨大的地产业，也是殡葬利润里最大的一块黑色肥肉，亟待以严明的法律形式加以规制。

此外，个别殡葬管理部门受"黑色利益"驱动，以罚款代替火化，或将骨灰堂按方位、层架、大小进行等级处理，对追悼会也按不同规格收费，甚至与一些"黑色产业"勾结，向丧家打包推销豪华丧葬用品以及超规格的丧葬服务。虽然一般人不会为丧事讨价还价，但"被厚葬"并非人愿，因为其超出了正常的消费需求与消费水平。殡葬行业的"黑色暴利"由来已久，亟待监管部门严加监管和整顿。

三 文明丧葬的伦理要求

"殡"的本义是停柩待葬。《说文》将"殡"解释为"死在棺，将迁葬柩，宾遇之"。《礼记·檀弓》载："葬也者，藏也。"《荀子·礼论》云："故葬埋，敬藏其形也。""葬"的本义是指人死后用草席覆盖埋葬，后用棺木埋入土中。一般情况下，丧葬也可以与殡葬通用。

丧葬伦理是关于安葬逝者、表达哀思的伦理规范及其祭祀活动原则的总称。《论语·学而》载曾子之言："慎终追远，民德归厚矣。"《荀子·礼论》云："故丧礼者，无它焉，明死生之义，送以哀敬而终周藏也。"由于传统伦理文化的渗透性影响，对于现代人而言，"没有这个'终'，孝子之德，生命的意义就未完成"②。儒家"慎终追远"与道家"返璞归真"思想的有机结合是传统丧葬伦理之于现代丧葬活动可资借鉴的主要道德资源。③ 寄托哀思，继往开来，让逝者的风范光照后人，是丧葬的重要社会伦理功能，也是丧葬的目的。让活着的人生活得更好，这才是符合道德的，也是告慰逝者在天之灵的举措。

现代文明丧葬的首要伦理要求是因地制宜、遵循风习。一提到殡葬改革，很多人想到的就是火葬。火葬一般与文明、节俭、卫生、科学联系在一起；而土葬则与愚昧、落后、浪费、迷信等相关。然而，土葬是我国农村的传统丧葬习俗，在尽量不占用耕地的前提下，应充分开发和利用非耕地如堤坡、不适合种植的山头等做墓地。在一些偏远的地区，尸体就地埋

---

① 张玥、汪乐萍：《中国每年死亡人口约1000万背后的墓地生意》，创业邦网（http：//www.cyzone.cn/a/20140408/256195.html）。
② 李景林：《儒家的丧祭理论与终极关怀》，《中国社会科学》2004年第2期。
③ 参见李伯森主编，肖成龙副主编《中国殡葬事业发展报告（2014—2015）》，社会科学文献出版社2015年版，第251页。

葬比火葬更方便、更经济，因为将尸体运至火葬场要支付一笔运输费，还有火葬费及骨灰盒费等。在一些山区，更要翻山越岭或长途跋涉才能火化尸体，实在是劳民伤财。另外，一些少数民族各有不同的丧葬习俗，如藏族的天葬，傣族、门巴族的水葬，濮越族的悬棺葬，鄂温克族、鄂伦春族的树葬等。《殡葬管理条例》第六条规定："尊重少数民族的丧葬习俗；自愿改革丧葬习俗的，他人不得干涉。"丧葬改革既要有步骤地推行，又要因循文化传统与各民族的丧葬习俗，做到因地制宜、因族而异。

现代文明丧葬是回归自然的生态殡葬。虽然土葬是很多农村地区的风习，在一定意义上也具有回归尘土的意涵，但土葬终究不能与生态殡葬画等号。因为随着尸体腐烂、变质、溶解，大量病菌及某些有害微生物会对土壤、水源、植被等造成不同程度的污染，有的病菌溶解于水土中，污染时间长达数十年。提高预期寿命以及父母尊长健康长寿是每个人的心愿，但也应该看到，随着我国人口结构老龄化程度逐步加剧，每年死亡的老年人数量呈现出增加的趋势。当达到一定年限时，死后"无处可葬"将成为一大社会难题。火化是一种既便捷又卫生的遗体处理形式，尸体焚化时600度至1000度的高温足以杀灭任何病菌。随着火化设备无公害技术的应用与推广，烟尘经过净化、消烟处理，火化方式将更加科学、卫生和文明。

从土葬到火葬是一次革命，从保留骨灰到不保留骨灰又是一次革命。1956年，毛泽东等老一辈革命家签名倡导火葬，拉开了我国丧葬改革的帷幕。刘少奇的骨灰一部分播撒在河南大地、一部分融入大海；胡耀邦的骨灰撒在江西共青城；聂荣臻的骨灰撒在西昌沙漠；邓颖超的骨灰撒在天津海河；李先念的骨灰撒在大巴山、大别山与祁连山上……与江河大海、高山故地融为一体，这是真正的回归自然，是生命的万古长青。

《庄子·列御寇》记载了这样一个故事：庄子将死，弟子欲厚葬之，庄子曰："吾以天地为棺椁，以日月主连璧，星辰为珠玑，万物为斋送。吾葬具岂不备邪？何以加此！"弟子曰："吾恐乌鸢之食夫子也。"庄子曰："在上为乌鸢食，在下为蝼蚁食，夺彼与此，何其偏也。"这是道家反对厚葬、主张返璞归真的生态殡葬的经典之论，反映出庄子愿葬身天地间，以追寻最高的逍遥之境。这对于今天我们倡导和推行绿色环保的生态殡葬仍然具有一定的借鉴意义。化作尘泥更护花，回归自然的生态殡葬有多种形式，如：树葬、海葬、草葬。日本一个市民团体曾对向岩手县临济宗寺院祥云寺树葬公园墓地提出树葬申请的240人进行调查，对"申请树葬的理由"这个问题的回答，70%的人选择"可以回归自然"，40%的人表示"不愿使墓地成为子女的负担"[①]。树葬是时下日本流行的一种丧葬方式,具体做法是:把骨灰埋在山中的墓地里,然后种上喜欢的树木做活墓碑,还可在树上挂上纪念饰物,这种方式为热爱大自然的人们所接受。北京太子峪陵园是我国第一座骨灰纪念林,建林初就有200多位死者的骨灰掩埋在绿树丛中。1993年天津市郊区开辟了一座树木陵园,专供市民葬骨灰。随着陵园规划设计工艺的提高,越来越多的陵园集丧葬、思亲、休闲于一体。亲人们将逝者的骨灰撒入树坑,再栽上树苗或花草,以后即可按统一编号前来松土、锄草,以示祭奠。此举简便、经济、卫生,既依循了入土为安的民俗,又能满足后人祭奠的需求,也美化了环境,体现了人类源于自然归于自然的法则,同时映射了"化作尘泥更护花"的奉献精神。

安葬逝者只是完成了丧葬的第一步,祭奠逝者则是一种持久的缅怀活动。随着信息传媒的快速发展,网络成为祭奠尊亲的隐形平台,越来越多的人接受了这种网祭方式。在祭祀网站,鼠标轻轻一点,就能为故亲献花、上香、点烛、献贡,还能点歌,不仅省时省钱省力,还很私密、环保、文明。这也许是今后丧葬改革的一个方向。

[①] 闻川:《"树葬"化为草木伴青山》,《百姓》2004年第8期。

第八章　全球化视镜下中西老龄伦理优化发展的基本原则

不同文化之间的交流与互鉴是人类文化发展与社会文明进步的重要途径，中西老龄伦理文化亦如此。罗素曾说，不同文明的接触，以往常常成为人类进步的里程碑。希腊学习埃及，罗马学习希腊，阿拉伯学习罗马，中世纪的欧洲学习阿拉伯，文艺复兴时期的欧洲学习东罗马帝国。学生胜于老师的先例不在少数。至于中国，如果我们视之为学生，可能又是一例。事实上，我们要向他们学习的东西与他们要向我们学习的东西一样多，但我们的学习机会却少得多。① 美国夏威夷大学哲学系教授成中英认为，21世纪是现代人类文明的全球化与本土化同时加速发展和强烈激荡的世纪。② 中西老龄伦理文化虽然在道德根基、利益分配、制度建构、社会关怀、健康公平、善终"优死"等诸多方面存在不同程度的差异性，却又相互补充。在同化中保留差异性，在差异性中追求共性，一体性与多元性并存互发，是全球化视镜下中西老龄伦理文化交融互补和共同优化发展的基本路径。

第一节　基于老年主体论的人本原则

老龄伦理是与老龄人口和老龄问题密切相关的社会伦理关系，以及有效调整老龄社会伦理关系的基本原则及其具体道德规范的总和。老年群体的客观存在是老龄问题产生和老龄伦理关系形成的重要原因之一。老者为尊是农耕生产方式的社会道德产物，是等级制文明社会的基本人伦规范。

---

① ［英］罗素：《中国问题》，秦悦译，学林出版社1996年版，第146页。
② 成中英：《21世纪中国哲学走向：诠释、整合与创新》，《中国社会科学院研究生院学报》2001年第6期。

源于祖先崇拜与孝道的人本伦理强调血亲之爱,承载着孝老爱亲的道德情怀。西方宗教性神本伦理亦蕴含着感恩父母、关怀老者的人本情义。由此可以说,人本思想是中西方老龄伦理文化孕生的共同道德源点,人本原则是中西方老龄伦理文化融合互补和优化发展的首要原则,基于老年主体论的人本原则的具体要求是老者为尊、弱者优先。

一 血亲之爱与神启之情

如果说中国传统道德文化的根柢是源于祖先崇拜与家族本位的孝道,那么,西方传统伦理文化的核心则是基于宗教崇拜与个人本位的神道。不论孝道还是神道,"人本"都是题中应有之意,人口结构老龄化背景下的"人本"就是以老者为道德关怀之本。基于血亲之爱的孝道为孝老爱亲奠定了深厚的血缘伦理基础,源于神启之情的宗教神道则为尊老孝亲提供了泛爱的伦理基石,二者相容互补,成为推动中西老龄伦理文化共同优化发展的道德文化之源。

孝道始于血亲之爱。孔子曰:"夫孝,始于事亲,中于事君,终于立身。"① 孝行从赡养父母开始,扩展到侍奉君主,是人毕生要修的德目。孟子云,"亲亲,仁也"②,血缘亲子之爱是孝道最为深沉的道德心理基础。孔子曰:"君子务本,本立而道生,孝悌也者,其为仁之本与。"③ "弟子入则孝,出则悌,谨而信,泛爱众而亲仁。"④ 仁爱是血亲之爱的道德升华,将孝道推而广之,即"泛爱众",也就是普爱天下的民众。如果说孝老爱亲是父母子女之爱、兄弟姐妹之爱,那么,"泛爱众"则是普天下之爱,这种爱是生发于血缘关系的人本之情,是由个体家庭延伸至整个社会的人本之道。

《孝经》从天子到诸侯、卿大夫乃至士与庶人,对孝进行了伦理分层,或贵为天子,或贱为庶民,虽社会地位与身份迥异,但尊老行孝无异。《礼记》曰:"先王之所以治天下者五:贵有德、贵贵、贵老、敬长、慈幼。此五者,先王之所以定天下也。……贵老,为其近于亲也;敬长,为其近于兄也。"⑤ "老"近于亲,"长"近于兄,这是"贵老""敬长"的血亲心理基础。可见,自上至下、由内而外奉行的孝道是生发于血缘亲

---

① 《孝经·开宗明义》。
② 《孟子·尽心上》。
③ 《论语·学而》。
④ 同上。
⑤ 《礼记·祭义》。

情的人本之道。"老吾老,以及人之老"①,从爱自己的父母做起,推广到关爱天下所有的老人,这种推己及人、由近至远的情感辐射法符合人的道德情感与道德行为发展的一般规律,也是人本原则特有的道德实践方式。

孝养父母与祖先崇拜具有伦理同源性,正如韦政通先生所言:"宗教化的孝道,是由儒家的孝道伦理和远古传下来的祖先崇拜结合而成,它才是维系中国家族制度达数千年之久的真正基石。"② 祖先崇拜作为中国的宗教,延伸到现世就是对父母尊长的孝养,因为父母乃祖先的化身,是活着的先祖,孝养父母是祖先崇拜的一种现实延伸,体现出关爱尊长、报恩父母的浓情厚意。

西方基督教的泛爱思想也体现出浓厚的孝亲人本情怀。由于基督教是神本宗教,其所蕴含的人本情怀通过神启得以彰显,它所承载的爱是一种以上帝为至尊的泛爱。据《圣经》记载,上帝给人类颁布了十条诫命,第五条就是"当孝敬父母,使你的日子在耶和华你神所赐你的土地上得以长久"。使徒保罗在书信中讲道:你们做儿女的,要在主里听从父母,这是理所应当的;要孝敬父母,使你得福,在世长寿。爱父母与爱上帝是一致的,因为父母是上帝在人间的化身,对父母尊长的孝敬是爱上帝的一种人间投射,孝老爱亲就是敬神爱神。轻慢父母的,必受诅咒;打父母、咒骂父母的,必把他治死。《马太福音》说:"当孝敬父母,又当爱人如己。"《圣经》倡导奉养父母,并有孝养父母的故事记载。如:饥荒之年,当弟兄们逃荒到埃及时,约瑟不计前嫌设宴款待他们并施与米粮,同时念念不忘年迈的父亲,关切地询问:"我的父亲还在吗?"他以埃及最好的地来奉养遭难的父亲全家。约瑟30岁时出任埃及宰相,享年110岁。大卫被追杀时,恳求摩押王让自己的父母搬来一起住,大卫住山寨多少日,父母便在摩押王那里住多少天,这样就能每天看到父母并照顾他们。后来大卫做了以色列王40年。耶稣临死前将母亲托付给爱徒约翰代为奉养,而约翰成为耶稣12门徒中唯一的百岁寿终者。这些故事说明一个道理:孝老爱亲必有福报。所以,《圣经》说:"如果有人不看顾亲属,就是背了真理,比不信的人还不好,不看顾自己家里的人,更是如此。"耶稣严厉谴责那些不孝养父母的法利赛人违背了上帝的诫命。

综上所述,西方基督教以上帝诫命与神佑的方式倡导人们孝老爱亲,蕴含着敬爱父母与感恩父母的代际伦理情愫,体现出西方宗教神本信仰下

---

① 《孟子·梁惠王上》。
② 韦政通:《中国文化概论》,吉林出版集团有限责任公司2008年版,第277页。

的人本伦理情怀。

二 老者为尊与弱者优先

老龄问题是伴随着老龄人口增加以及人口结构老龄化而出现的现代社会问题。在传统农耕时代，社会总人口数和老龄人口数均处于比较合理的阈值，不存在物质层面上的老龄问题。工业革命以来，科技革命不仅使社会生产力获得飞速发展，也为人口的繁衍提供了沃土。根据联合国人口统计标准，当一个国家或地区60岁及以上人口达到人口总数的10%，或65岁及以上人口达到总人口数7%的时候，即进入老龄社会。德、英、瑞典等发达国家率先进入老龄社会，我国于2000年左右进入老龄社会。老年人既是社会关怀的受众即客体，也是健康老龄化的实践主体。基于人口结构老龄化的人本伦理原则就是以老年群体为主客统一体，通过制定和实施相关老龄社会政策，最大限度地保障老龄人口的整体利益，并有效推进社会健康老龄化的伦理原则及其道德规范，其具体道德要求就是老者为尊、弱者优先。

老者为尊是基于老年主体论的人本伦理意涵，主要指尊重老年人的社会主体性，并最大限度地发挥其社会价值。主体指现实地从事社会实践和认识活动的人。主体性是作为主客统一体的人在实践过程中所表现出来的自主性、能动性、自由性和目的性。人是本体论意义上的世界之本，是价值论意义上之本[1]，老年人亦不例外。幼儿、青年、中年、老年是人生的不同阶段，各有不同的特点。发育与成长是幼儿阶段的主要活动；学习知识与磨炼技能是青年时期的主要任务；支撑家庭与奉献社会是中年人的重要使命；传、帮、带则是老年阶段的特有实践形式。不同阶段依次衔接，组成个体的生命时序，不同阶段的实践活动描绘出丰富多彩的人生图景。无数个体代代相续的实践活动推动人类社会不断向前发展，从低级社会形态一步一步走向高级社会形态。人正是在实践中彰显了主体性，这种主体性寓于个体生命进程与人类整体发展相交织的历史长河中，是个体主体性与人类主体性的高度结合，是基于实践的主客体之统一性。

人是现实世界之本，而实践又是人的生存之本。在人生的不同阶段扮演着不同的角色，有着不同的使命与实践方式。老年人虽退出了职业劳动角色，但并不因此而丧失社会主体性。相反，老年人是社会财富的创造者，是社会发展的铺路者，理当属于重要的社会主体，其主体性在传、

---

[1] 参见张奎良《"以人为本"的哲学意义》，《哲学研究》2004年第5期。

帮、带的实践中得到充分体现。

应该看到，在古代农业社会，老年人在生产经验积累和道德文化传承方面具有绝对的权威性，他们是年轻人的大脑和教科书。自给自足的自然经济形态孕育了老龄霸权，老年人的社会主体性得到极大的肯定与发挥。然而，自工业革命以来，科技的迅猛发展和生产工具的不断改进使传统的经验型生产方式成为过去，老年人的权威地位及其社会主体性受到冲击，老龄霸权不复存在，老龄歧视却由此而生。同时，在后工业时代，退休制度使老年人的社会主体性随着劳动角色的制度性终止而大大削弱，并导致其社会地位边缘化，这是老年群体的负面社会特征之一，不论发达国家还是发展中国家，大抵如此。

与老龄歧视相关的理论主要有年龄分层论、脱离理论、冲突论，它们从不同角度对老年群体的社会主体性、社会价值以及角色特征等进行描述，包含不同程度的老龄歧视。

老龄霸权与老龄歧视是代际不公正的两个极端现象。老龄霸权已成为过去，但它对老年人社会主体性的尊重具有积极的伦理导向意义，这一点可资借鉴。社会发展是代代相续的过程，文明的积淀汇聚成人类历史的长河。"今天"的老年人是"昨天"的年轻人，"今天"的年轻人则是"明天"的老年人。肯定老年人的社会主体性实际上是对人之为主客统一体的肯定，是对人类文明历史积淀的价值确认，也是对社会发展的价值期待。消除老龄歧视现象，正确认识老年人的社会主体性，恰当评价其社会价值，是实现代际公正的理论前提，也是实现健康老龄化的认识论基础。

弱者优先是基于道德关怀论与老年客体论的人本伦理要求。"弱势"既指经济与政治上的弱势，也指生理与心理上的弱势。经济上的弱势群体指在社会资源分配中处于不利地位，难以维持一般社会生活标准的人群；政治上的弱势群体指由于缺乏政治参与机会和其他社会机会而在社会上处于劣势地位的群体；生理上的弱势群体是因某种生理缺陷或年老体衰而使日常生活受到一定限制的人群；心理上的弱势群体是因遭遇特殊事件而陷入心理困境的人群。由此，弱势群体包括经济弱势群体、政治弱势群体、生理弱势群体以及心理弱势群体。低职化或无职化、经济贫困化、社会地位边缘化、心理脆弱化是弱势群体的主要特征。退休带来的一系列角色转换是老年人成为多重弱势人群的重要原因。首先，人至老年，身体各项脏器功能不可逆转地衰退，老年人自然成为生理弱势群体。其次，从劳动角色向非劳动角色的转换造成经济收入的跌落，他们往往成为经济上的弱势群体。再次，从职业角色向家庭角色的转换造成政治参与机会及其他社会机会的减少,导致老年人的政治地位削弱和社会地位边缘化,而成为政治上的弱势群体。最后,从配偶角色向单身角色的转换,丧偶老人极易陷入形单影只、心灵孤寂甚至绝望的情感阴霾,成为心理上的弱势群体。

对老年人给予全面的社会关怀是人道主义的基本要求。尊老敬长是传统孝道之根本,是儒家仁爱思想的重要内容。孔子认为,"仁"的内核就是"爱人"①,即关爱他人;并提出"泛爱众,而亲仁"②。由爱亲而博爱众人,体现出泛爱的人道主义伦理情怀。对老年人赐物、减免租役、垂询存问,并对贫困老人进行救济,是历代统治者实施老年社会关怀的具体措施。《周礼·地官司徒·遗人》载:"遗人掌邦之委积,以待施惠。乡里之委积,以恤民之艰阨;门关之委积,以养老孤;郊里之委积,以待宾客;野鄙之委积,以待羁旅;县都之委积,以待凶荒。"《册府元龟·帝王·养老》载:"元狩元年四月,赦天下。赐民年九十以上,帛人二疋、絮三斤;八十以上,米人三石。元封元年登封太山,还。诏行所巡至七十以上,帛人二疋。"宋代有诏云:"开封府雪寒,京城内外老疾幼孤无依者,并收养于四福田院。"③ 明洪武十九年(1386年)诏有司行惠民养老之政令:"初制民年七十之上者,许一丁侍养,免其杂泛差役。至是令所在有司审耆民,年八十、九十邻里称善者,备其年甲行实具状。奉闻贫无产业者,八十以上每人月给米五斗,肉五斤,酒三斤。九十以上岁加帛一疋,絮五斤,其有田产仅足自赡者,所给酒、肉、絮、帛亦如之。其应天、凤阳二府,富民年八十以上赐爵里士,九十以上赐爵社士,皆与县官平礼。"④ 生有所养、死有所葬,年岁越大、受赐越多,并且有的地方还给一部分高龄老人"封官加爵","里士""社士""乡士"就是赏赐给年老者的爵位,与县官平礼,虽无实权,却表敬重。可见,关爱老人、弱者优先,保障老年人的生养权与死葬权是古代统治者实行仁政的重要举措,也是传统人道思想的具体体现。

人道主义是老年社会关怀的底线,从底线关怀向全面伦理关怀跃升是当代政府的重要职能。老年人是社会弱势群体,是社会关怀的优先受众。人口老龄化视域下弱者优先的具体内容包括以下两个方面。

一是从老龄人口的整体生存现状与实际需求出发制定相关社会政策,不断提升老龄人口生活质量,逐步推进整个社会健康老龄化。《维也纳国

---

① 《论语·学而》。
② 《论语·阳货》。
③ 《续资治通鉴长编》卷二百四十八,《熙宁六年》。
④ 《续文献通考》(一)卷四十九,《学校三》。

际老龄行动计划》指出:"所有国家优先考虑的问题是如何确保它们为年长者作出的巨大的人道主义努力,不至于使人口中日益增加的、较为消极和无所向往的那一部分人固步自封地维持下去。"① 老年社会伦理关怀以政府为主导,以社区和家庭为基点,是政府善治、社区为老服务和家庭孝养三者结合的社会伦理系统工程。党的十八大报告首次明确提出"积极应对人口老龄化,大力发展老龄服务事业和产业"②。党的十九大报告进一步指出:"积极应对人口老龄化,构建养老、孝老、敬老政策体系和社会环境,推进医养结合,加快老龄事业和产业发展。"③ 坚持发展为了人民、发展依靠人民、发展成果由人民共享,做出更有效的制度安排,不断促进社会公平正义,使人民获得感、幸福感、安全感更加充实、更有保障、更可持续,是政府善治的根本目标。人口结构老龄化对政府善治的基本要求就是逐步建立以权利公平、机会公平、规则公平为主要内容的社会公平保障体系,不断完善社会养老保障制度和老年医疗保障制度,充分实现老有所养、病有所医。社区为老服务主要包括老年日常照料、老年护理、老年人精神文化活动等。家庭孝养主要是子女对老年父母的物质赡养与精神慰藉。

二是对老年弱势人群即老年残疾者、失能者、高龄老人以及老年妇女给予特殊的制度伦理关怀。威廉·葛德文(William Godwin)说:"在同每一个人的幸福有关的事情上,公平地对待他,衡量这种对待的唯一标准是考虑受者的特性和施者的能力。所以,正义的原则,引用一句名言来说,就是:'一视同仁'。"④ 权利平等是社会正义的具体要求,是人本原则的价值基点。保障老年人的合法权益,确保老年人和当下劳动者平等分享社会发展成果,在此基础上,对老年弱势人群给予特殊的制度关怀,是解决老年问题的一个突破口。世界卫生组织强调:"对贫困、生活艰难和农村的老年人应给予特别的关注。"⑤ 就当前我国的具体情况来看,调整

---

① 参见全国老龄工作委员会办公室、中国老龄协会编《第二次老龄问题世界大会暨亚太地区后续行动会议文件选编》,华龄出版社2003年版,第323页。
② 胡锦涛:《坚定不移沿着中国特色社会主义道路前进 为全面建成小康社会而奋斗》,《人民日报》2012年11月18日第3版。
③ 习近平:《决胜全面建成小康社会 夺取新时代中国特色社会主义伟大胜利——在中国共产党第十九次全国代表大会上的报告》,人民出版社2017年版,第48页。
④ [英]威廉·葛德文:《政治正义论》(第一卷),何慕李译,商务印书馆1980年版,第84—85页。
⑤ 参见世界卫生组织编《积极老龄化政策框架》,中国老龄协会译,华龄出版社2003年版,第48页。

国民收入分配格局，加大再分配调节力度，着力解决收入分配差距较大问题，使再分配杠杆更多地向老年弱势群体倾斜，是政府的主要职能，是改善老年民生的有效途径。

第二节　基于老年权利论的全球正义原则

正义原则是以主体权利与义务对等交换为基础的价值原则[1]，包含制度设计正义与制度实施正义。正义原则既是每一个国家社会制度建构与实施的根本伦理原则，也是跨越国界的全球普遍伦理准则。保证制度和规范运作的无条件公正，以维护和实现所有社会成员的基本权益[2]，是正义制度建构的终极目标。然而，不论是在国家层面，还是在全球范围内，实现这一目标都绝非易事。

基于老年权利论的代际正义原则具体包含以下两个层面的内容：一是国家层面老年主体的权利保障，特别是老龄化国家老年人的权利保障问题；二是国际视野下老年群体的普遍权利主张及其实现问题。确保老年人的基本权利不受侵犯及其基本利益得到实现，是每一个国家尤其是老龄化国家政府的重要职能。全球化视镜下老年人的权利主张及其实现是一个十分复杂的问题，资源跨国流转是基于"先富后老"与"未富先老"以及"未富将老"的国情差异的必然要求。随着银发浪潮在全球逐渐铺展开来，全球正义成为老年权利保障的重要价值基础，也是全球化视域下中西老龄伦理文化优化发展的根本原则之一。

一　契约正义与血缘正义

正义是人类永恒的价值追求，也是社会伦理实践的基本原则，它是社会历史发展的产物，是一切美德之源。正义原则可以追溯到古希腊时期的世界大同思想，它有三个要点：个人是道德关怀的最基本单位；对每个人的道德关怀是平等的；这种关怀适用于世界上任何角落的个人。[3] 古希腊时期的大同思想体现了西方权利平等的价值主张以及道德关怀的普适性，这是正义思想的萌发。古希腊时期的先哲们对正义有过不同的阐释。柏拉

---

[1] 万俊人：《正义为何如此脆弱》，经济科学出版社2012年版，第5页。
[2] 同上。
[3] Venkatapuram, S. (2011). *Health justice*. Polity Press, p. 220.

图认为，正义包含全部最基本的美德，是其他诸美德实现的最高境界。正义体现为等级分工完善，不同等级的人履行各自的义务、不干涉别人的事情，还表现为个体将正义内化于品格所达到的精神和谐状态。正义的实现要求国家的完善发展以及所有美德恰如其分的结合。亚里士多德主张"中庸为善"，认为善就是正义，而正义以公共利益为依归。践行中庸之道，养成为善的行为习惯，是成德达善的根本途径。他说："要使事物合乎正义（公平），须有毫无偏私的权衡；法律恰正是这样一个中道的权衡。"[①] 他认为，正义的实现需要法律保障。修习德行、努力成为"善人"，并维护城邦公共利益，是古希腊城邦时期"正义"的基本要求。

城邦时期的正义观念是在彻底摧毁原始血缘关系进而形成契约关系的基础上逐步建立起来的。由于契约经济解构了自然经济，契约关系取代了原始的血缘关系，财产的个人私有替代了财产的家庭共有，家庭不再是个体由生到死的场所，并不再承担养老的职能，由此，养老社会化成为契约经济发展的必然要求。契约正义是契约经济的伦理要义，也是现代西方老龄伦理文化的重要来源及内容，现代西方社会养老保障制度就是在契约经济的基础上以契约正义为原则建立起来并不断发展完善的。人口结构老龄化背景下的利益伦理、制度伦理、关怀伦理、健康伦理以及善终伦理是以老年主体权利及其实现为基本内容的社会契约伦理关系，以及调整此关系的伦理原则与道德规范的总和。正义原则是贯穿老龄利益伦理、老龄制度伦理、老龄关怀伦理、老龄健康伦理以及善终伦理的基本原则之一，分配正义、制度公正、健康公平、道德关怀的制度伦理建构以及圆德善终是正义原则的具体道德要求，也是正义原则之于老龄伦理的价值旨归。

中国传统正义论强调"天下为公"。《礼记·礼运》曰："大道之行也，天下为公，选贤任能，讲信修睦。故人不独亲其亲，不独子其子。使老有所终，壮有所用，幼有所长，鳏寡孤独废疾者，皆有所养。"大同社会就是天下为公的理想社会。《吕氏春秋·贵公》载："昔先圣王之治天下也，必先公；公则天下平矣，平得于公。"圣王平治天下之"公"指为政公明、制度公正。

中国传统正义论凸显了基于血缘关系与孝道伦理的角色责任。传统宗法社会以血缘关系为纽带，家国同构，"公"之于国与"孝"之于亲是一脉相承的。因此，上至天子，下至诸侯、卿大夫、士，乃至庶民，都须严

---

① ［古希腊］亚里士多德：《政治学》，吴寿彭译，商务印书馆1965年版，第167页。

格履行身份角色，恪尽孝道责任，这就是正义。相反，违反孝道就是大逆不道，就是不仁不义，所谓"五刑之属三千，而罪莫大于不孝"①。尊老孝亲是孝道伦理的基本要求，它延伸到整个社会，则体现为臣民对君王之"忠"，孝老尊亲与忠君报国的高度统一就是血缘正义。孝于亲与忠于君相统一的政治伦理模式正是借助牢固的血缘正义来实现以家统国、天下大同的一条妙径。传统家庭养老模式体现出浓厚的孝老爱亲伦理情怀，而宗法社会孝道伦理之法律化使这种具有血脉温情的老年道德关怀成为兼具道德责任与法律义务的法伦理行为。传统家庭养老模式之所以延续几千年，不仅是因为血浓于水的亲情，更因为其承载着孝道伦理之正义品格。如果说传统家庭养老体现为以孝道为根基、以哺育与"反哺"为形式的家庭内资源流转与代际情感互动，那么，现代社会养老保障则体现为以代际正义为价值理念，以成果共享为目标的社会财富代际流转与社会性代际责任伦理互动关系。

　　一个社会如何对待老年人，反映出这个社会的文明程度。老年问题涉及社会的方方面面，贯穿于个体由生到死的过程。孔子曰："生，事之以礼；死，葬之以礼；祭之以礼。"②"事死如事生，事亡如事存，孝之至也。"③ 传承孝道伦理，以正义的制度安排保障老年群体的合法权益，通过家庭、社区、政府三位一体的道德关怀网络促进老龄健康公平，并使其圆满地走向人生的终点，这就是传统孝道之于老龄伦理的现代价值转换，也是正义原则对于老年社会伦理问题的具体破解路径之一。

　　以财产私有制为基础的契约经济是资本主义生产关系的基础，也是孕育契约伦理及契约正义的土壤。资本主义由自由竞争发展到垄断阶段，以契约经济为基础的契约正义成为社会正义的主旨，契约正义以功利主义为基础，强调立约双方权利与义务的对等性、机会的公平性以及结果的相对合理性。老龄伦理问题错综复杂，应对这些问题既要从全球经济一体化、全球伦理文化的融合互生以及人口结构老龄化在全球的逐步展开这些共性出发，又要立足不同国家的特点尤其是老龄人口的现状及其实际需求。契约正义是当代西方化解各种利益矛盾并进行社会伦理规制的一个重要隐性机制，也是破解老龄伦理问题的根本原则之一。

　　血缘正义与契约正义分别是中西老龄伦理文化的重要价值来源，分别

---

① 《孝经·五刑》。
② 《论语·为政》。
③ 《中庸》第十九章。

构成了现代中西社会制度正义的价值基础。中华人民共和国成立以来尤其是改革开放以来，我国社会养老保障制度建设取得了令人瞩目的成绩，社会养老逐步成为主导性的养老形式；然而，家庭孝养仍然是一种重要的养老形式，在当前农村更是如此。以契约正义为核心的现代西方社会养老保障制度为老年人安享晚年提供了坚实的物质保障。血缘正义与契约正义作为社会保障制度内蕴的伦理精神，二者的互补互鉴成为实现老年权利的正义之源。

二 全球正义视角下老年权利保障

老龄伦理问题概而论之，主要包括两个方面：一是老年权利及其保障，二是政府责任及其伦理规制。老年权利是正义原则的价值依据；政府责任及其伦理规制本质上是一种程序正义，是实现老年权利的程序要求。美国当代著名伦理学家约翰·罗尔斯指出："正义的主要问题是社会的基本结构，或更准确地说，是社会主要制度分配基本权利和义务，决定由社会合作产生的利益之划分的方式。""一个社会体系的正义，本质上依赖于如何分配基本的权利义务，依赖于在社会的不同阶层中存在的经济机会和社会条件。"① 罗尔斯强调基于权利与义务合理分配的制度公正，反映了当代西方正义论的基本价值取向。

在利益主体多元化、文化形态多样化、国际交往多端化的今天，全球正义成为人类共同的道德呼唤与价值追求，正义原则也由此成为中西方老龄伦理文化相互借鉴与优化发展的核心原则之一。有学者认为，全球正义或跨越国界的公正是不存在的，因为公正需要主权国家通过一定的机构或制度来实现，没有全球主权或世界政府，公正不一定能够实现。② 另有学者对此持反对意见，如 Daniels 认为："为了将社会公正哲学与复杂的现实世界以及人权法律折中起来，我们正在寻求一种能够培养出每个人权利的全球公正理论。"③ "鉴于人权反映了经不同国家推理的道德观念，以及大量人权法律对于全球社会与政治文化的重要性，在将全球公正理论化的过程中忽略人权是十分危险的。在当今世界，一种途径或一种理论或社会公正本身，都需要考虑各不相同且互相依赖的国家这个现实，也需要考虑人

---

① ［美］约翰·罗尔斯：《正义论》，何怀宏、何包钢、廖申白译，中国社会科学出版社1988年版，第7页。
② Venkatapuram, S. (2011). *Health justice*. Polity Press, pp. 216–217.
③ Ibid., p. 218.

们对于国际人权法律表达的观点所达成的共识。"① 人权及其伦理共识是 Daniels 全球正义主张的权利道德基础。

Sridhar Venkatapuram 认为："我们经常将社会与法律判断为公正或不公正，而为了做出这样的判断，我们必须将注意力集中于那些在部分国家中同意或践行之外的观念。"② 这意味着在全球化的今天，推行于部分国家的权利还不足以成为普适性的权利，超越国界的人类基本道德权利才能成为全球性的权利主张。Sridhar Venkatapuram 进一步指出，就像许多人关注国际人权法律，是因为它意味着一种超越国家的人类权利之源与不断增加的人类义务之源。③ 正义原则是人类实现自身基本权利的价值指南，也是一切权利得以实现的道德保障与法律要求。虽然正义原则在不同国家的具体要求及其实现是相对的，但人类基本权利由应然向实然转化的要求具有一致性，老年权利保障机制具有一定的互鉴性，这是探寻全球正义的客观基础。在纯时间的视野里，老年人代表着过去，对老年人的社会关怀反映出人类对历史的珍惜以及对自身未来命运的真切关注。人口结构老龄化背景下的全球正义是建立在人类道德理性基础之上，以老龄利益伦理、老龄制度伦理、老龄关怀伦理、老龄健康伦理以及善终伦理为主要内容，以代际正义、制度公正、健康公平为具体要求，以全方位的老年道德关怀为实践方式，以"圆德"善终为道德归宿的一种最低限度的道德共识和价值理性。

老龄社会伦理问题错综复杂，而利益问题是重中之重。分配正义、制度公正、健康公平作为老龄伦理的具体原则，通过保障老年群体合法权益、促进社会制度公正以及实现"仁寿"的健康伦理目标，在人类追寻全球正义的过程中具有超越时空的道德价值，其普适性应为所有国家特别是老龄化国家所认可。Sridhar Venkatapuram 认为："一方面，不同社会中存在对于受损害和早死的义愤及其不公平的见解；另一方面，我们要从学术角度创建跨越国界的公正概念，试图将二者结合起来是有困难的。"④ 虽如此，人类对正当权利的追求和全球可持续发展的终极目标使正义原则成为一种跨越国家利益与狭隘民族利益的价值主张，对于各国的利益分配及其制度伦理建构、个体生命健康发展以至整个社会的健康老龄化都具有极为重要的价值导向意义。奥特弗里德·赫费（Otfried Hoetfe）认为：

---

① Venkatapuram, S. (2011). *Health justice*. Polity Press, p. 218.
② Ibid., p. 215.
③ Ibid., pp. 215–216.
④ Ibid., p. 216.

"在交换公正性的范围内,就产生一个问题:是否存在一种跨文化有效的基本利益,就是一种超越一切范畴的利益,这种利益只能在相互关系中和出自相互关系而实现,是超越一切范畴的交换。"① 寻求这种普遍利益是哲学人类学的职责所在。人口结构老龄化背景下的老龄利益问题既具有国家属性,也具有跨越国界的全球特征,老年权益保障与代际利益公平分配体现着国家正义和跨国正义。② 中西老龄伦理文化的互动就是在平等对话中实现互利共赢,在协同发展中促进全球正义的实现。阿马蒂亚·森说:"关于正义的那些基本思想对于社会性生物的人类绝不陌生,人们关切自身利益,但也能够想到家庭成员、邻居、同胞以及世界上其他人们。"③ 正义原则及其普适性构成老龄社会发展理论的重要内容和价值基础。

不论发达国家还是发展中国家以及落后国家,老年群体都是社会的弱势群体,现代社会老年问题的产生很多起源于社会资源分配对老年群体的歧视及不公正对待。德国社会学家达伦多夫(Ralf Dahrendorf)的冲突论(conflict theory)认为,老年问题之发生是因为在年龄阶层里,老年团体被分配的权力或资源不多也不均。他们属于弱势团体,为求生存,他们必须与非老年团体抗争以改变地位和争取权益与福利。霍曼斯(Homans)的社会交换论(social exchange theory)认为,社会互动是人与人在交换过程中对利润和成本、取与给的计算,人们尽量寻求最大酬赏,同时避免得到惩罚。有人认为,"老年问题产生源于他们缺乏交换价值,没有资源给予社会从而无法获取社会的尊崇"④。否认老年人社会贡献的先在性与社会成果共享的现时性,必然陷入老年歧视论。由于社会资源分配市场化,老年人在初次分配中往往处于一定程度的劣势,这是不容否认且必须引起高度关注的客观事实。初次分配坚持效率优先,再分配应以公平为上,因此,社会财富再分配的杠杆应该更多地向老年群体尤其是生活困难的老年弱势群体倾斜。同时,由于"未富先老"与"先富后老"的国情不同,发展中国家与发达国家的老龄人口生活水平及其生存现状存在较大

---

① [德] 奥特弗利德·赫费:《经济公民、国家公民和世界公民——全球化时代中的政治伦理学》,沈国琴、尤岚岚、励洁丹译,上海译文出版社2010年版,第165—166页。
② [英] 金伯莉·哈钦斯:《全球伦理》,杨彩霞译,中国青年出版社2013年版,第141页。
③ [印度] 阿马蒂亚·森:《以自由看待发展》,任赜、于真译,中国人民大学出版社2002年版,第261页。
④ 转引自杨自平《先秦儒学与老年学》,《深圳大学学报》(人文社会科学版)2014年第6期。

的差距，所以，全球财富与地球资源应当在一定范围内实现跨国流转与资源共享，以期不断改善全球老龄人口的生存环境与生活质量，这是实现全球代际正义的必然要求。

第三节 基于老年生存论的国际善政原则

人口结构老龄化作为当今全球人口发展的基本趋势，是一种纵向的全球化。落后国家与贫困地区的老龄人口增加及其人口结构渐趋老龄化所产生的各种社会问题已引起国际社会的广泛关注，国际善政成为贫困地区老龄人口生存与发展的迫切道德吁求。基于生存论的国际善政原则是人口结构老龄化背景下各国共同解决老龄问题的基本道德原则及有效途径。

一 国际善政的含义及其可能性

国际善政是以全球正义为价值指南、以老年贫困人口的生存为宗旨的国家间互利共赢的道德实践，是发展程度不同的国家通过资源互补促进各国民生幸福的重要方略。人口结构老龄化背景下的国际善政是以人道主义为伦理底线，以国家间代际资源流转及其代际共享为具体路径的国际社会伦理互动。

人口结构老龄化不仅发生在发达国家和一些发展中国家，部分落后国家老龄人口逐渐增加及其人口结构渐趋老龄化正成为当前全球人口发展的重要态势。全球化视野下老龄人口尤其是老龄贫困人口的生存与发展不只是某一个国家或地区的问题，也是世界范围的人口发展问题，这是推行国际善政的客观基础。哈钦斯（Hutchins）认为："人类世界全球化的程度必定会对人类身份和人类关系产生深远的意义。正是在这一点上出现了伦理问题，并产生了'全球的'和'伦理'之间的联系。"[①] 当代社会老年问题与老龄伦理主要是伴随着纵向全球化即人口结构老龄化而产生的，全球正义是中西老龄伦理文化互渗共赢不可或缺的伦理维度。国际善政就是发展程度不同的国家立足老龄人口生存现状，并重点关注老龄贫困人口，通过资源跨国流转、国际人道主义援助等方式，将老年社会关怀由本国辐射到他国以至全球，逐步提高全球老龄人口生活质量，最大限度地消除国际老年贫困现象，推进全球代际正义。

---

① ［英］金伯莉·哈钦斯：《全球伦理》，杨彩霞译，中国青年出版社2013年版，第6页。

国际善政是一种基于道德共识的国际政治伦理交往与国际经济伦理互动。在当今全球化时代，国家之间的交往日益密切，在保持主权独立的前提下，通过对话协商实现利益共赢，是每一个主权国家及国际社会的共同心声。有学者认为："在国际政治演进过程中，全部的外交政策与国际政治行为无一不是价值判断与道德选择，伦理考量始终伴随着国际政治的整个过程。"[①] 老龄社会伦理问题既是老龄化国家需要面对的问题，也是全球化背景下各国政府和国际社会必须考量的国际伦理问题。国际社会是一个由不同国家、不同种族、不同信仰的人组成的大家庭，主体多元化、利益追求多样化、价值目标多层次化是国际交往的一个重要特点。然而，国际社会作为国际大家庭，是全球公民共同的家园，它有着跨越国界的地域共存性，有着涵容不同民族文化与宗教信仰的文化共享性，还有着调节不同国家利益冲突的伦理共识性。和平与发展是时代的主题，消除老年贫困现象，让每一个老者都有机会分享世界文明发展的成果，是全球经济一体化的客观要求，也是国际政治文明与道德文明发展水平的重要标尺。

二 国际善政与老年贫困人口的生存及发展

贫困地区的人口老龄化趋势及老龄人口的生存和发展是人口结构老龄化视域下国际善政不可缺失的关涉内容。《维也纳国际老龄行动计划》指出："各国人口结构日益老化的趋势，必定会在本世纪后几十年以至 21 世纪的相当一段时期内，成为国际和各国规划工作面临的主要难题之一。"[②] 除了对各国老龄人口的地位与困境及其需要和潜力等方面的考虑之外，"还应注意人口老龄化对世界所有各种社会的结构、功能和进一步发展必然会产生的广泛而又多方面的影响"[③]。人口结构老龄化作为当前全球人口发展的一种基本态势，不仅发生在发达国家与部分发展中国家，也是非洲部分贫困地区人口结构变化不可忽视的一种趋势。贫困地区的人口老龄化趋势及其由贫困问题、健康问题以及人口结构渐变等交织引发的各种显性与隐性的社会伦理问题正成为世界各国高度关注的共同问题。

在广泛的贫穷与不平等的背景下，撒哈拉以南非洲的人口正在走向老龄化。虽然大多数撒哈拉以南非洲仍处在人口过渡阶段的早期，比世界上

---

① 李建华、张永义：《价值观外交与国际政治伦理冲突》，《河南师范大学学报》（哲学社会科学版）2009 年第 3 期。
② 参见全国老龄工作委员会办公室、中国老龄协会编《第二次老龄问题世界大会暨亚太地区后续行动会议文件选编》，华龄出版社 2003 年版，第 323 页。
③ 同上书，第 323—324 页。

其他地区的人口要年轻，但到21世纪末，60岁及以上老龄人口比例将从今天看到的5%大幅增长约3倍至19%。① 世界银行与联合国发展署指出，撒哈拉以南非洲是世界上最贫困的地区，47.5%的人口每天生活花费不足1.25美元，65%的人口处于多种贫困中。② 由于健康、教育以及生活条件的不平等，撒哈拉以南非洲人民比其他地区的人民在人类发展中遭受了更多损失。③ 在相同的时间跨度内，撒哈拉以南非洲老年人口的绝对规模将从43000000人增长14倍至644000000人。联合国人口司认为，这比世界上任何其他地区的人口增长速度都更为急剧。在非洲，60岁人口的预期寿命女性为17年、男性为15年，略短于世界平均值的女性21年、男性18年，这意味着越来越多地拥有长寿的非洲老年人口正在成为现实。④ 人类的发展一方面是要延长预期寿命，另一方面需要把握人均寿命延长与人口结构老龄化之间的相关性。"长寿的老年"固然是一种可喜的现象，然而，非洲部分国家与地区尤其是撒哈拉以南非洲的人口结构逐步走向老龄化的趋势，使我们必须未雨绸缪。虽然富国及其公民是否直接对穷国及其公民的生存境况承担责任，在国际上尚存在争议，但是，消除贫困是政府公共政策的基本目标，也是国际社会的共同责任和国际善政的重要目标之一，这一点是无可争议的。从国际人道主义出发，对落后国家和地区的老年人给予物质帮助与医疗救助，并从宏观上建立一种基于人口结构老龄化的中西方利益协调与互助机制，是积极应对全球人口老龄化的国际战略所需，也是全球伦理之于老龄问题的应有关照视域。哈钦斯说："作为富足的人和富有的国家，我们当然具有积极的道德责任去帮助陷入生死攸关的贫穷困境之中的人们。文明只需付出很小的代价就可以做到这一点。"⑤ 哈钦斯认为，伯格基于权利的正义论暗示着，"需要全球财富再分配的强制性方案，譬如'全球资源红利'，使基于权利的正义原则支撑全球经济贸易，这会关涉到世界经济调节方面的重大改革"⑥。"尽管大部分主张全球正义的理论家认为，对实现全球正义的目标来说，国家依旧是一种重要

---

① Aboderin, I. (2012). Global poverty, inequalities and ageing in Sub – Saharan Africa: A focus for policy and scholarship. *Journal of Population Ageing*, 5, 87 – 90.
② Ibid..
③ Ibid..
④ Ibid..
⑤ [英] 金伯莉·哈钦斯：《全球伦理》，杨彩霞译，中国青年出版社2013年版，第137—138页。
⑥ 同上书，第137页。

的工具机制。"① 然而，摒除政治社会本身的狭隘利益界限，是实现跨国正义或全球正义的必然要求。据此，"先富后老"的西方发达国家有责任对"未富先老"的发展中国家以及"未富将老"的落后国家伸出援助之手，这是基于政府间互帮互利的国家使命，是跨越国界的国际伦理责任，是全球人口共同发展和人类社会可持续发展的客观伦理要求。

哈钦斯认为："人类世界全球化的程度必定会对人类身份和人类关系产生深远的意义。正是在这一点上出现了伦理问题，并且产生了'全球的'和'伦理'之间的关系。"② 人口结构老龄化是20世纪以来全球化的一种纵向发展趋势，对世界经济与人类社会发展已经产生并将持续产生深远的影响。《联合国千年宣言》指出："世界各国必须共同承担责任来管理全球经济和社会发展以及国际和平与安全面临的威胁，并应以多边方式履行这一职责。"全球合作与共同发展是国际善政的主旨，自由、平等、团结以及共担责任是21世纪国际合作与全球发展的要求。《千年宣言》强调"不得剥夺任何个人和任何国家得益于发展的权利"；"使每一个人实现发展权，并使全人类免于匮乏"；在国家一级和全球一级创造一种有助于发展和消除贫穷的环境，是人类发展的重要目标。人口结构老龄化作为纵向的全球化及全球人口发展态势，既是机遇，也是挑战。政府善治与国际善政是全球财富分配与再分配的基础，是各国积极应对人口老龄化挑战的共同价值选择。不论是落后国家，还是发展中国家，以及富裕国家，既要立足本国国情及老龄人口的生存现状，又要从全球人口结构老龄化这一趋势出发，探索一种旨在消除国际老龄贫困现象、提升全球老龄人口整体生活质量的国际政治伦理互动和国际经济伦理交往模式，创建一种互利共赢的老龄伦理文化发展路径，逐步推进全球代际正义。

---

① ［英］金伯莉·哈钦斯：《全球伦理》，杨彩霞译，中国青年出版社2013年版，第139页。
② 同上书，第6页。

第九章　个案比较评析

　　老龄伦理问题的相关案例评析从微观与宏观两个层面展开。从微观层面看，它主要包括家庭内部老年一代对子女的养育与子代对老年父母的孝养。田世国捐肾救母与曹于亚捐肾救父，以骨血生命谱写了孝道文明的华章。年逾八旬的陈九，半个世纪以来，独自照顾瘫痪在床的儿子、智障眼盲的侄子和九十一岁的大伯哥，用善良与母爱温暖着这个有三个残疾男人的"四口之家"。王冬梅，一位朴实无华的农村妇女，二十多年来，悉心照料瘫痪卧床的养父与高龄婆婆，从无怨言。孟佩杰，一位"90后"女大学生，从八岁开始，一人挑起了照料养母的重担，成为"临汾最美女孩"……他们用至善情怀诠释一个个真爱的故事，传承中华民族孝老爱亲的伦理美德。孔子曰："夫孝，德之本也。"[①] 孝养父母是人性之基、德行之本。然而，现实生活中不孝养父母甚至虐待父母的情况亦非少见。孝亲与虐老的道德交锋映射了当前人们对于孝养美德的两种截然相反的态度。

　　宏观层面的案例评析以老龄阶段的主要事件为线索，分别从生、养、死、葬四个方面例举了与老年生活密切相关的典型社会伦理案例或相关社会伦理活动。其中，社会养老保障是通过宏观社会关怀来提升老龄人口生活质量的制度伦理机制，是老年人晚年幸福生活的守护神。"道德银行"是一种建立在自愿自为、互助互利基础上的非制度性道德实践模式。助老呼叫系统以及时快捷的服务为降低老龄人口的病亡风险提供了技术伦理支持。护理保险为解决老龄人口的长期护理问题提供了具有法律效力的制度保障。养老院究竟是安全之地还是恐怖之狱，不仅要看它是否具有齐备的硬件设施，还要看它能否满足老年人的精神心理需求。北京的四季青敬老院与美国亚利桑那州的太阳城分别是中西方颐养天年的养老机构典例。让人感到心寒的敬老院，老人们只能无奈地选择逃离。安乐死与丧葬活动均

[①] 《孝经·开宗明义》。

涉及临终关怀伦理，中西方在安乐死的立法与实践上存在较大的差异，而文明丧葬的伦理原则却具有一致性。

第一节 孝亲与虐老的道德交锋

孝老爱亲是中华民族的传统美德，赡养父母是子女义不容辞的责任，是实现代际间抚育与反哺良性互动的客观伦理要求。"谁言寸草心，报得三春晖。"父母的养育之恩是子女一辈子都报答不完的。古有舜孝感动天、老莱子七十舞彩娱亲、郯子鹿乳奉亲、黄香扇枕温衾、孟宗哭竹生笋、王祥卧冰求鲤等故事，孝亲敬老的千古佳话感动了一代又一代人。案例一讲述的是田世国捐肾救母、曹于亚捐肾救父的事迹；案例二分别描述了三个孝老爱亲道德模范的故事。陈九半个多世纪以来细心照料智障儿子与侄子的故事，让许多人为母爱而感动落泪。王冬梅、孟佩杰对养父母的照料与赡养演绎了现代社会年轻一代孝养尊亲、感恩父母的美德。与之形成鲜明对比的是虐待老父的恶行，丧天良、法不容！

案例一 捐肾救父母的孝子和孝女

捐肾救母的孝子：田世国。

2004年9月30日，上海复旦大学附属中山医院给一对母子做了一个非常特殊的手术：医生从38岁的儿子身上摘取一个鲜活的肾脏移植到身患绝症、年过花甲的母亲体内。他就是孝子田世国。

田世国于1965年出生在山东省枣庄市，1984年考入山东司法干部管理学院，毕业后在企业从事法律方面的工作。1999年到广州创业，当时为广州国政律师事务所律师。2004年3月26日，弟弟打电话告知他，母亲被确诊为尿毒症晚期！这个消息犹如晴天霹雳。当天晚上，田世国赶往枣庄，下车后直奔医院，他找到科任医生，商量救治方案。医生说：尿毒症患者的治疗方法主要是血液透析或换肾，肾移植成功后病人可以像正常人一样生活，但费用昂贵，而且肾源不好找，对于年过花甲的老人，肾移植手术的风险更大。田世国没有犹豫，决定给母亲进行肾移植。他把弟弟妹妹召集到一起，说："妈妈操劳了一辈子，如今到了享福的时候，我们不能眼睁睁地看着她走，如果让她靠透析来活一天算一天，那还要咱们这些儿女干什么用！"弟弟田世凯说："只要能治好咱妈的病，就让我来捐肾吧。"妹妹当时已有九个月身孕，但她说："咱妈的命就是我的命，我也愿意捐！"就在田家兄妹争相捐肾的同时，母亲刘玉环的身体不断恶化，由于排尿困难，老人每天只能喝极少的水，有时渴极了，就撕开一瓣橘子擦擦干裂的嘴唇，或者嚼几颗石榴粒。看着母亲被疾病折磨得生不如死的样子，儿女们焦急万分，反复向医生咨询换肾手术的事。

2004年8月底，田世国选定上海复旦大学附属中山医院给母亲做手术。联系好这些事情后，他先去广州筹钱，弟弟妹妹去上海做配型检查，他叮嘱弟弟妹妹："这次行动一定要保密，不能让妈知道，否则她是不会让我们这么做的。"经过体检和配型检查，弟弟被查出患有心脏病，不适合捐肾。才坐完月子的妹妹不顾家人的阻拦，紧接着到上海偷偷配型，她和母亲的肾比较相配，可以捐肾。9月20日，田世国从广州到上海进行配型检查，他的肾脏和母亲配型成功。争论的最终结果是由田世国给母亲捐肾。

泌尿外科主任朱同玉教授从医15年，却是第一次见到晚辈给长辈捐肾，他深有感触地说："我从事肾移植手术多年，常见的活体肾移植主要是父母捐给孩子，而小辈捐肾给长辈的，不仅我从没见过，就是在国内也绝无仅有。"他特别告诉田世国：捐一个肾脏对今后的日常生活不会产生太大影响，但若唯一的肾脏受到损害，就会危及生命。所以，他希望田世国慎重抉择。田世国说："我妈操劳一生，该享福的时候却患了重病，所以我一定要救她。反正我是从妈身体里出来的，给妈捐一个肾，就当是还回去了……" 2004年9月27日，母亲转入中山医院。听说儿子捐肾必须瞒着母亲，院方及时调整床位，将田世国安排在6楼25床，将母亲刘玉环安排在7楼32床。为了瞒住母亲，29日晚上9点，田世国来到母亲的病房，依依不舍地与母亲"道别"，准备回广州。随后他返回6楼的病房。9月30日早上7点，田世国先被推进手术室，母子俩一个在楼上、一个在楼下。上午8点整，手术正式开始，朱同玉教授亲自操刀，十几名医护人员轮流上阵，这场捐肾救母的生命保卫战一直持续到下午1点50分，手术成功了。母亲被推出手术室，儿子的肾开始在她体内正常工作了。听到一位护士说，母亲恢复得很好，田世国欣慰地笑了。10月8日，田世国出院回到枣庄老家休养。10月14日，换肾成功的母亲刘玉环也回到老家，还说："想不到我又活着回来了！"当时她还不知道捐肾的人就是自己的儿子。

田世国因为捐肾救母而荣获2004年"感动中国"十大人物、2005年山东省首届十大孝星之一。①

捐肾救父的孝女：曹于亚。

2006年11月的一天，四川省广安市时年19岁的曹于亚突然接到一个电话：父亲身患尿毒症已送至重庆西南医院抢救。第二天，她向学校请假后心急火燎地赶往医院看望父亲，父亲已被病痛折磨得不成人样。当母亲告诉她即使卖房筹够了钱，如果没有肾源，也救不了父亲时，她急了，当即决定捐肾救父。她找到主治医生，表示要把自己的肾换给父亲。医生一口回绝了她，因为捐肾者至少要年满18岁，而长着一张娃娃脸的曹于亚看起来根本不像。她"咚"地一声跪在医生面前说："求求你救我爸爸！我不能没有爸爸！我真的十九岁了，我可以回家把户口簿拿来给你看。"医生被感动了。听到女儿要把肾捐给自己，父亲马上拒绝了，他含泪对女儿说："孩子，父亲已经活了40多年，可你只有19岁，未来的路很长，我不能毁了你啊！"之后十几天，亲友和医院领导都给曹父做工作，父亲最终同意了女儿捐肾的要求。手术前，医生严肃地告诉她：手术有风险，一刀可以致命、致残，你考虑清楚了没有？她毫不犹豫地在手术单上签了字，因为她心中只有一个愿望——救父亲、感恩父亲。手术成功了！在生与死的抉择中，曹于亚成为重庆市西南医院女儿向父亲成功捐肾的第一人。

手术虽然成功了，但每月4000多元的医疗费让这个家庭难以承担。变卖了新修不久的房子，一家人只好分别寄宿在亲戚家。为了筹集医疗费，母亲撇下她和父亲，带着弟弟妹妹南下福建打工，16岁的妹妹进了鞋厂，12岁的弟弟捡垃圾挣钱。曹于亚也想辍学打工挣钱，帮助家里渡过难关，但父母知道考上大学是曹于亚从小的梦想，高考在即，不能就此放弃。这时，她就读的邻水石永中学伸出了援助之手，学校减免了她所有的学杂费和住宿费，师生们也纷纷捐款。美术指导老师还腾出自己的宿舍给他父亲住。这样，曹于亚带父上学、备战高考。她一边照顾正在康复的父亲，一边抓紧一切可以利用的时间学习。迫于经济重压，高考一结束，曹于亚安排好父亲的生活后就到南充打工了。

曹于亚捐肾救父的事迹在当地引起强烈反响。2007年4月1日，邻水县委书记曾长东主持召开专题工作会，研究部署宣传学习和支持帮助曹于亚的工作。随后，县宣传、教育、卫生、财政、民政、妇联、团县委等

---

① 《捐肾救母的山东汉子田世国被评为2004年感动中国十大人物》，途加网（http://www.tugus.com/bbs_content：13731373847834173479533）。

相关部门纷纷捐款，市县民政部门按农村大病医疗救助曹于亚父女解决8000元费用，父女两人纳入新型合作医疗范畴，每人解决2万元的医疗费用。曹于亚一家全部纳入农村低保范畴，列入无房户解决6000元建房款，并由荆坪乡政府负责落实建房土地，干群投工投劳援建。县委、县政府向曹于亚一家赠送了31000元慰问金和棉被、大米、食用油等。社会各界的许多好心人也纷纷给他们捐款捐物。最令人高兴的是，2007年7月21日，四川省教育考试院负责人带着招录工作人员的13500元爱心款和省教育厅厅长的亲笔信，与成都纺职高等专科学校负责人一道专程赶赴石永中学，给曹于亚送来了大学录取通知书。"思想品德突出加20分"，曹于亚喜圆大学梦。在就读成都纺专期间，品学兼优的她光荣地加入了中国共产党，当选为第十六届团中央委员。

邻水县委、县政府在全县中小学广泛开展了"知荣明耻、感恩做人"系列教育活动，全县上下掀起了学习曹于亚的热潮。2007年她先后被评为广安市优秀共产党员、四川省十佳留守学生自强之星、四川省十大"感动校园"人物、首届全国孝老爱亲道德模范。她说：父母为子女，天经地义；子女为父母，也是天经地义，我只是尽了一个女儿应尽的本分。① 2010年6月，曹于亚被破格录入中国青年政治学院思想政治本科专业。②

案例二　大爱无声的孝老爱亲道德模范

陈九，1923年生，河南省濮阳市高新区皇甫街道办事处前皇甫村村民。89岁本是颐养天年的时候，而她却仍在为一家4口人的生计奔波。几十年来，她独自照顾瘫痪在床的儿子、91岁的大伯哥及智障眼盲的侄子，成为家里3个男人的生活支柱。

陈九的侄子从小痴呆，嫂子临死前把傻儿子托付给她。1958年陈九的丈夫因病去世，留下刚满1岁的智障儿子。30出头的陈九带着两个傻孩子开始了长达半个世纪的艰难生活。8年前，儿子终于成家，不幸的是3年前儿媳突发心脏病去世。2009年冬天，儿子遭遇车祸被撞成重伤，躺在床上动弹不得。年近九旬的大伯哥下地劳作时摔断了腿、卧床不起。"四口之家"的3个男人都成了残疾人，生活不能自理，他们的生活起居

---

① 《全国孝老爱亲模范曹于亚：献肾救父携父上学》，潍坊新闻网（http://www.wfnews.com.cn/subject/2011-05/23/content_955465.htm）。

② 《曹于亚被中国青年政治学院录取》，新华网（http://www.gaxhw.com/content/2010-6/23/20100623174214.htm）。

全部落在了年逾八旬的陈九身上。大伯哥、侄子可以端碗吃饭，儿子却要一口一口地喂；他们的大小便问题也都要陈九帮助解决。为方便照顾，陈九把一家人都安排在一间房子里，将相对像样些的床铺和被褥分给侄子、儿子和大伯哥，自己睡在低矮的小炕上，没有一块完整的木板，被褥破旧不堪，但她一住就是数十年。平时，一家人的生活都是馒头加咸菜，每隔半年才能买上几块钱的肥肉改善一下伙食，她有时到村口捡些烂菜叶，保证每周能炒两次菜。陈九用她的善良、坚强与母爱温暖着残缺的生命，以母性的光辉照亮了暗淡的生活，她是3个男人的顶梁柱，是村里最伟大、最坚强的母亲！

当地党委、政府把她家纳入低保户，并组织捐款，村里还安排专人帮她料理家务、打理农事。2010年陈九入选中国文明网"中国好人榜"，2011年被评为第三届全国道德模范。不幸的是，2012年4月9日，陈九因病医治无效逝世，享年90岁。①

王冬梅，甘肃省两当县金洞乡太阳村村民，出生于1969年5月。从照片上看，她似乎比实际年龄大不少，这是因为20多年来，生活的不幸与艰难在她脸上刻下了沧桑的印痕。

两岁时，王冬梅被收养，与养父母、爷爷、奶奶生活在一起，过着清贫而安稳的生活。后来由于老人生病，她被迫中途辍学。每天天不亮她就起床，烧火做饭、喂猪拾柴，然后和大人一起下地劳动。婚后，她和丈夫起早贪黑，共同支撑起这个贫困的家庭。没过多久，爷爷去世了，奶奶的病情也日益加重。2004年王冬梅的养父突然发病，睡在床上一病不起。奶奶和父亲两个老人相继卧床不起，吃喝要人喂，衣服要人穿，大小便要人帮。王冬梅用一颗赤诚的孝心，细心护理着两位老人。她根据老人的不同口味，面条、稀饭、馒头、菜粥，一顿饭分几次做，隔三岔五换花样，尽量让他们吃得高兴。她每天帮助卧床的奶奶翻身，清理屎尿，擦身换洗，为父亲按摩，还经常把他们抱到院子里晒太阳。在她的精心照料下，两位老人卧床3年，身上没有一点褥疮，屋里也闻不到一点异味。2006年97岁的奶奶和78岁的养父毫无遗憾地相继故去了。不幸再次袭来，王冬梅的丈夫因积劳成疾，突发脑溢血，经抢救，虽脱离了生命危险，却瘫痪在床、生活不能自理，还欠下了2万多元的债务。家里的顶梁柱塌了，面对飞来横祸，王冬梅感到天旋地转！然而，她再次坚强地挑起了家里的重担。她说："作为一个人，要上对得起老天，下对得起良心，不能撒下

---

① 《陈九》，百度百科（http://baike.baidu.com/view/3610369.htm）。

70多岁的养母和瘫痪在床的丈夫不管。"好好活着,伺候老人,抚育孩子,尽孝尽责,这就是她的信念。这几年,王冬梅通过养牛、养鸡,还清了家里的债务,两个孩子初中毕业后学会了做饭和理发的手艺,可以养活自己了。王冬梅终于松了一口气,她对今后的生活充满信心,现在她把更多的精力放在伺候养母和丈夫身上。

王冬梅2004年获得全国总工会、妇联、老龄委颁发的"全国孝亲敬老之星"好儿女荣誉奖章,2010年被评为第二届甘肃省道德模范,2011年被评为全国孝老爱亲道德模范。①

孟佩杰,1991年出生,山西省临汾市隰县人。带着养母上大学的她,用善良、坚强与乐观成为"临汾最美的女孩",被评为2010年临汾市十佳道德模范和2011年第三届全国道德模范。

孟佩杰的童年是不幸的。5岁那年,生父因车祸去世,生母无奈将她送人领养,不久生母因病去世。5岁的孟佩杰由养母刘芳英照顾,3年后养母因病瘫痪。不久,养父不堪生活压力离家出走,此后杳无音讯。照料刘芳英的重担全部落在当时年仅8岁的孟佩杰身上。母女俩相依为命,她们唯一的生活来源就是养母微薄的病退工资。10多年来,照料养母的生活起居是孟佩杰每天耗时最长的"必修课"。她每天早上6点起床,给养母穿衣、刷牙、洗脸、换尿布、喂早饭,然后一路小跑去上学。中午放学,还要赶回家做饭、喂饭,给养母擦洗身子、活动筋骨、敷药按摩、洗漱更衣、倒屎倒尿、换洗床单、被褥,再匆匆忙忙去上课;放学回来,匆匆赶回家做晚饭、做家务,服侍养母睡觉。每天全部收拾完都是晚上9点以后了,这时她才歇下来做功课。日复一日、年复一年,她细心地照料养母,从无怨言、不弃不离。2009年孟佩杰被山西师范大学临汾学院录取。由于学校距家有100多公里,她不放心把养母放在家里,于是决定带着母亲上大学。她在学校附近租了房子,一边上学一边照料养母。"久病床前有孝女"的事迹在网上传播开后感动了许多人。2010年临汾市一家医院将刘芳英接入医院免费治疗。为配合医院治疗,孟佩杰每天要帮养母做200个仰卧起坐、拉腿240次、捏腿30分钟……养母排便困难时,孟佩杰就用手指帮她一点点地抠出来。

从中学到大学,孟佩杰给大家印象最深的是,她什么时候都是小跑着,一路小跑着去上学,一路小跑着回家照顾养母,经常跑得气喘吁吁。

---

① 《全国孝老爱亲模范:王冬梅事迹》,人民网(http://politics.people.com.cn/GB/8198/219101/219103/15756839.html)。

为了给养母治病和补贴家用,孟佩杰一有时间就上街帮人发传单,原来白白的女孩被晒成了"黑姑娘"。2010 年暑假,孟佩杰冒着酷暑在街上发广告传单,挣了 1300 多元钱,拿到工资的第一件事就是买了养母爱吃的红烧肉和猪头肉回家,看着晒得黑瘦的女儿,养母泪流满面。刘芳英很庆幸当年收养了孟佩杰:"当时想收养孩子,但又觉得与 5 岁的孩子不易培养感情,后来经不住孩子生母的一再请求,决定收养她,没想到这成了我一辈子最正确的决定。""我照顾了她 3 年,她却要照顾我一辈子,我下辈子还给她做母亲,我一定报答她。"然而,说起这些年的不易,孟佩杰不觉得有特别之处,她说:"我只不过是做了每个女儿都会做的事。"

随着"'临汾最美女孩'带着养母上大学"的事迹在网上引起越来越大的反响,越来越多的慈善团体和媒体记者来到孟佩杰与养母刘芳英现住的临汾市第三人民医院康复科病房,对她们进行更多地帮助和报道。中国残联慈善基金会以及省、市、县级残联均对刘芳英提供了一定资助,加之来自社会各方面的关怀和鼓励,娘俩的生活条件得到了显著改善。①

案例三 虐老法不容 夫妻双获刑

被告人杨甲、宣某分别系被害人杨乙的儿子与儿媳,他们在与杨乙共同生活期间,不给杨乙正常做饭,杨乙不得不在村内沿街讨饭。2007 年 10 月上旬的一天晚上,宣某对杨乙进行殴打后,杨乙患病卧床不起。杨甲、宣某只管把饭端到杨乙床前,却不管其吃不吃、能不能吃,杨乙后来不能进食。2007 年 10 月 25 日晚,杨乙被他人送往医院,经医生诊断,其左尺桡骨远端、左股骨颈均有陈旧性骨折,身上有褥疮,并患有严重的高血压。经过输液,杨乙于次日下午出院。两天后,88 岁的杨乙在家中去世。

法院经审理认为,被告人杨甲、宣某在与父亲杨乙共同生活期间,对杨乙进行殴打;不正常给杨乙饭吃,致使杨乙沿街讨饭;杨乙有病时,被告人不予及时救治,虐待老父母的种种行为情节恶劣,已构成虐待罪。法院遂以虐待罪分别判处被告人杨甲拘役 3 个月;判处被告人宣某有期徒刑 6 个月,缓刑 1 年。②

---

① 《山西临汾最美女孩:久病床前有孝女 带养母上大学》,中国教育新闻网(http://www.jyb.cn/high/gdjyxw/201106/t20110620-438213.html)。
② 仝伟平:《虐待老人法不容 夫妻双双获刑罚》,《焦作日报》2010 年 2 月 6 日第 3 版。

评 析

孝养父母是中华民族的传统美德，它不仅是重要的家庭伦理原则，而且是每一个公民的法定义务。孝养父母不仅是因为父母给了子女生命，而且是因为他们为抚育子女付出了无数心血。面对智障儿子与侄子，年近90岁的陈九从不言弃，几十年如一日地照料他们，她是天下无数父母的一个缩影与典范。每一位父母都是爱自己孩子的，这种爱至高无上。"夫孝，天之经也，地之义也，民之行也。"① 孝养父母，天经地义。那么，如何对待养父母呢？王冬梅、孟佩杰就是把养父母看成自己的生身父母，用一颗至诚之心报答养父母的恩情，用无声的大爱感动了许多人。

《中华人民共和国老年人权益保障法》规定："老年人养老主要依靠家庭，家庭成员应当关心和照料老年人。""赡养人应当履行对老年人经济上供养、生活上照料和精神上慰藉的义务，照顾老年人的特殊需要。赡养人是指老年人的子女以及其他依法负有赡养义务的人。"赡养具体包括对父母的经济供养、生活照料和精神慰藉三个方面。对于常人而言，做到这些也许并非难事，捐肾救父母却不是那么容易的事。首先，这并非法定责任；其次，捐肾有风险；最后，受肾者若出现排异情况，捐肾岂不可惜？然而，报答父母、感恩父母的心愿超越了种种顾虑，田世国、曹于亚毫不犹豫地做出了捐肾的决定。手术成功了！他们因此获得了种种荣誉。面对这些，田世国平静地说："我是长子，终究要多负一点责任，儿子救生身母亲，是天经地义的呀！"曹于亚淡定地说：父母为子女，天经地义；子女为父母，也是天经地义。我只是尽了一个女儿应尽的本分。质朴的话语包含的至孝真情震撼着每一个人的心灵。

当然，捐肾救父母的孝老爱亲者不只有田世国、曹于亚，同在广西壮族自治区钦州市的孝女韩瑜和杨春月在他们的父亲不幸患尿毒症后毅然捐肾救父，"一镇两孝女，捐肾勇救父"的佳话被广为传颂，感动了八桂大地。②

保障老年人的合法权益是每个公民的法定责任，是弘扬孝亲养老美德、促进社会和谐发展的道德要求。《中华人民共和国宪法》《老年人权

---

① 《孝经·三才》。
② 《广西女教师捐肾救父：为让老父同意，连跪七天》，搜狐网（http://health.sohu.com/20140222/n395479216.shtml）。

益保障法》《民法》《刑法》《婚姻法》以及其他相关法律法规对如何保障老年人的合法权益都做了相应的规定。如《宪法》第四十九条规定："父母有抚养教育未成年子女的义务，成年子女有赡养扶助父母的义务。禁止虐待老人。"《老年人权益保障法》第四条规定："禁止歧视、侮辱、虐待或者遗弃老年人。"第十二条规定："赡养人对患病的老年人应当提供医疗费用和护理。"第四十六条规定："以暴力或者其他方法公然侮辱老年人、捏造事实诽谤老年人或者虐待老年人，情节较轻的，依照治安管理处罚条例的有关规定处罚；构成犯罪的，依法追究刑事责任。"《民法》第一百零四条规定："婚姻、家庭、老人、妇女和儿童受法律保护。"《刑法》第二百六十条规定："虐待家庭成员，情节恶劣的，处二年以下有期徒刑、拘役或者管制。"第二百六十一条规定："对于年老、年幼、患病或者其他没有独立生活能力的人，负有扶养义务而拒绝扶养，情节恶劣的，处五年以下有期徒刑、拘役或者管制。"《婚姻法》第二十一条规定："父母对子女有抚养教育的义务；子女对父母有赡养扶助的义务。""子女不履行赡养义务时，无劳动能力的或生活困难的父母，有要求子女付给赡养费的权利。"案例三中被告人杨甲、宣某夫妇因父亲年事已高，视之为累赘，在日常生活中疏于照料，不正常给老人做饭，致使其沿街乞讨，并有殴打老人的行为，在老人患病时也不及时予以救治。这种虐老行为不仅违背了伦常道德，应受到社会舆论的谴责，而且其恶劣行径已构成虐待罪，理应受到相应的刑事处罚。

是否承担赡养义务、有无虐老行为，也是对行政机关公务员与党员进行考核的重要内容，如《行政机关公务员处分条例》第二十九条规定："行政机关公务员有拒不承担赡养、抚养、扶养义务，或虐待、遗弃家庭成员，以及严重违反社会公德的行为的，给予警告、记过或者记大过处分；情节较重的，给予降级或者撤职处分；情节严重的，给予开除处分。"《中国共产党纪律处分条例》第一百五十二条规定："拒不承担抚养教育义务或者赡养义务，情节较重的，给予警告或者严重警告处分；情节严重的，给予撤销党内职务处分。"

虐待老人主要有身体虐待、经济剥削、精神虐待以及疏于照料四种情况。俗话说"家丑不外扬"，一些受虐待的老人由于自尊心极强或怕遭受更严厉地虐待而不愿向外诉说自己的遭遇，因此，隐藏的虐老事件危害更大。根据焦作市中级人民法院目前掌握的相关数据，在其审理的虐老案件中，55%为疏于照料，15%与身体虐待有关，12%为经济剥削。可见，疏于照料是最常见的虐待老人形式。在此类案件中，贫困家庭的老人为数较多，而女性老人较男性老人受虐待的比例更大。①

第二节　社会养老保障：老人的守护神

完善的社会养老保障制度是老年人安享晚年的坚实经济基础，是老年人幸福的守护神。以美国、瑞典、德国为代表的西方发达国家现已建立较完备的社会养老保障制度，老年人一般都能依靠退休金实现经济自立，他们面临的主要问题是如何实现老有所乐。案例一描述了一位美国老太太自足、自在、开心的退休生活，主要原因在于她有足够的养老金。案例二中瑞典老人的"三乐"是西方福利国家老年人退休生活的缩影。"闲情逸致、自娱自乐"自然是以优厚的养老金作为后盾的。"老有所为"并非为生计，而是为了实现晚年的人生价值。由政府提供的免费家庭扶助服务是以养老保障为基础的一种老龄照护服务，老年人自发组织的家庭扶助是其重要补充形式。案例三中，广东省张宁村当时之所以成为贫困村，近50户老人无法得到赡养，主要原因在于经济落后导致社会养老保障制度不健全。因此，提升我国老龄人口生活质量的根本前提是在实现社会经济可持续发展的基础上，建立、健全并不断完善各项社会养老保障制度。

案例一　一位美国老人的退休生活

2007年秋天，在美记者高娓娓跟随一群老人中心的老人到纽约郊外的农场摘苹果。该项目每年都由美国华人总商会提供赞助。老人们一路欢歌笑语，在大巴上唱着卡拉OK，充满活力，十分开心。郊游结束后，一位纽约的老太太与高娓娓结伴回家，因为两人住得很近。老太太打电话叫了一辆舒适宽大的美国林肯车。当高娓娓要付钱时，老太太生气了，坚持自己付钱。她说，她一个人住在由美国政府补贴的房子里，不用自己花钱，保险也不用自己出钱，每月还有七百多美元的退休金，而一个月的生活费只需一两百美元，钱根本花不完。她年轻时来到美国，在一家制衣厂工作，按月为美国政府缴税，为这个国家做过贡献，退休后才有这样自在、惬意的生活。她经常去参加老人中心的活动，对于那些年龄较大、行动不便的老人，美国政府施行老人白卡活动，即由政府出资，派家庭保健护士到家为老人提供所需服务。家庭保健护士不同于保姆，她们不仅做

---

① 仝伟平：《虐待老人法不容　夫妻双双获刑罚》，《焦作日报》2010年2月6日第3版。

饭、洗衣、打扫卫生，还需要具备一定的护理知识，为老人提供护理服务。当然，只有美国公民才能享受这些老年优待。这位老太太对现在的生活状态相当满意。①

案例二　瑞典老人的"三乐"

七十多岁的安德斯夫妇退休后生活过得充实而快乐。白天，老两口有时逛逛二手货商店，有时参观博物馆，一逛就是一整天。晚上，他们或者穿着运动服在小路上慢跑，或者在小餐馆里悠闲地享受烛光晚餐。他们很少与儿子联系，一年到头也见不上儿子几面，可他们其乐融融的"二人世界"让很多年轻人都羡慕。闲情逸致、自娱自乐，此为瑞典老人之一乐。

还有很多瑞典老人退休后开始第二次创业。约翰与两个伙伴一起创办了一家园林设计公司，这三人中最年轻的一位也有六十八岁了。还有的老人退而不休，从事一些强度不大而公司必不可少的工作，例如斯德哥尔摩一家出版公司的校对人员中多数是年近古稀的老人，他们一般不大计较收入的多少，而是为了充实退休生活，证实自己对社会还有用。一些精明的商家甚至把有实践经验的退休老人请回来做业务顾问。这种低本多利甚至"无本万利"的生意，老板们自然乐意去做。老有所为、自得其乐，此为瑞典老人之二乐。

"家庭扶助制度"是瑞典专门针对老年人制定的一项特殊照护制度。根据这一制度，有照护需求的老人提出申请并得到核实批准后，专业人员将定期到老人家中为其提供医疗、家政等服务。对那些有特别需要的老人，政府会配备专门的警报器，社会保障部门的人员随叫随到。对病危或处于临终状态的老人，则启动临终关怀程序，二十四小时有专人守护，直到老人安详去世并得到妥善安葬。这些服务全都免费。除政府提供的各项服务外，同一社区的老人们的自发组织起来互帮互助，这已成为"家庭扶助制度"的一种重要补充形式。家庭扶助、互帮互乐，此为瑞典老人之三乐。②

案例三　贫困村的老人

彰宁村是广东省的贫困村，它位于广东省揭阳市普宁市赤岗镇西北

---

① 《看美国老人如何养老》，网易（http://gaoweiweiusa.blog.163.com/blog/static/13131595 320109 2910395474/? blog）。

② 雷达：《瑞典老人生活有三乐》，《燕赵老年报》2008年3月21日第4版。

部。2010年该村年人均收入仅为1425元，月均约119元。全村共有428户，总人口为2372人。贫困户有115户，其中包括"五保户"10户、"特困户"34户。贫困人口共计706人，占全村总人口数的35%。有近50户的老人无法得到赡养。全村10个"五保户"中有6个是孤寡老人，48人次的"低保户"中近30个为60岁以上的老人，另有7名贫困老人因低保名额有限而未能获得最低生活保障。

　　76岁的黄城芝背已佝偻，而一大把年纪的他不得不种地来勉强维持自己与老伴的生计。天气好时，他还得骑着一辆破旧的三轮车去卖菜，一个月下来能挣个一两百元。75岁的老伴因中风瘫痪在床，不能下地行走，每天要吃一包20多元的中药，看病的钱都是东凑西借来的。老两口的栖身之所是一间20多平方米的安置房，它在狂暴的台风中早已飘摇欲坠。他们穿的衣服、用的家什等都是村里人捐助的。

　　他们的邻居，一位69岁的林姓老人在13年前患上青光眼，由于没钱医治，连揭阳市区的医院都没去过，现在已完全失明。每月65元的低保费和80元的计划生育奖励金是她的主要生活来源。这些贫困老人有子女吗？有，但子女养不起他们。低保费杯水车薪而且保不全。面对贫困、凄凉的晚景，老人们只有一声叹息。连村干部们也为自己将来的养老问题发愁。

　　赤岗镇一位分管扶贫的党委委员算了两笔账：贫困户标准为人均年收入低于2500元，平均每月208元。2010年彰宁村人均年收入及月均收入都远远低于贫困线。每月65元的低保金更在贫困线以下。加上物价一直上涨，一瓶煤气90多元、一斤大米1.7元，每月的低保金连一瓶煤气或40斤大米都买不起！

　　2010年1月，由珠海市国资委扶贫工作组开展的扶贫开发活动给彰宁村带来了希望。珠海市国资委预计用50万元资金来改善该村贫困户的基本生活条件，包括房屋、救助、医疗、教育等多个方面，2010年已为该村的8户老年贫困户与残疾贫困户新建了住房。彰宁村的贫困状况得到了一定程度的改善，但老人们的获益相对缓慢，老年贫困人群的脱贫问题难以在短期内得到明显改善。①

　　老年群体尤其是老年贫困人群是国家扶贫工作不可忽视的特殊群体，扶贫工作与制度建设必须强化"银发关怀"，当务之急是加快建立与完善

---

① 《广东贫困村老人每月低保金65元 衣食住行靠资助》，腾讯新闻网（http://news.qq.com/a/20100531/00/000.htm）。

老年基本保障金制度,大力推行新型农民养老保险制度,并根据各个地区的不同情况探索高龄老人长期护理保险模式。养老金是老龄人口最重要、最基本的经济来源,只有在农村普遍建立起社会养老保障制度,才能使广大农民老有所养。从这个意义上说,社会养老保障是老年人安享幸福晚年的守护神。

评　析

社会保障是一种基于国家干预的再分配制度,它以社会风险共担与无偿救济为调节机制,通过国民收入的再分配,最大限度地矫正单纯由市场经济的按资分配或按劳分配原则产生的收入不均衡与收入差距过大现象,实现经济发展成果的全民共享,促进社会公正。社会养老保险是社会保障制度的重要内容,养老保险资金的筹集、运营与发放主要涉及经济领域的问题,但建立社会养老保障制度的出发点和归宿都是为了保障公民晚年的基本生存权利,是一项具有普惠性质的国家制度,其以保障公民的养老权利并实现社会公正为目标的社会伦理价值要优先于以商业利益为主的经济价值。

社会养老保险是保障老龄人口基本生存需要的根本措施,是社会的安全阀,它为老年人提供极其重要的经济支持,是老年人晚年幸福的守护神。截至2012年9月底,我国所有县级行政区全部开展新型农村和城镇居民社会养老保险工作,城乡居民的参保总人数为4.49亿,有1.24亿城乡老年居民按月领取养老金。这标志着我国已基本实现新型农村和城镇居民社会养老保险制度全覆盖,加上企业职工养老保险,覆盖我国城乡居民的社会养老保障体系基本建立。① 然而应该看到的是,我国社会养老保障待遇呈现出较为明显的城乡差异、区域差异以及性别差异,需要进一步健全与完善。

从19世纪80年代开始,西方一些发达国家开始实行社会养老,历经100多年,现已建立起比较完善的社会养老保障制度,绝大多数老人能够依靠退休金与个人储蓄过上较为丰裕的晚年生活。案例一、案例二分别例举了美国、瑞典两国老人退休后的舒适生活,这与其较为完善的社会养老保障制度密切相关,这是由发达资本主义国家较高的社会生产力发展水平决定的。我国正处于社会主义初级阶段,属于典型的"未富先老"国家,社会保障制度尤其是社会养老保障制度的建立与完善不可能一蹴而就,而

---

① 《我国基本建立覆盖城乡的社会养老保障体系》,搜狐新闻网（http://news.sohu.com/20121025/n355705276.shtml）。

需要经历一个较长的制度探索过程。我们既不能否定中华人民共和国成立后尤其是改革开放以来我国社会保障事业所取得的光辉成就，也不能忽视由于经济发展相对落后、社会养老保障制度不健全乃至缺失所造成的社会贫困现象，尤其是经济欠发达地区的老年贫困现象。在案例三中，广东省彰宁村的老人们在当时之所以陷入老无所养的贫困境地，根本原因在于社会养老保障制度的缺位，庆幸的是珠海市国资委扶贫工作组开展扶贫开发活动，给彰宁村带来了希望。

目前美国 65 岁及以上人口的 90% 都有退休金，他们所获得的退休金占其退休总收入的 38% 左右。约有三分之二的 65 岁及以上老龄人口的一半的收入来自社会保障，更有 22% 的老人完全依靠养老金与其他社会保障收益来生活。[1]

截至 2009 年 3 月，瑞典 65 岁及以上的老龄人口已达总人口数的 17%，是欧洲老龄化程度最高的国家。如何采取有效的社会政策与经济举措应对人口老龄化带来的挑战，成为瑞典社会经济发展的首要问题。正如瑞典前首相佩尔松（Persson）所说，作为政府首脑，他考虑最多的并不是如何发展经济与增加就业，而是怎样应对人口结构的老龄化。[2] 建立全民普享的养老金体系是瑞典应对人口老龄化挑战的关键措施，也是其被誉为"福利国家的橱窗"的重要原因。瑞典建立与改革养老金制度的过程体现了公平与效率兼顾的制度伦理原则。1946 年，瑞典建立国家基础养老金制度，它与收入无关，为全民所享。1950 年实行养老金指数化，养老金会随物价变动而及时得到相应调整，减少了由于长期通货膨胀而导致养老金贬值、退休待遇过低的现象。1959 年瑞典在国家基本养老金之外建立收入关联型补充养老金，费用完全由雇主缴纳，其制度目标由为退休者提供足够救济转向维持其退休前的生活水准。1998 年方法规定，雇员和雇主的合计缴费为工资的 18.5%，其中 16% 进入名义账户制度，用于现收现付地支付当年的养老金；2.5% 进入个人积累制账户，用于个人风险投资，个人自负盈亏。这样，养老金待遇与缴费紧密相连，激发了雇主与员工就业和缴费的积极性。目前，瑞典已建立多层次的老年人收入保障机制。最低养老保障金是第一层次的养老金，它依靠一般税收融资，旨在保障无收入或低收入老龄人群的基本生存需要。第二层次的名义账户制度提供不少

---

[1] 参见于洪编著《外国养老保障制度》，上海财经大学出版社 2005 年版，第 113 页。
[2] 《瑞典怎样为空巢老人暖巢》，新浪网（http://news.sina.com.cn/w/2011-01-11/041721793894.shtml）。

于 60% 的收入替代率。值得一提的是，当参保人由于疾病、服兵役、照看儿童、接受教育等原因无法获取正常工资收入时，由中央财政提供缴费补偿。2007 年瑞典中央财政的缴费补偿总额达 272 亿克朗，相当于当年整个制度养老金缴费收入的 11%。第三层次的职业年金带有半强制性，现已覆盖在职者人数的 80%，替代率为 10%—15%。2001 年瑞典引入财务自动平衡机制，由此，名义账户制可根据预期寿命长短、工资与物价水平的波动情况自求平衡，增强了养老金制度的财政可持续性。多层次的养老金制度降低了老龄贫困风险，有效地保障了不同收入水准的老龄人口的生活需求，因而当之无愧地成为瑞典老人的生命守护神；同时缩减了政府公共养老金支出，减轻了国家的财政负担。瑞典养老金制度改革的过程充分表明了政府在国民收入再分配中坚持公平与效率兼顾且公平优先的价值倾向，反映出经济发展与全民福利普享之间的正向伦理相关性，体现了政府对老龄人群的社会伦理关怀，这正是国民经济持续发展的制度伦理基石。[①]

在西方发达国家，父母有抚育子女的法定责任，子女却没有赡养父母的法定义务，这反映的仅是家庭内部物质资源的代际流动情况，是一种微观视角下的代际财富流动形式。从宏观视角来看，西方发达国家年轻一代对老年一代的赡养是通过社会养老保障制度来实现的，家庭内单一向下的"接力式"财富流动通过社会养老保障得到补偿，实现了家庭与社会的代际互惠，这就是家庭代际责任伦理与社会代际责任伦理的双向互动过程。虽然当前西方发达国家社会养老保障制度面临诸多问题，但它不失为老人的守护神。

第三节 "道德银行""万能保姆"与护理保险

银行乃储蓄金钱、以钱生利之所，这是金融意义上的银行。银行亦能储存善行与德业，并将美德加以传扬，这就是"道德银行"，它是一种伦理道德意义上的特殊银行。行有余力时积德行善，力不从心或需要之时从银行免费支取所需服务，这就是"道德银行"的运行规则。自愿自为、互助互利是其道德宗旨。

护理保险是指为那些由于年老、疾病或伤残而需要长期照顾的被保险人提供护理服务费用补偿的一种保险。作为应对人口老龄化的产物，护理

[①] 《瑞典养老金制度改革的启示》，乐天·夕阳红网（http：//www.ltxyh.net/default.php?do=detail&mod=article&tid=616067）。

保险产生于 20 世纪 70 年代的美国，之后，在德国、英国、爱尔兰、南非等国相继出现。在日本，护理保险作为一项公共服务产品纳入国家社会保障体系，凡 40 岁以上的公民都必须参保。如果说"道德银行"是一种志愿性质的社会服务形式，没有法定规章调节其运行，那么，护理保险则是一种通过法定合约加以规制的商业保险。它们作为老龄社会道德关怀的两种不同形式，具有较强的功能互补性。"道德银行"在一定程度上可以缓解一些老人家庭的临时性或短期性日常照料需求与护理需要，而不能满足老龄人口的长期护理需要尤其是专业性护理需求。护理保险是一种健康保险，在因保险合同约定的日常生活能力障碍发生而引发护理需要时，保险公司按照合同规定为被保险人的护理支出提供资金保障或提供相应的护理服务。随着银发浪潮在全球的逐渐扩展，越来越多的老人面临着日常照料与病后护理缺失的风险，因此，市场对老年人护理保险产品的需求呈现出不断增加的态势。目前，我国保险市场上也推出了部分护理保险产品，如"中意附加老年重大疾病长期护理健康保险""太平盛世附加护理健康保险""安安长期护理健康保险"等，它们基本上属于其他人身险的附加险，与真正意义上的护理保险相距较大。

"道德银行"为建立老龄道德关怀网络提供了坚实的社会伦理支持；以"安康通"为代表的助老呼叫关爱系统以灵活方便、及时快捷的服务形式为降低老龄人口的病亡风险提供了有力的技术支持，成为老年人的"健康卫士"与"万能保姆"；护理保险为解决老龄人口的长期护理问题提供了具有法律效力的制度保障。就当前我国的具体情况来看，一方面要根据需要在一些经济较发达的地区有步骤地引入并推广护理保险；另一方面，要大力倡导"道德银行"的实践模式，将志愿性为老互助服务与护理保险有机结合起来，使老年人获得法定性护理保险与非制度性道德互助的双重关怀。此外，还要大力推广使用助老呼叫关爱系统，由城市逐步扩展至广大农村。这样，在法定护理保险、"道德银行"以及助老呼叫系统的多重照护与关怀下，老龄人口的生活质量必将得到稳步提高。

案例一 "道德银行"

2001 年，湖南省长沙市岳麓区望月湖社区建立了全国首家"道德银行"，其整体运作以及具体组织和管理工作由街道志愿者协会及其各分会负责。街道辖区内的所有社区居民或驻街单位、人民团体，只要遵守协会章程、崇尚公德、乐于助人、热心公益，在履行注册手续后即可成为志愿者协会会员，每个会员可领取由志愿者协会统一办理的一张"道德银行"

储蓄卡,这是记载会员志愿服务的凭证以及日后获得志愿服务回报的依据。会员的志愿服务事项由志愿者协会在"道德银行"储蓄卡上进行登记,并折算成服务时数;现金按每5元人民币折算成1小时服务时数来记载,物资按市场均价折算成现金后再折算成服务时数。协会还制定了一系列有关奖惩、考核和监督的具体措施。"道德银行"试运行不到两个月,储户便达到200余户,往来"账务"1000余笔。一位年过花甲的老婆婆说:"这也是一种准备,在年轻做得动时,帮助别人,将来老了也需要别人帮助的。"[1]

2001年以来,长沙市陆续推出"道德银行"的10个试点社区,包括滨河社区、漪汾苑社区、和平社区、老军营三社区、新建南路二社区和桃北东社区、迎春社区、平北西二社区、建工街二社区和义井南一巷二社区。[2] "道德银行"在社区的开办对于传播孝老爱亲的文明之风起到了润物细无声的示范作用。

由全国最大的志愿者组织——寸草心志愿者联盟主办的全国首家志愿者敬老餐厅在天津的蜀梁老四川饭店开业后,受到广大老年人的欢迎。全国各地的志愿者与老年人,只要持志愿者证和老年证,来此饭店就餐,就可以享受优惠甚至免费。而志愿者在"寸草心时间银行"里储存的"爱心时间"与"爱心币"可以抵消就餐费用。"爱心能当饭吃吗?"这是志愿者经常听到的一句不理解其行为的话。俗话说,送人玫瑰,手有余香。志愿者敬老餐厅的运作模式使这句话成为现实,付出总有回报,爱心也能当饭吃。

德国的"储存个人服务时间制度"与"道德银行"的运作模式相似。凡年满18岁的德国公民均可利用公休或节假日义务到老年公寓、老人院和老年病康复中心提供各种护理服务,这种服务不计报酬,但服务时间储存记录在服务者个人档案中。当服务者年老需要护理服务时,可以将以前积累的服务时间提取出来免费享用。这项制度设计严密,加上完善的社会养老保障制度与周全的人文关怀服务,德国的养老制度在世界上享有最慷慨的养老制度的美誉。[3]

---

[1] 《"道德资产"能否储蓄?》,搜狐财经网(http://business.sohu.com/28/92/article13839228.shtml)。
[2] 《社区"道德银行"储蓄好人好事》,太原新闻网(http://www.tynews.com.cn/news_center/2010-12/28/content_3610999.htm)。
[3] 《年轻月光族未来老人谁赡养 德国养老保险模式可借鉴》,腾讯·大楚网(http://hb.qq.com/a/20100908/000444.htm)。

案例二 "万能保姆"安康通

江苏省无锡市溪南新村的乔文琴老人清楚地记得，2009年12月的一个深夜，患有中风的老伴上厕所时不慎摔倒，她慌忙上前搀扶，突然间她自己胸部以下也失去了知觉，两位空巢老人按下了戴在手腕上的安康通，几秒钟后，安康通服务中心迅速叫来急救车，将老两口立即送往医院，挽救了两位老人的生命。

另一位家住无锡市蠡湖人家的陆老先生由于身患残疾、行动不便，儿女们上班后，他只能一整天独自守在家中。自从家里装了安康通，陆老先生的生活就发生了巨大变化。他第一次按下"安康通"，是想请人陪他到公园散散步，原本是抱着试试看的态度，没想到服务中心真派人满足了他的请求。从此，陆老先生与安康通结下了不解之缘，陪医送药、陪聊散步、读报看书、代购商品等为老服务为他解决了许多困难，也慢慢地驱散了他的孤寂。

上海市于2001年在全国率先开展"安康通"助老服务的推广应用工作，截至2010年，"安康通"用户遍及上海18个区县，老年用户已达8万户。其服务功能从当初的"紧急呼叫服务"逐渐扩展至目前的5大方面50多个项目，包括居家老人生活服务、信息咨询服务、娱乐文化服务和为老维权服务。具体服务项目有物业维修、家电维修、管道疏通、搬运服务、超市购物、室内保洁、空调清洗、电脑维护、代订报刊等，此外还为老年用户提供法律咨询、医疗咨询以及心理健康咨询。到2010年10月为止，老年用户点击求助安康通服务的次数达到180多万次，其中老人生命急救超过1.7万人次。[1] 上海市民把"安康通"亲切地称为老人的"健康卫士""电子贴身保姆""万能保姆"。

近年来，南京、无锡等地也相继开展了"安康通"助老服务。无锡市滨湖区政府出台的《关于为特定老年对象购买安康通居家援助服务的意见》指出，区政府每年将给每位符合条件的老人家庭免费安装安康通紧急呼叫设备，并为之购买240元的安康通居家援助信息服务，目前已为首批5080位老人购买了这一服务。[2]

青岛市于2007年开始在试点区域为几千户孤寡独居老人安装"助老

---

[1] 姚丽萍：《"安康通"渐成"百事通"》，《新民晚报》2010年10月19日第A23版。
[2] 《"安康通"成为老人"万能保姆"》，中国妇女网（http://www.women.org.cn/allnews/0901/2962.html）。

服务应急和谐通"紧急呼叫系统。大连市、北京市东城区以及乌鲁木齐市局部区域等也已安装应用助老型紧急呼叫系统，河北省自2010年开始在全省推广应用。在全国逐步推广应用这类具有及时性、准确性、高效性的助老型呼叫关爱系统，是我国积极应对人口老龄化挑战，特别是推行居家养老改革的重要技术支撑。

美国于20世纪90年代初推出供老人家居使用的紧急呼叫系统，如Life-link，目前美国已经有多个呼叫中心。英国赫特福德郡大学的研究人员正在研发一款智能屋，它把家中所有电器的控制器合为一个触摸屏，通过触摸它即可控制所有的连接设备。居住在智能屋里的老人手腕上戴着一条特殊的腕带，它能随时检测与记录老人的体温、脉搏等生命体征数据，并将信息传到接收者即老人的儿女至亲手里。如果老人摔倒，腕带就会立即给服务商或亲友报警。出门在外时，则可通过手机遥控。智能屋非常适合老年人居住和使用。①

案例三 德国的老人中心"勒沃库森市"

德国的老人中心"勒沃库森市"于1972年建造，它采用了当时最新的护理学与建筑学方案，是一体化的养老和老年病人医院，其负责机构为工人慈善组织（AWO）。养老院当时有7个楼层作为居住区，老年病人院有两个楼层。中心容量开始设定为164张床位，后来增加到195张。2007年，其所属的北威州投资近1400万欧元，新建76个床位，并对以前余下的120张床位进行了现代化改造，这家护理院再次成为德国最现代化的养老机构之一。

老人中心"勒沃库森市"现有11家护理院，共1368名住户，其中65%的人处在护理等级Ⅱ和Ⅲ。另有13家门诊服务机构为728名护理需要者提供服务，其主要费用包括食宿、护理和投资3个部分。目前，老人中心所有护理等级的食宿费是统一的，为25.86欧元/天，其中住宿费14.61欧元/天，伙食费11.25欧元/天。最大的区别在于各个护理等级的护理费用不同，如护理等级Ⅲ每天的护理费为78.96欧元，而护理等级0每天仅为27.14欧元，前者是后者的近3倍。应当指出的是，护理保险仅承担护理费用而不承担其他开支，而且其抵偿的护理费用要低于实际消耗的护理费用。如护理等级Ⅲ中的护理费用约为2400欧元，而护理保险

---

① 《无论空巢还是独居 怎样活出开心晚年》，365地产家居网（http://news.house365.com/gbk/hzestate/system/2011/03/02/010260394.shtml）。

只承担其中的1470欧元,余下的差额由私人承担,但对于贫困人群则由作为社会救济承担机构的乡镇来支付。因此,德国的护理保险是部分保险而非全额保险。投资费用依单双间不同而计。目前,老人中心所有护理等级的双间投资费用均为18.81欧元/天,单间为23.36欧元/天。单间的投资费用之所以高于双间,是因为在德国单间具有高度的优先性,双间一般为夫妻或期望伙伴所使用。各类项目的具体价目表见表9—1。①

表9—1　　　　　　　老人中心"勒沃库森市"价目表

		护理等级0 双间	护理等级0 单间	护理等级I 双间	护理等级I 单间	护理等级II 双间	护理等级II 单间	护理等级III 双间	护理等级III 单间
食宿	欧元/天	25.86	25.86	25.86	25.86	25.86	25.86	25.86	25.86
护理费用	欧元/天	27.14	27.14	42.22	42.22	60.27	60.27	78.96	78.96
投资费用	欧元/天	18.81	23.36	18.81	23.36	18.81	23.36	18.81	23.36
总计	欧元/天	71.81	76.36	86.89	91.44	104.94	109.49	123.63	128.18
30.42天	欧元/月	2184.46	2322.87	2643.19	2781.60	3192.27	3330.69	3760.82	3899.24
护理保险机构承担数额	欧元/月			1023.00	1023.00	1279.00	1279.00	1432.00	1432.00
住房补助金,最多承担数额	欧元/月			572.20	710.61	572.20	710.61	572.20	710.61
在100%住房补助金情况下的住户承担数额	欧元/月	2184.46	2322.87	1047.99	1047.99	1341.07	1341.07	1718.62	1718.62
在无住房补助金情况下的住户承担数额	欧元/月	2184.46	2322.87	1620.19	1758.60	1913.27	2051.69	2290.82	2429.24

资料来源:参见蓝淑慧、[德]鲁道夫·特劳普-梅茨、丁纯主编《老年人护理与护理保险——中国、德国和日本的模式及案例》,上海社会科学院出版社2010年版,第69页。

---

① 参见蓝淑慧、[德]鲁道夫·特劳普-梅茨、丁纯主编《老年人护理与护理保险——中国、德国和日本的模式及案例》,上海社会科学院出版社2010年12月版,第56—69页。

虽然老年与护理需求之间不存在必然的关联性，但在有护理需求的人群中，老年人占大多数。入住 AWO 老人中心的主要是 80 岁至 90 岁的高龄老人，2007 年他们占所有护理院住户的 47.2%。其后是 90 岁以上的住户，2007 年的所占比例为 26.4%，有 4 名住户超过 100 岁。该中心 70 岁以下老人的所占比例一般小于 10%，2007 年这一比例为 7.6%。[①]

老人中心"勒沃库森市"的住户得到的并非都是住院护理，居家护理的优先性作为护理保险的基本原则之一，不论是在该中心还是在其所在的北威州，均得到了充分体现。北威州拥有 1800 万人口，2007 年约有 484801 个护理病例获得护理保险的给付，相当于该州人口总数的 27‰。在有护理需要的病例中约有 68.3% 得到了居家护理，其中自找护理者占 46.3%，获取门诊护理者为 22%，此外还有 31.7% 的人得到了住院护理。老人中心"勒沃库森市"有 16 万人，该市 2007 年获得护理保险给付的人数为 4707 人，占勒沃库森市人口总数的 29‰。约有 71% 的护理需求者在家获得护理照料，其中自找护理人员者占 55.5%，这一比例大大高于北威州的平均水平 46.3%；其获取门诊护理和住院护理的比例分别为 15.5%、29.1%，均低于北威州的平均水平。这使得"勒沃库森市"的社会救济支出相对较低，由此减轻了政府的财政救济负担，也减轻了护理需要者的经济开支。勒沃库森地区 2007 年护理保险给付获取人员比例及地区比较情况如表 9—2。[②]

表 9—2 勒沃库森地区 2007 年护理保险给付获取人员比例及地区比较

地区	给付获取人员				
	每千居民	总计	自找护理	门诊护理	住院护理
勒沃库森	29	4707	55.5%	15.5%	29.1%
北威州县级市	27	203589	45.1%	22.2%	32.7%
北威州的县	27	281212	47.2%	21.9%	30.9%
北威州	27	484801	46.3%	22.0%	31.7%

入住老人中心的最大消费支出是护理费用，它约占所有支出的 80%，加上老人中心的住户大部分是 80 岁以上的高龄老人，这就对护理人员的

[①] 参见蓝淑慧、[德] 鲁道夫·特劳普-梅茨、丁纯主编《老年人护理与护理保险——中国、德国和日本的模式及案例》，上海社会科学院出版社 2010 年版，第 62—63 页。

[②] 同上书，第 61 页。

专业技能提出了较高的要求。为此，联邦立法机构规定，50%的护理人员必须接受为期3年的作为老人护工或者护士的专业培训，以保证老年护理质量。①

评　析

关于"道德银行"。这个银行不储存货币，而计存善行；不列财富排行榜，而评选"道德富翁"；不以金钱资本救助他人，而以道德积分助人惠己；储于平日，用在需时。这个特殊的银行就是"道德银行"。整合道德资源、积累道德资产，让爱心充分展现，让社会对老龄人群的道德关怀渗入人们日常生活的方方面面，这就是"道德银行"的宗旨。"道德银行"作为一种道德现象，其社会伦理效应主要体现在以下四个方面。

第一，促进奉献与享受的有机统一。行善或做好事是不求回报的，否则就失去了善行的道德价值。然而，主体的道德行为与道德追求是各不相同、具有层次性的。只讲奉献、不求回报的善行本质上体现了毫不利己、专门利人的价值追求，是道德行为的最高境界。年轻时或身体好时帮助需要帮助的人，当自己遇到困难或年老需要帮助之时，从"道德银行"支取积分，以化解困难、满足所需。"道德银行"这种当下行善、延后受用的运作方式体现了义利双行的价值追求与利人又利己的道德境界，反映了奉献与享受的道德统一性。在社会主义初级阶段尤其是社会主义市场经济条件下，对于大多数人来说，奉献与享受相统一、利人又利己的价值追求是切合实际需求的，这种道德实践方式也符合相当一部分人的实际行为选择，是"人人为我、我为人人"的一种和谐社会伦理实践模式。

第二，推动社会风尚不断进步。"道德银行"将爱心及时量化存取，让美德保值增值，为民众献爱心和参与社会公益活动搭建一个道德实践平台，收获的是社会风尚进步的文明硕果和不可估量的社会道德效益。一个社会文明程度的提升不仅取决于生产力的发展与物质财富的增长，也取决于社会道德风尚的进步与公民道德素养的提高。在"道德银行"里以善行储积"道德货币"，实际上是以爱心与善行帮助他人。不论是年轻人还是老年人，作为"道德银行"的储户，又都是银行的主人。帮病残老人做饭、买菜、保洁，陪空巢老人散步、聊天、游戏，给养老院的老人们带去歌声、欢笑与慰藉。"储户"不分贵贱，善行不分大小；一滴水可以折

---

① 参见蓝淑慧、[德]鲁道夫·特劳普－梅茨、丁纯主编《老年人护理与护理保险——中国、德国和日本的模式及案例》，上海社会科学院出版社2010年版，第66—67页。

射太阳的光辉，一份情表达的是真诚的关爱。分分"德币"塑成道德精神的富翁，件件好事凝成道德信仰的丰碑，点滴善行汇成道德文明的海洋。以"道德货币"的当下积累与延后消费为形式，促进社会风尚与道德文明不断进步，这就是"道德银行"的价值旨归。

第三，它是老龄道德关怀的有效实践形式。"道德银行"倡导的是奉献、友爱、互助、进步的时代新风，它实质上是一种社区道德互助团体，是公民道德建设的重要渠道，更是老龄道德关怀的有效实践形式。我国于 2000 年左右进入老龄社会，老龄人口数量呈现出逐年增加的趋势。《第六次全国人口普查主要数据公报》显示，截至 2010 年 11 月 1 日，我国 60 岁及以上人口为 177648705 人，占我国人口总数的 13.26%，其中 65 岁及以上人口为 118831709 人，占我国人口总数的 8.87%。随着老龄人口数量增加，空巢老人家庭数量也在增长。如何为空巢老人特别是有生活困难的空巢老人提供日常照料与精神慰藉，成为老龄化中国迫切需要解决的重大社会伦理问题。"第四次中国城乡老年人生活状况抽样调查"结果反映出当前我国老年人精神慰藉服务严重不足，农村老年人精神孤独问题尤为突出。[1] "道德银行"以社区邻里间互帮互助的形式适应了居家养老的照料服务需求，可为生活困难的空巢老人提供一部分免费照料服务，在一定程度上弥补了子女照料的空缺与养老机构照料服务的不足，也缓解了部分空巢老人精神孤寂的问题。因此，它是实现老龄道德关怀的有效途径，是社会制度伦理关怀的重要补充。

第四，"道德银行"的辐射效应成为构建老龄社会支持网络不可缺少的道德资源。德国经济学家弗兰茨－克萨维尔·考夫曼说："一个民族国家的社会福利水平，并非只取决于可以用金钱来衡量的国民收入的多寡，还要由道德经济来共同决定，在这种道德经济的范畴内，人们充当各种不同的角色，无偿地帮助自己周围的人。"[2] 他将道德关怀与社会互助视为一种重要的社会资本，指出："从生产要素的角度看，福利水平不仅取决于投入的实物资本、付酬的劳动力资源（人力资本）以及经济组织的效率。同样起决定作用的还有'社会资本'，即社会关系的规模，在这种社会关系的范围内，人们无偿地互相帮助。"[3] "道德银行"为老龄道德关怀

---

[1] 《三部门发布第四次全国城乡老年人生活状况抽样调查成果》，全国老龄办（http://www.cncaprc.gov.cn/contents/2/177118.html）。

[2] ［德］弗兰茨－克萨维尔·考夫曼：《社会福利国家面临的挑战》，王学东译，商务印书馆 2004 年版，第 94 页。

[3] 同上。

活动搭建了一个实践平台，它不仅能够产生一定的经济效益，还具有强大的社会道德辐射效应。通过长期的积累，它必将形成一种无形的社会资本即道德福利资本，这是构建老龄社会支持网络的重要道德资源。

关于助老呼叫关爱系统。以"安康通"为代表的助老呼叫关爱系统为应对人口老龄化挑战提供了有力的技术支持。它以灵活方便、及时快捷的服务方式减少了老龄人群的病残与死亡风险，不愧为老人的"电子贴身保姆"。如果说制度保障是维护老年人权益的根本举措，那么，技术支持则是解决老年人的日常照料问题与降低老龄病亡风险的有效措施，也是提高老龄人口生活质量的重要途径。在我国一些大中城市，"安康通"是免费给符合条件的老年住户安装的，这项惠及老龄民生的助老呼叫关爱系统工程，不仅要在城市进一步扩展，而且要逐步推广到农村地区。

关于老年护理保险。随着年岁的增长，老年人的生理机能不可避免地衰退，疾病、残障等不幸也越来越频繁地"光顾"他们，其护理需要的风险由此增加。德国联邦卫生部 2009 年公布的调查数据显示了护理风险与年岁增长之间的相关性。60 周岁以前的护理风险约为 0.7%；60 周岁至 80 周岁约为 4.2%；80 周岁以上约为 28.4%。[1] 目前，一些西方发达国家先后建立了护理保险制度，为老年人与病残者带来了福音。从 1995 年开始，德国的社会养老保障体系增加了护理保险这一新的险种。它规定：凡参加法定医疗保险者必须同时参加护理保险。每月交纳的护理保险费为雇员工资的 1.7%，由雇主和雇员各缴一半。由于目前德国参加法定医疗保险人口的覆盖率已超过 90%，而根据德国相关法律规定，凡雇员加入法定医疗保险者，其赡养人口也视为同时加入，这样，德国的医疗保险和护理保险几乎覆盖了所有人群。[2] 不仅雇员年老或病残时可按照规定享用护理保险，而且其赡养对象也可依法享有之。这就在最大程度上减轻了中低收入家庭在遭遇病残或年老时购买护理服务的经济负担，从而有效地保障了老龄人群与病残者的护理权利，体现了政府对社会弱势群体的道德关怀，在一定意义上促进了社会公正。

护理保险是为了应对失能或半失能风险而需要护理照料的情况而先期进行的病残风险投资及其护理保障。国际通行的日常生活活动能力量表

---

[1] 参见蓝淑慧、[德]鲁道夫·特劳普 - 梅茨、丁纯主编《老年人护理与护理保险——中国、德国和日本的模式及案例》，上海社会科学院出版社 2010 年版，第 155 页。

[2] 沈建、张汉威：《德国社会养老保障制度及其启示》，《宏观经济管理》2008 年第 6 期。

(ADLs）规定，在"吃饭、穿衣、上下床、上厕所、室内走动和洗澡"六项指标中，有一至两项"做不了"的，为"轻度失能"；三至四项"做不了"的，为"中度失能"；五至六项"做不了"的，则为"重度失能"。全国老龄委于 2011 年 3 月 1 日发布了"全国城乡失能老人调查报告"，调查结果显示：截至 2010 年末，我国城乡失能老人总数达到 3300 万，占老龄人口总数的 19.0%。其中完全失能老人 1080 万，占老龄人口总数的 6.23%。城市与农村完全失能老人占老龄人口的比例分别为 5.0% 和 6.9%，农村高于城市。城市完全失能老人中有照料需求者占 77.1%，农村这一比例为 61.8%。① "第四次中国城乡老年人生活状况抽样调查"结果显示，截至 2015 年 8 月 1 日，全国失能、半失能老年人大约为 4063 万人，占老龄人口总数的 18.3%，失能与半失能老人数量比 2010 年增加 733 万人，但其占老龄人口总数的比例降低了 0.7 个百分点。② 不论城乡，家庭成员都是失能老人的主要照料者，照护承担责任者顺次为配偶、儿子、媳妇、女儿。近十几年来，由于家庭结构小型化、人口结构老龄化逐步加剧、空巢家庭增加，以及"四二一"人口结构的形成，依靠家庭成员来完成老龄照护工作已经越来越难以应对不断增长的老龄人口护理需求。

我国养老机构承担老龄照护的情况如何？全国老龄委发布的全国城乡失能老人调查报告显示：将近一半的养老机构表示只接收能自理的老人或以接收能自理老人为主，而不收住失能老人。相关抽样调查显示，不同类型的养老机构中失能老人占全部收养老人的比例分别为：社会福利院 23.8%，城镇老年福利院 20.1%，农村五保供养机构 5.7%，其他公办收养机构 30%，民办养老机构 37.6%，家庭自办收养机构 25.2%。从养老机构的设施来看，配备医务室的公办养老机构为 52.1%，民办机构为 56.0%，农村五保供养机构仅占 41.7%；配备康复理疗室的养老机构不足两成。约 22.3% 的养老机构既无单独的医疗室，也没有专业医护人员。从医生的配备来看，超过一半的养老机构是空白；西部农村的情况最糟，超过 60% 的西部农村养老机构缺少专业医护人员。从总体上看，我国养老机构中经过护理及相关专业系统训练的护理员不足 30%，获得养老护

---

① 张恺悌：《〈全国城乡失能老年人状况研究〉新闻发布稿》，中国老龄产业协会（http：//www.zgllcy.org/chanye/news/ - in.php？f = cyyanjiu&nohao = 203）。
② 《三部门发布第四次中国城乡老年人生活状况抽样调查成果》（http：//www.mca.gov.cn/article/zwgk/mzyw/201610/20161000001974.shtml）。

理员资格证书的不足 1/3。①

从上可见，失能老人的长期照护问题已经成为困扰我国亿万家庭的难题，是老龄化中国急需解决的重大社会问题。以老人中心"勒沃库森市"为典例的德国护理保险实践为我国提供了有益的参考。我国应当分地区、有步骤地引入长期护理保险机制，对家庭、社区、养老机构以及非政府组织的护理资源进行有效的整合，以最大限度地满足老龄人口的护理需求，减轻护理需求者及其家庭的护理经济负担，减轻政府的医护成本。这不仅是养老事业发展的迫切需要，也是社会制度伦理建构的内在要求。

"道德银行"不仅是一种"我为人人、人人为我"的社会道德互助机制，更是一种非制度化的老龄道德关怀实践模式。它的兴起对于树立团结互助的文明风尚、弘扬孝老爱亲的传统美德，特别是对于构建老龄道德关怀网络，具有重要的现实意义。"安康通"是老年人日常照料的好帮手，是老年人化险为夷的生命守护神。护理保险为解决老龄人口的长期照护难题提供了风险防范制度保障。应对人口老龄化挑战既需要"道德银行"这类社会道德关怀机制，也需要"安康通"似的技术支持系统，更需要护理保险的制度保障。如果说"道德银行"是实现老龄道德关怀的非制度性伦理机制，"安康通"助老呼叫关爱系统为提升老龄人口生活质量提供了技术伦理支撑，那么，护理保险则是解决老龄人口长期护理需求的不断增长与社会护理资源有效供给不足这一矛盾的根本出路，是当前我国社会保险制度改革的关键环节之一，是社会制度伦理建构不可缺少的重要内容。从某种意义上说，"道德银行"、助老呼叫关爱系统、护理保险正是老龄道德关怀网络的具体形式。

第四节　安全之地还是恐怖之狱

人到老年，是与子女、儿孙们生活在一起享受天伦之乐，还是住进养老院，与老年朋友们同乐、共度晚年呢？这个问题困扰着许多老年人。几世同堂、其乐融融，是中国传统社会的生活方式。然而在现代社会，随着传统价值观念的改变、生活条件的改善以及年轻一代独立意识的增强，几代同堂的扩展家庭逐渐减少，由父母与未成年子女或未婚子女组成的核心

---

① 张恺悌：《〈全国城乡失能老年人状况研究〉新闻发布稿》，中国老龄产业协会（http://www.zgllcy.org/chanye/news/-in.php? f=cyyanjiu&nohao=203）。

家庭成为当前我国的主要家庭形式。《第六次全国人口普查主要数据公报》显示：中国大陆 31 个省、自治区、直辖市共有家庭户 401517330 户，家庭户人口为 1244608395 人，平均每个家庭户的人口为 3.10 人。这里的"家庭户"是指以家庭成员关系为主、居住一处共同生活的人所组成的户。"平均每个家庭户的人口为 3.10 人"这一信息从一定意义上反映出当前我国的主要家庭形式乃是核心家庭。该公报还显示，我国 60 岁及以上人口占全国人口总数的 13.26%，其中 65 岁及以上人口占比 8.87%。与 2000 年第五次全国人口普查相关数据相比，0—14 岁人口的比重下降了 6.29 个百分点，15—59 岁人口的比重上升了 3.36 个百分点，60 岁及以上人口的比重上升了 2.93 个百分点，65 岁及以上人口的比重上升了 1.91 个百分点。① 这说明我国老龄人口规模与人口老龄化程度在逐年增大，老年人选择何种方式养老，不仅是关乎每个家庭的现实问题，而且是事关中国社会未来发展的重大民生问题。

在家庭本位价值观与传统孝道的影响下，大多数老人不愿意到养老院养老，子女也往往碍于面子不想把老父老母送进养老院。然而，独守空房的孤寂让案例一中的李淑芝老人"被"住进了养老院，这种现象不在少数。"被"字影射了老人们进住养老院的无奈。但养老院里老人们共同生活的乐趣，以及周末回家与儿女们团聚这种生活方式逐渐消除了老人先前独居的孤寂与无奈，快乐的晚年生活就此开始。服务周全的养老机构是颐养天年的安全之地，北京的四季青敬老院与美国亚利桑那州的太阳城就是这类典型。案例二中的敬老院使老人们身心俱伤，逃离这样的"恐怖之狱"也就是必然的了。

案例一　"被"住进养老院的老人

八十六岁的李淑芝有两儿三女，最大的女儿今年五十九岁，最小的儿子四十四岁，都已成家。十年前老伴去世，她独居了一段时间后开始到子女家轮流生活。开始几年她身体还不错，帮忙给孩子们做家务。随着年龄的增长，身体状况日渐不如以前。孩子们也不需要母亲做什么，她每天大部分时间都待在窗前，看人来人往，等候子孙们下班、放学回家。五个子女的家庭条件都不错，对母亲也很孝顺。然而，一年一年过去了，李老太越来越觉得孤独。随着小孙女离开家上大学，这个三代同堂的大家庭里最

---

① 《2010 年第六次全国人口普查主要数据公报（第 1 号）》，凤凰网（http：//news.ifeng.com/mainland/detail_ 2011_ 04/28/6037911_ 0.shtml）。

小的孩子也离巢了，老太太的心里更觉得空落落的。这时，一个想法在她脑海里酝酿：去养老院！小儿子和三女儿很赞成母亲的提议，因为每天下班看到老人站在窗前张望，他们分明感受到了母亲的孤寂与落寞，心里挺不是滋味儿。但大女儿和二女儿坚决反对母亲的提议，大儿子持中立态度。大女儿觉得有这么多儿女，却把老母亲送进养老院，对不起老人家，说出去也不好听，别人会说儿女不孝。在全家无法达成共识的情况下，老人提出先去养老院住一段时间看看，如果不方便再回来。老母亲这才住进养老院。

那么，老人在养老院的情况如何？每天，李淑芝和住在一个房间的老姐妹互相搀扶着，从二楼走下来，楼梯上铺着地毯。天天下楼玩，是她最开心的事。她和老人们在一起聊天、做操、玩麻将，还可以外出郊游，精神一天比一天好。每逢周末子女们就把母亲接回来住两天，可不到时间，她就心神不宁，急着回养老院。子女们对此感到很欣慰。[①]

案例二 逃离敬老院

2009年3月，栖霞市庙后镇杨家夼村72岁的孤寡老人林老爹受不了劳累，逃离了镇上的老年公寓，也就是所谓的敬老院。他是由村里出资500元来这里养老的。然而，敬老院的生活与老人们想象的大不一样。因为上级拨款不够，老人们被强迫干养猪、养羊、垫羊圈、种菜等各种农活，以院养院、以院补院。为了省电，白天不准看电视，老人们仅有的一点娱乐都被剥夺了。

林老爹每天要上山放33只羊，如果羊没吃饱，就会挨院长的责骂。2008年春节，敬老院里杀了一只122斤的羊，可老人们没有吃到一口羊肉，他们就去询问院长，院长却说："你们走亲戚还知道拿两斤果子，我上政府就能空着手？"对于住进敬老院的孤寡老人，政府是有一定补助的，按理说老人们的伙食至少应该过得去，但现实是伙食极差。至于补助多少，院领导不愿告诉老人们。老人们平日一般吃馒头与大米饭，偶尔会有小手指粗的擀面条，一位78岁的老人因吃了这样的面条病了两天。庙后镇山西夼村老妇女主任、老党员、时年80岁的林娭驰住进镇敬老院后，感到很寒心，也离开了这儿。她说："即使敬老院换了院长，来请我，我

[①]《多数老人"被"住进养老院》，58到家网（https://www.daojia.com/zixun/402727223）。

也不回去了。死也死在家里！"①

案例三 四季常青的养老院

北京市海淀区四季青敬老院位于首都西郊风景区，总占地面积 32908 平方米，建筑面积 22425 平方米，床位 500 余张，是目前北京市规模最大的敬老院。它有四个特点：一是环境园林化。院内布局是园林式的，楼房与平房错落分布，开阔的中心广场令人倍感舒畅。院内有假山鱼池、流水喷泉，走廊环绕、路路相通，一年四季，花开不落。二是设施星级化、房间布置家庭化。院内有大小不一的餐厅、便利商店、理发店、洗衣部等各类配套生活设施，服务齐全。室内配有电视、电话、保鲜柜、宽带网，大部分房间带有独立卫生间，走廊、卫生间装有扶手，床有活动护栏，室内都是无障碍通道。三是服务个性化。医务室配有专业医务人员 10 余人，为老人们提供全天候的医疗服务。另有上百名持证上岗的专业护工，其照料服务范围包括喂饭、洗脚、擦身、翻身，以及临终穿衣、送别等 20 多个项目，从短时服务到 24 小时专护均有。一旦遇到紧急情况，老人们可按响科技创安监护系统，紧急呼叫系统最大限度地减少了病残与死亡的风险，老人们时刻处于被关怀的温暖中。四是管理规范化。四季青敬老院于 2002 年通过 ISO 9001 质量体系认证，经过多年经营，逐步建立和健全了相关制度，管理井然有序并日益走向科学化、现代化。以人为本、亲情养老、科学养老、文化养老、环境养老使这个养老院"四季常青"。

案例四 亚利桑那州的太阳城

20 世纪 50 年代，美国亚利桑那州的太阳城还是一片半沙漠的棉田，气候炎热干燥。地产建筑商德尔·韦布（Del Webb）一次路过此地，觉得这里地价便宜，决定在此修建住宅，以供美国寒带的农民在冬季农闲时度假。这里的气候非常适宜疗养各种老年慢性疾病，因而来此度假的基本都是老年人，韦布就把目标定在老年群体。1960 年正式开盘时来了 10 万人。一座新城在此崛起，面积成倍扩大，到 2009 年人口已达 16 万。太阳城规定：所有居民必须年满 55 岁，小于此年龄的，即使是亲属子女也没有居住权。子女若想护理生病的老人，也只能住在城外，18 岁以下的陪同人员 1 年内居住时间不得超过 30 天。太阳城的建筑规划完全按照老年人的需求来设计，最大的特点是无障碍设计，如无障碍步行道、无障碍防

---

① 《"逃离"敬老院》，百度贴吧（http://tieba.baidu.com/p/699402601?red_tag=h1398675225.）。

滑坡道、低按键、高插座设置，住宅以低层建筑为主，人车分流，车辆最高时速不超过50公里，居民主要的交通工具之一是高尔夫球车，这种车速度缓慢，便于老人们上下，且视野开阔。还有多层公寓、独立居住中心、生活救助中心、生活照料社区、复合公寓住宅等。此外，还有专门为老人服务的综合性医院、心脏中心、眼科中心以及数百个医疗诊所。患有严重疾病的老人，其脖子上佩戴着一个类似项链的报警装置，如遇危险，按一下"项坠"，救护车就会马上赶到。太阳城还有多样化的生活设施：7个娱乐中心，可以游泳、打网球等，2个图书馆，2个保龄球馆，8个高尔夫球场，3个乡村俱乐部，1间美术馆和1个交响乐演奏厅。老年活动中心和乡村俱乐部数量多，而且活动内容丰富多彩。活动结束后，老人们还可以来中心的餐厅用餐，愿意交钱者每人支付2.5美元，没有带钱的可以免费就餐。太阳城是个典型的老人社会，但它并不老朽，而是充满现代气息与生命活力，居住在太阳城周围的年轻人在这里的商店、医院、娱乐设施以及与老人有关的医学保健研究机构中工作，他们用年轻的身姿与各种现代技术及护理技术给这座老人城带来了勃勃生机。①

评 析

养老院究竟是颐养天年的安全之地，还是扼杀快乐的恐怖之狱？一个养老院只有同时具备完善的硬件设施、优质的照料服务、丰富的娱乐生活、贴心的精神关爱，老人们才能真正把这里当作自己的家。北京的四季青敬老院、美国亚利桑那州的太阳城代表的就是这类能够使老人们感到舒心贴心的现代化养老机构。案例二中栖霞市庙后镇的敬老院与其说是敬老，毋宁说是伤老。如果不整顿行政管理作风、不改善服务质量、不提高饮食生活水准，这样的敬老院不如关闭。

随着我国人口结构老龄化程度逐步加剧，空巢老人和独身老人的数量不断增加，老人照料问题已成为一个亟待解决的社会问题。由于家庭规模的小型化，子代与父母分住，以及年轻一代在快节奏的社会生活中面临种种压力而无暇照料老龄父母，传统的老人日常家庭照料变得越来越困难。老年人是住进养老机构养老还是居家养老，成为困扰很多家庭的两难选择。2006年全国老龄办组织进行的《我国城市居家养老服务研究》显示，85%以上的老年人有享受居家养老服务的意愿，而选择住养老院等养老机

---

① 《无论空巢还是独居 怎样活出开心晚年》，365地产家居网（http://news.house365.com/gbk/hzestate/system/2011/03/02/010260394.shtml）。

构养老的仅为6%—8%。①"冰城"哈尔滨市老龄办于2011年对全市老龄人口生存状况进行了调查,结果显示:"冰城"空巢老人占老龄人口总数的52.6%,其中农村占45.6%。丧偶老人在城镇和农村的比例分别为29.3%、26.9%,未婚、离婚老人在城镇和农村的比例分别是2.3%、1.3%。是住进养老院生活,还是与子女住在一起生活呢?调查显示:城市中愿意与子女住在一起的老人占35.4%,无所谓者占29.5%,不愿意同住者占35.1%;农村这三项比例分别为40.2%、26.3%、33.5%。该调查还显示:46.6%的城市老人对养老机构比较了解,其中57.4%对养老机构的总体印象为一般,9.8%认为养老机构很差,认为养老机构较好者占32.8%。农村老人对敬老院比较了解者占33.1%。对于"是否愿意入住养老院"这一问题,城市老人中愿意入住者仅占8%,农村这一比例为15.2%,明显高于城市。可见,不论城市还是农村,绝大多数老人都愿意与子女居住、生活在一起,而不愿意住进养老院,想去养老院的老人只占很小的比例,城市接近一成,农村为一成半左右。②

美国是世界上最早建立社会养老保障制度的国家之一,社会养老保障事业已很发达,但仍有96.3%的美国老人选择居家养老;日本选择居家养老的老人比例为98.6%。由此看来,居家养老是中西方老年人的共同选择。然而,中国老人更愿意选择在家养老,这与家庭本位的传统价值观念尤其是传统孝道密切相关。同时,有相当一部分老人尤其是农村老人因无力支付养老机构的各种费用而只能选择在家养老。西方老人选择居家养老,是与个人本位的价值观和发达的社会养老保障制度分不开的。中西方养老伦理的差异性主要体现在以下三个方面。

第一,家庭本位与个人本位的价值观念不同。家庭本位的价值观以孝道为伦理原则,强调子女对父母的孝养即"反哺"。父母承担着抚育未成年子女的责任,而子女成年后必须承担赡养父母的义务。不论在中国传统社会还是现代社会,家庭养老既是道德义务,也是法定责任。我国《宪法》《刑法》《婚姻法》等均规定父母有抚养教育未成年子女的义务,成年子女有赡养扶助父母的义务。家庭内以抚育与赡养为主要形式的双向代际伦理互动代代相续,构成中国社会发展的长链,这是中国式家庭稳固延续并和谐发展的法伦理基石,也是家庭养老成为中国社会主要养老形式的

---

① 阎青春:《〈我国城市居家养老服务研究〉新闻发布稿》,豆丁网(http://www.docin.com/p-1498299981.html)。
② 《冰城老年人生存状况调查:想去养老院的不到一成》,东北网(http://heilongjiang.dbw.cn/system/2011/05/11/053157196.shtml)。

伦理文化根源。

在家庭本位与传统孝道观念的影响下，相当一部分人认为，把老人送进养老院是子女不孝的体现，是在不得已的情况下做出的无奈选择。随着我国人口老龄化程度逐步加剧，人们生活观念的改变与居住条件的改善，子女成家后很多另立门户、单独生活，再加上老人独身现象的增加，空巢家庭所占比例逐渐增大，老年人尤其是空巢老人住进养老院成为越来越多老人家庭的选择。时代在变迁，孝养形式也在变革。"父母在、不远游"或"随子女、不远走"的传统观念已悄然过时。然而，善事父母、孝养双亲却是几千年来一以贯之的伦理美德，它并不因老人住家或进养老院而异变。案例一中"被"住进养老院的李淑芝老人，在养老院就过得很充实、愉快，每逢周末子女接她回家小住两天，与老年伙伴的交心与玩耍既消除了以前独自困守在家的孤寂，又能享受与子孙们在一起的天伦之乐。应该看到，一些养老机构虽然具备较完善的硬件服务设施，但是精神生活方面的安排极为单调、贫乏，像是被伪装起来的俘虏收容所，老人们住在这样的养老院无疑就像被囚禁在精神的恐怖之狱。

西方社会个人本位的价值观凸显个人作为主体的独立与尊严、自由与权利，一个人成年以后一直到老都是具有独立性与自在性存在的主体，而不是依靠子女与他人的附属物。这就形成了西方单一向下的"接力式"代际伦理互动模式，养老成为政府与社会的共同责任。西方国家探索社会养老保险机制较早，至今已形成较完善的社会养老保障制度，居家养老的老人不仅有足够的养老金，还能及时得到所需的各种照料服务。从一定意义上说，个人本位的价值观正是西方社会养老保障制度建立与发展的价值根源。亚利桑那州的太阳城是一座名副其实的老人城，完备的现代化养老设施为老人们安享晚年提供了物质保障，丰富多彩的娱乐活动更是老人们精神生活的调味剂。

第二，老龄人口的主要经济来源不同。2010 年第六次全国人口普查数据表明：家庭成员的供养、自己的劳动收入和离退休养老金是我国老龄人口最主要的三个经济来源。其中依靠家庭成员供养的老年人占老龄人口总数的 40.72%，依靠自己劳动收入的占 29.07%，依靠离退休养老金的占 24.12%，三项之和为 93.91%。与 2000 年第五次全国人口普查结果相比，上述三个主要经济来源的占比出现了如下变化：依靠家庭成员供养的老年人占比从 2000 年的 43.83% 下降到 2010 年的 40.72%；依靠自己劳动收入的老年人占比从 2000 年的 32.99% 下降到 2010 年的 29.07%；主要依靠离退休养老金的老年人占比从 2000 年的 19.61% 上升到 2010 年的

24.12%。可见，依靠家庭成员供养和自己劳动收入养老的老年人占比均有所下降，而依靠离退休养老金的老年人占比增加了，但其比例仍然偏低。①

当前我国老年人主要经济来源呈现出较为明显的性别差异和城乡差异。2010年全国人口普查资料显示：我国男性老年人以劳动收入、离退休养老金、家庭其他成员的供养为主要经济来源的比例分别是36.59%、28.89%、28.24%；女性分别为21.92%、19.58%、52.58%。可见，老年女性依靠劳动收入、离退休养老金的比例均低于男性，而依靠家庭成员供养的比例则高出男性24.34个百分点。这说明我国女性老年人的经济独立性低于男性，社会养老保障的女性覆盖率也低于男性。分城乡来看，城市老年人依靠离退休养老金、劳动收入、家庭其他成员供养的比例分别是66.30%、6.61%、22.43%；乡镇老年人这三项比例分别是26.29%、22.27%、44.52%；农村老年人这3项比例分别为4.60%、41.18%、47.74%。② 离退休养老金是城市老年人的主要经济来源，而家庭成员供养则是农村老年人最主要的经济来源。社会养老保障覆盖率存在较大的城乡差异是导致城乡老龄人口主要经济来源不同的根本原因，并由此导致城乡占主导地位的养老方式不同，城市以社会养老为主，农村则以家庭养老为主。

中国老龄科学研究中心2010年全国老年人跟踪调查有关老年人收入构成的统计结果显示：我国城镇老年人平均年收入为17892元，其中社会养老保障、市场挣得、公共转移、家庭转移、其他收入分别为15530元（占86.8%）、1223元（占6.8%）、382元（占2.1%）、546元（占3.1%）、210元（占1.2%）。城镇有退休金的老年人月平均退休金1527元。农村老年人平均年收入4756元，其中社会养老保障、市场挣得、公共转移、家庭转移、其他收入分别为890元（占18.7%）、1520元（占32%）、784元（占16.6%）、607元（占12.7%）、955元（占20%）。③

从上可见，我国社会养老保障建设的重点在于进一步提高养老金待遇，实现农村社会养老保障的全覆盖，并向老年贫困人群、老年女性以及偏远地区适度倾斜。人力资源社会保障部和财政部联合发布关于2018年调整退休人员基本养老金的通知，从2018年1月1日起调整企业和机关

---

① 姜向群、郑研辉：《中国老年人的主要生活来源及其经济保障问题分析》，《人口学刊》2013年第2期。
② 同上。
③ 同上。

事业单位退休人员基本养老金水平,总体调整水平按照2017年退休人员月人均基本养老金的5%左右确定。继续实行定额调整、挂钩调整与适当倾斜相结合的办法。定额调整体现公平原则;挂钩调整体现"长缴多得""多缴多得"的激励机制;而对高龄退休人员、艰苦边远地区退休人员可适当提高调整水平,同时继续确保企业退休军转干部基本养老金不低于当地企业退休人员平均水平。① 充分体现了党和政府对老年民生的高度关注和对弱势人群的社会关怀。

以瑞典、德国、英国、美国等为代表的西方发达国家建立了较完备的社会养老保障制度,养老金成为绝大多数老年人的主要经济来源,社会养老是主导性养老方式。中西方老龄人口的主要经济来源不同与养老方式的差异,从经济根源看,是由"先富后老"与"未富先老"的国情差异决定的。

第三,老龄照料服务形式存在一定的差异性。在家庭本位观念的影响下,几代同堂的大家庭成为家庭和睦、家业兴旺的象征,这种扩展式家庭有利于子代对老年父母的日常照料。在我国社区为老服务机制尚不完善、社会养老保障制度尚不健全的情况下,子女或近亲在老人日常生活照料与病期护理中仍占主导地位,高龄、丧偶和生活不能自理的老人对子女及其亲属的照料依赖程度更高。

然而,随着年轻一代经济独立性的增强、价值观念的改变以及居住条件的改善,尤其是实行计划生育政策以来,多代同堂的大家庭正在解体。随着第一代独生子女成年并相继婚育,他们中有相当一部分人与父母分开另过,空巢家庭数量不断增加。民政部相关数据显示,目前我国城乡空巢家庭的比例已超过50%,部分大中城市达到70%,其中农村空巢老年人口约4000万人,占农村老年人口的37%。失能与半失能老人数量随着老龄化、高龄化程度的逐步加剧而增长。2014年我国失能和部分失能的老人近4000万。② 另外,"四二一"人口结构已成为当前我国家庭结构的重要形式,并将在未来一段时间持续存在。在这种情况下,子女的日常照料已经"靠不住了",老年人尤其是空巢老人和失能老人的日常照料问题成为困扰很多家庭的一大难题。从独生子女政策到"双独两孩",再从"单

---

① 《人力资源社会保障部 财政部关于2018年调整退休人员基本养老金的通知》,中华人民共和网人力资源和社会保障部(http://www.mohrss.gov.cn/gkml/shbx/ylbx/201803/t20180323_290386.html)。

② 邱月、刘坤:《中国家庭空巢率超50% "老有所依"该如何实现?》,《光明日报》2016年2月18日第15版。

独两孩"到"全面两孩"政策的实施,对于缓解我国人口结构老龄化带来的老年家庭照料问题和精神慰藉问题将起到积极的作用。当然,这一政策的实施需要一个过程,其效果也需要在实践中检验。无论如何,老年照料服务的社会化与商业化是老龄化中国实现健康老龄化和积极老龄化的必然选择。

在西方发达国家,子女成年后一般离开父母独自生活,目前发达国家独居与夫妇空巢户的比例高达70%—80%。[1] 这种状况使很多老人难以获得子女的日常照料。然而,随着年岁的增长,老年人的自我照料能力逐渐减退,这是不可抗拒的自然规律。由此,生活照料的社会化与商业化成为必然趋势。欧美发达国家都强调对老年人的社区服务支持,并建立了较完备的社区为老服务体系。它以社区为基层单位,为老年人提供各类正式服务尤其是上门服务,以增强老人们在家独立生活的能力。如美国的"社会服务街区补助计划"(The Social Services Block Grant Program),为各州、各街区所有居家老人提供家政服务,包括处理家庭杂务、承担交通运输、提供膳食以及陪聊服务等,成为老人们的好帮手。[2] 瑞典政府在老龄人口比例高达18%的"富人岛"利丁岛设立了四个家政服务区,为该岛居家养老者提供全方位、全天候的生活服务,如日常照护、膳食供给、个人卫生打理、陪同散步与聊天、安全警报等。[3] 在一般社区,瑞典政府首先在住宅设计上体现老龄社会伦理关怀的理念。如:在普通住宅区内建造老年公寓,设计两代共居的组屋,或根据需要在一般住宅中建造便于老人居住的辅助住宅,方便儿女们照顾老龄父母和年轻人帮助老人。其次,建立功能齐全的为老家政服务网。再次,发放住宅津贴。凡是领取养老金者,均可依照规定申领相应的住宅津贴。较完善的社会养老保障制度、全方位且具有人文关怀特色的为老服务体系使瑞典成为"福利国家的橱窗"。

目前,发达国家的养老形式主要有居家养老、养老院养老与老人公寓养老,其中居家养老占主导地位。这三种形式的养老均以社会养老保障制度作为经济基础,老年人具备足够的养老金。同时,它们以多样化的社会化为老服务形式来满足老龄人口的日常生活照料需求。目前,中国式家庭

---

[1] 阎青春:《〈我国城市居家养老服务研究〉新闻发布稿》,豆丁网(http://www.docin.com/p-1498299981.html)。
[2] 赵丽宏:《我国与西方养老现状之比较及其启示》,百度文库(http://wenku.baidu.com/view/c0f1e76b32687e21af45b307e87101f69e31fbbb.html)。
[3] 《瑞典怎样为空巢老人暖巢》,凤凰网(http://news.sina.com.cn/w/2011-01-11/04172 1793894.shtml)。

养老从城乡整体情况来看，在养老的主要经济来源和为老照料服务的形式两个方面，均与西方发达国家存在较大的差距。只有不断健全与完善社会养老保障制度，尤其是加快农村的社会养老保险制度建设，才能实现真正意义上的居家养老。

从上可见，西方发达国家家庭道德关怀的不足通过社会养老保障制度、社区为老服务与机构养老等一系列社会关怀机制得到了一定程度的补偿。绝大多数老年人依靠社会养老金在家生活，并根据自己的需要灵活选择社会化与商品化的为老服务，这才是真正意义上的居家养老，它体现了家庭道德关怀与社会制度关怀的有机结合。居家养老现已成为美国、瑞典、德国等西方发达国家的主要养老形式。截至2007年底，瑞典首都斯德哥尔摩市65岁及以上的老龄人口共有11.2万，占全市总人口数的14.2%；其中居家养老者约为10.27万人，占全市65岁及以上老人总数的91.7%；住在疗养院或养老机构的有6400人，仅占全市65岁及以上老人总数的5.7%；另有大约2900人居住在老人公寓，占全市65岁及以上老人总数的2.6%。① 功能齐备的为老服务体系为瑞典老人居家养老提供了有力的社会伦理支持。

第五节　安乐死的伦理抉择

安乐死（Euthanasia）一词源自希腊文，本意是幸福的死亡。医学意义上的安乐死是指对于身患绝症、临近死亡且处于极度痛苦中的病人，按照法定程序采取相应的医学措施使其无痛苦死亡的过程，包括消极安乐死与主动安乐死两种方式。消极安乐死即停止治疗或停止使用药物，让患者自行死亡；主动安乐死即实施无痛致死术，如注射氰化物、凝血剂或中枢麻醉剂，让患者安详地死去。

安乐死的合法化确认了人们对死亡的选择权，消除了医生、患者与家属在安乐死实施问题上的一些困惑。安乐死的实施对于消解绝症患者的病痛折磨，减轻家属的经济负担与心理负担，以及最大限度地利用医疗资源等，无疑具有积极意义。荷兰确认主动安乐死合法化及其实施的情况说明，安乐死的实行必须按照严格的法定程序进行，否则就有滥杀无辜的可

---

① 《瑞典怎样为空巢老人暖巢》，凤凰网（http://news.ifeng.com/gundong/detail_2011_01/11/4213445_0.shtml）。

能。我国虽然有越来越多的人对安乐死持肯定态度，但真正愿意选择实施安乐死尤其是主动安乐死的人极少。

目前在我国，安乐死的立法空缺往往使善意助人安乐死的刑事判决陷入法与情的矛盾之中。如，1986 年发生于汉中市的"中国首例安乐死案"①，一审法院依法宣告两被告无罪，但认定"两被告人的行为显属剥夺公民生命权利的故意行为"，只因"情节显著轻微，危害不大"，"不构成犯罪"。2011 年发生于番禺的"儿子购买农药助母安乐死"一案，则以故意杀人罪作出"判三年缓期四年执行"的一审判决。案例二中王敬熙因爱而杀妻一案在某种程度上助推了《安宁缓和医疗条例》修正案在台湾的出台。上述案例分别反映了中国大陆与台湾的部分民众对安乐死立法的呼唤。安乐死不是普遍倡导的生命终结方式，只有健全安乐死的相关立法才能真正保证主体尊严死亡的自主选择权。案例三中，时年 85 岁的英国著名指挥家爱德华·唐斯与 74 岁的妻子在共度 54 年幸福时光后，赴瑞士苏黎世，在"尊严"机构的帮助下，牵手平静地离世，虽是凄美，却无痛无憾。

案例一　孝子购农药助母安乐死

2011 年 5 月 16 日下午两点左右，来自四川的打工者邓建明来到番禺区石碁镇派出所报案，称其母李某兰在出租屋里自然死亡。然而，公安人员初步尸检发现，李某兰死于有机磷中毒。后经侦查机关调查确认，这是一起儿子在母亲的一再要求下，购买农药协助其母安乐死的故意杀人案。

原来，被害人李某兰因中风行动不便已有 18 年，长期的病痛折磨使其忍无可忍。2011 年 5 月 16 日 9 点左右，她请求儿子邓建明给她服农药以求一死。起先，儿子不同意，但在母亲的强烈要求下，儿子只得忍痛答应。随后，邓建明到一家农用品专卖店购买了"高效氯氰菊酯"和"25%高渗吡虫啉"，勾兑后给母亲服用，几分钟后，李某兰死亡。

2011 年 5 月 31 日，番禺区检察院以故意杀人罪将邓建明逮捕。2012 年 5 月 30 日上午，备受关注的"购农药助母安乐死"一案在番禺区法院开庭宣判。法院经审理认为，邓建明在其母不堪忍受长期病痛折磨的情况下，购买农药助其安乐死，属于非法剥夺他人性命而犯罪，但鉴于他 18

---

① 参见陈蕃、李伟长主编《临终关怀与安乐死曙光》，中国工人出版社 2004 年版，第 224—226 页。

年来无怨无悔地照顾母亲，有别于一般"故意杀人罪"，遂作出判三年缓期四年的判决。① 邓建明当庭表示服从判决，没有异议。他的辩护律师唐承奎对此判决结果也很满意，表示在预期之中。他认为，从严格意义上说，此案并非真正意义上的安乐死，之所以发生这样的悲剧，一方面是因为邓建明不懂法律；另一方面是因为社会保障体系的不完备与社会救助机制的缺失，使李某兰一再产生"想死"的念头 。

案例二 杀你皆因爱你

时年 84 岁的王敬熙是台湾的一名退休工程师，他曾是蒋介石的随从，并曾任国民党第一届改革委员会委员。50 多年前，他与妻子孙元平共结连理，是邻里羡慕的模范夫妻。令人意想不到的是，2010 年 12 月 26 日，王敬熙实在不忍年迈妻子摔断腿且饱受帕金森氏症之苦，在让妻子服药昏迷后，用铁锤将螺丝起子钉入妻子的头颅，致其死亡，事后自首被收押。他供称，妻子健康恶化，自己因年事已高无力照料老伴，但又不忍心看着她被病痛折磨不堪，担心自己若早走一步，没人照顾她，不得已忍痛杀妻，帮助病妻早日解脱。王敬熙还说，早在十几年前，夫妻俩就曾讨论过类似"安乐死"的死法。王敬熙因爱而杀妻一案在台湾激起轩然大波。

2011 年 3 月 30 日，王敬熙被依杀人罪起诉。他承认犯罪事实，但认为自己没有错。2011 年 4 月 18 日，台北地方法院首度开庭，王敬熙捶桌痛哭，批评台湾文化水准落后，没有安乐死的法律制度，不然自己"又何必亲手把自己的太太杀死？"他还扬言："如果放我出去，我不是逃亡就是自杀。"法官经审理认为，王敬熙实施杀妻之前，考虑过多种方法不让妻子遭受太多痛苦，因此他并非一时情绪失控犯案。虽然王敬熙称曾经与妻子协议安乐死，但无证据显示他确已征得妻子同意，因此触犯了《刑法》，犯了杀人罪。2011 年 9 月 22 日，台北法院认定王敬熙犯杀人罪，但因有自首情节且年逾 80 岁，减刑 2 次后判刑 9 年。老人听判后表示将上诉求死。②

案例三 携手尊严死亡

2009 年 7 月，85 岁的英国著名指挥家爱德华·唐斯与 74 岁的妻子

---

① 《四川孝子邓建明助母安乐死获缓刑》，中顾法律网（http：//news.9ask.cn/Article/sf/201205/16936 54.shtml）。
② 《老人为结束病妻痛苦将其钉死获刑 9 年》，网易新闻（http：//news.163.com/11/0923/09/7EKK4NQD00014JB6.html）。

琼·唐斯在共度 54 年幸福时光后赴瑞士,得到苏黎世"尊严"机构的帮助,在他们自行选择的环境中平静离世。当时,爱德华·唐斯的听力与视力严重退化,他的妻子则被确诊为癌症晚期。瑞士法律规定,安乐死申请者必须自己喝下安乐死药物。但在荷兰,新议案规定这一过程可由一名非医务人员协助完成。①

评 析

对于绝症患者尤其是身患绝症的老人,是否实行安乐死,历来是一个难以抉择的法伦理问题。在一部分西方国家,虽然安乐死已合法化,但其实施必须严格满足法定条件。荷兰安乐死的相关法律规定,必须满足以下条件才能对患者实施安乐死:1. 确认患者身患绝症或不可救治之疾病,且正经受无法忍受的病痛折磨。2. 患者深思熟虑后申请实施安乐死。3. 医生向患者如实通报病情及以后的发展情况,并与其协商后认为安乐死是唯一的解脱办法。4. 一直负责看护患者的医生就相关情况写出书面意见。5. 征得另一位"独立医生"的支持。6. 实施规定的安乐死程序。② 2001年,荷兰上院以 46 票赞成、28 票反对通过了安乐死合法化的法案。自 2002 年 4 月 1 日起,该法案正式生效。荷兰成为世界上第一个确认主动安乐死合法化的国家。荷兰人对合法的安乐死真的能够坦然接受吗?德国格丁根大学研究人员对荷兰 7000 起安乐死案件进行了调研分析,发现其中不少人并非自愿安乐死,而是医生与家属配合,背着老人或病人做出了实施安乐死的决定。"非情愿的安乐死"比例高达 41%,其中有 11% 的患者死前仍神志清醒即完全有能力自主决定是否实施安乐死,却没有人问他们愿意选择活着还是死去。自 2002 年下半年开始,一部分荷兰老人为逃避"提前"死亡而不得到德国等周边国家避难,随后"逃亡"事件不断增加。③ 这一现象充分反映了老年人对所谓合法安乐死的恐惧,他们要求掌握自己的生死权,并渴望延长寿命。

荷兰一项新的议案主张,任何 70 岁以上的老人如果"觉得自己的生命已经完整了",即使没有重大疾病,也可要求安乐死。经过专门训练并获得相关证书的非医务人员在确认老人的安乐死申请系审慎抉择后,可以协助其实施安乐死。据悉,若要让荷兰议会正式讨论该议案,相关活动人

---

① 《荷兰拟 70 岁以上老人无重大病痛也可安乐死》,中国青年网(http://news.youth.cn/sh/201004/t20100413_1201268_1.htm)。

② 同上。

③ 姚立:《荷兰老人出国躲避安乐死》,《环球时报》2004 年 2 月 11 日第六版。

士须在 1 个月内收集到支持此项议案的 4 万个签名，当时已经收集到了超过 11 万个支持者的签名。① 荷兰一家调研公司进行的民意调查显示，在被调查的 1000 人中，63% 的民众支持赋予老人死亡的权利，即使他们没有患病。然而，"荷兰皇家医学会"作为世界上唯一支持主动安乐死，并曾在推动安乐死合法化进程中发挥过重要作用的医学会，对此项新议案表示担忧。他们担心一些年迈的老人可能迫于亲属的压力，不得不选择安乐死。据统计，2009 年荷兰共约实施 2500 例安乐死。②

继安乐死在荷兰合法化之后，日本、瑞士与美国的一些州也通过了安乐死法案。然而，安乐死的合法性与合道德性之争依然十分激烈。2010 年 4 月 21 日，加拿大议会众议院以 228 票对 59 票的绝对优势否决了允许安乐死的议案。该议案是由魁北克党团议员弗朗欣·拉隆德（Francine Lalonde）提出的。据悉，他身患癌症。大多数议员认为，允许安乐死将导致许多严重残疾者和临近死亡的病人在未经本人允许的情况下被结束生命。目前，协助自杀被加拿大刑法明确禁止。③

再来看中国大陆居民对安乐死的态度。崔以泰等人对上海、天津市民所做的关于死亡认识的社会调查中，关于"对垂危患者的态度"一项，选择"尽可能挽救"的人数为 1291 人，占被调查总人数（2297 人）的 56.20%；选择"依病情及身心状况和疼痛情形做治疗努力"的为 533 人，占被调查人数的 23.20%；选择"不应维持植物人生命"的占 19.02%。④ 从总体上看，认为对垂危患者应尽可能采取医疗救治措施的占到了半数以上，表明在国人心中生命是至重的，也反映了我国城市居民对安乐死持比较谨慎的态度。

2004 年 3 月，有学者选取贵州省贵阳市的 539 人进行相关调查，结果显示：赞成安乐死的有 427 人，占 79%；反对的有 71 人，占 13%；不表态的有 41 人，占 8%。赞成者中 60 周岁以上的有 133 人，其中 79 人表示：如果本人患上晚期癌症等不治之症，痛苦不堪时，愿意实施安乐死。反对者中 60 岁以上的有 9 人，不表态的有 7 人。2003 年该市老龄人口占

---

① 《荷兰拟 70 岁以上老人无重大病痛也可安乐死》，中国青年网（http://news.youth.cn/sh/201004/t20100413_1201268.htm）。
② 同上。
③ 《加拿大议会众议院以绝对优势否决允许安乐死议案》，中国法院网（http://www.chinacourt.org/html/article/201004/23/405811.shtml）。
④ 崔以泰、黄天中：《临终关怀学 理论与实践》，中国医药科技出版社 1992 年版，第 205 页。

总人口的比例是 10%，被调查的老人中有 89% 赞成安乐死，53% 的老人表示自己可以接受安乐死。非老龄人群赞成安乐死的比例是 75%。① 上海的一项调查显示，在被调查的 200 名老人中，赞成安乐死的占 73%。在北京的一项调查中，有 85% 以上的被调查者认为安乐死符合人道主义，80% 的被调查者认为目前我国可以实施安乐死。② 可见，越来越多的老人对于无痛苦、有尊严地死亡的安乐死持赞成态度。

综上所述，对于安乐死，有两种对立的观点。赞成者认为，对于不可救治之绝症患者或因各种疾病而生命垂危者以及由于高龄而导致生理功能自然衰竭且不可逆转者实施安乐死，可以节省经济成本，减轻患者生不如死的病痛折磨，并使其有尊严地走向生命终点。

反对安乐死的理由主要有以下四个方面。其一，生命是无价的，不论是身患绝症，还是因各种疾病或年事已高而脏器功能衰竭，除非到了生不如死的境地，大多数人包括老年人都是愿意最大限度地延长生命的。二是医学的发展是难以预知的，目前世界医疗技术与医疗检测手段所确定的绝症，在未来一段时间里有可能被攻克，因此，不要轻易放弃生命的希望。其三，如果患者或家属经济实力允许，花多少钱来救治，是其自由。实施安乐死虽然可以节约社会的医疗资源、减轻家庭的经济开支，但这些对于人的生命来说都是微不足道的。其四，生的希望高于死的尊严。有人说，为救治绝症患者而在其身上插满管道，犹如上刑一般，有损其尊严，而主动安乐死可以帮助患者有尊严地死亡。其实，哪怕只有一线生存的希望，绝大多数人都是愿意全力争取的，因为死亡的尊严是无法与生命延续的希望相比的。更何况有尊严地死在很大程度上是对生者的一种心灵安慰，对于患者本人没有实际意义。

目前，我国大陆还没有安乐死的相关立法，协助患者死亡的行为属于剥夺公民生命权的犯罪行为。中国首例安乐死案的矛盾判决，以及案例一对故意杀人犯邓建明"判三年缓期四年执行"的判决，反映出由于安乐死立法的空缺，人们在协助绝症患者死亡问题上面临着诸多法伦理困惑，同时表明我国公众对基于解除患者无法忍受的长期病痛折磨而协助患者实施安乐死的犯罪行为，实际上持一种较为宽容的态度，尤其是当协助安乐死的行为是出于孝心之时。

---

① 覃蓉、林芳:《关于安乐死的思考》,《湘潮》(下半月) 2009 年第 4 期。
② 《专家认为:我国目前应该开展安乐死合法化试点》,健康之家 (http://health.enorth.com.cn/system/2006/03/10/001252511.shtml)。

2011年1月10日,台湾"立法院"通过《安宁缓和医疗条例》修正案,规定:在患者经确诊为"末期病人",且其最近亲属签署《终止心肺复苏术同意书》的情况下,医师可移除呼吸器,让病人安宁离去。这一修正案的出台标志着安乐死立法在台湾迈出了制度化的一大步。[①] 案例二王敬熙因爱而杀妻一案,对于安乐死在台湾的立法起到了一定的助推作用。然而,他的杀妻行为是在此《条例》出台之前发生的;即使发生在之后,他的行为也不符合安乐死的相关规定,而属于故意杀人。

第六节 回归自然的生态殡葬

"生,人之始也;死,人之终也。终始俱善,人道毕矣。"[②] 善终就是善待生命的终了阶段,给人生画上一个圆满的道德句号。儒家传统丧葬礼制以孝道为伦理根基,具体包括丧、葬、祭三个环节,其要义在于适中。当前,一些地方厚葬之风盛行,表面上是传承传统的丧葬礼制,实际上背离了儒家传统丧葬礼制的伦理要义。畸形消费、盲目攀比和赎罪心理在一定程度上助长了厚葬的不良风气。案例一陈述的是一场不设灵堂、不打祭、火化归山的简朴葬礼。案例二描述了一场数百万元的"豪华葬礼"。它们分别代表了当前两种不同档次、不同类型的丧葬形式。究竟何为善终?传统丧葬制度的伦理本质与现代社会生态殡葬的道德要求昭示了其中的答案。

案例一 92岁老人丧事从简

2011年2月25日,湖南省浏阳市北园社区严家冲92岁的李荣福老人去世了,他的子女按照他生前的遗愿,不设灵堂与哀宴,丧事从简办理。子女们于28日贴出了这样一张讣告:"家公因年迈医治无效,寿终。遵照先父遗嘱,丧事从简,不设灵堂,不打祭,不开追悼会,不收吊礼,不设哀宴。遗体停放中堂两天后,送荷花福泽园火化,捧盒归山。"老人过世后的3天里,子女们默守在灵前。带着"白包封"来的亲朋好友在老人子女们地婉拒下也只留下了一个敬别的鞠躬。[③]

---

① 霍哲楠:《"安乐死"立法台湾破冰》,《人人健康》2011年第7期。
② 《荀子·礼论》。
③ 《一场花费数百万 一场一切从简 两场葬礼引热议》,东北新闻网(http://news.nen.com.cn/guoneiguoji/96/3741596.shtml)。

案例二　数百万元的"豪华葬礼"

2011年3月4日，在浙江温岭市新河镇某中学的操场上，当地的一位企业家为八十二岁寿终的母亲举办了一场花费数百万元的"豪华葬礼"。九辆加长林肯轿车、千人鼓乐队、十六门礼炮等组成送葬队伍，多台摇臂摄像机现场跟踪拍摄，几百名僧人做道场、法事，一个个写着"奠"字的气球缓缓升入空中。亲朋宾友、工作人员，加上围观的群众，有近万人参加了这场葬礼。整个上午，该中学体育场外的马路交通堵塞。①

评　析

丧葬是生者为死者送行而举行的一系列哀悼活动，它是对死者一生的评价，反映出活着的人对待死亡的态度，同时折射出社会道德文明的水平。寄托哀思、继往开来，让逝者的风范光照后人，这是丧葬的目的，也是其内容。让活着的人生活得更好，这才是符合道德的，也是最能告慰逝者并使之安息的举措。节葬是文明丧葬的根本要求。

当前，一些地方厚葬之风盛行，主要原因有三个。一是祖先崇拜的神秘化。祖先崇拜是中国人的传统心理，也是中国人的国教。祭奠先祖是我国几千年以来的传统习俗，但在一些地方，祖先崇拜被神秘化了，迷信之风借助祖先崇拜在丧葬活动中沉渣泛起，厚葬之风也愈演愈烈。二是孝道的畸变。一些不肖子孙在父母长辈有生之年，对其饮食起居很少过问，等到父母长辈辞世，或迫于舆论的压力，或为了赎洗心债，或为了不被祖宗降祸，便以厚葬来示孝心，致使孝道发生畸变。俗话说，"子欲养而亲不待"。在父母长辈有生之年善待之、厚养之，这才是真孝。三是攀比心理。一些人以厚葬作为炫耀财富与地位的手段，使丧葬演变为一股畸形消费的不良风气。推行文明丧葬，必须做到以下五点。

第一，要正确认识传统丧葬礼制的伦理本质。孝道是中国传统伦理文化的根荄。传统丧葬制度作为宗法等级制的载体和宗法伦理的重要体现，正是以孝道作为伦理根基。传统孝道本质上是对家族内部父母与子女之间权利与义务关系的规定，主要体现为子女对父母的赡养及父母死后的丧祭。它不仅表现为现世的"亲亲""尊尊"，而且要求在父母、长辈死后，也要一如既往地奉行孝道，所谓"生，事之以礼；死，葬之以礼，祭之

---

① 《一场花费数百万一场一切从简　两场葬礼引热议》，东北新闻网（http://news.nen.com.cn/guoneiguoji/96/3741596.shtml）。

以礼"①。《孝经》曰:"孝子之事亲也,居则致其敬,养则致其乐,病则致其忧,丧则致其哀,祭则致其严,五者备矣,然后能事亲。"② 又曰:"生事爱敬,死事哀戚,生民之本尽矣,死生之义备矣,孝子之事亲终矣。"③ 都是讲子女对父母生要敬养、死要礼葬、祭要虔敬,"事死如事生,事亡如事存,孝之至也"④。儒家认为,事死与事生是并重的,孟子甚至认为"养生者不足以当大事,惟送死可以当大事"⑤。从某种意义上说,事死似乎更能体现人子的一片孝心,因为尊亲已逝,丧葬礼仪是否适宜,完全取决于人子的道德自觉,因而更能获得孝子的哀荣。由于传统文化的长期心理积淀,儒家丧葬制度对后世产生了深远的影响。当父母或长辈去世时,举行隆重的葬礼,被视为孝行。

其实,儒家并不主张厚葬,而是主张丧葬要适宜,"丧祭械用皆有等宜"⑥ 就是这个意思。儒家丧葬礼制侧重强调敬哀之心。《礼记》曰:"祭祀主敬,丧事主哀。"⑦ "丧礼,与其哀不足而礼有余也,不若礼不足而哀有余也;祭礼,与其敬不足而礼有余也,不若礼不足而敬有余也。"⑧ 丧葬是表达哀思的形式,内心之敬哀重于外在的礼数,所谓"礼贵得中""唯其称也"⑨。儒家认为,"礼"不以奢为本,丧葬之礼也不以厚葬为重,关键在于适宜即适中,当然也不能过于简单、草率,寄托哀思是其根本。《礼记》云:"丧有四制,变而从宜,取之四时也。有恩,有理,有节,有权,取之人情也。恩者仁也,理者义也,节者礼也,权者知也。仁、义、礼、知,人道具矣。"⑩ 由此可见,儒家丧葬礼制以孝道为伦理根基,主张敬哀与适宜,而非厚葬与繁缛的礼数。

第二,倡导生态殡葬、回归自然。所谓生态殡葬是指树葬、花葬、草坪葬、水葬、海葬、深埋葬、虚拟墓葬以及叠葬、壁葬、小墓葬等环保、

---

① 《论语·为政》。
② 《孝经·孝纪行》。
③ 《孝经·丧亲》。
④ 《中庸》第十九章。
⑤ 《孟子·离娄下》。
⑥ 《荀子·王制》。
⑦ 《礼记·少仪》。
⑧ 《礼记·檀弓上》。
⑨ 刘宝楠著:《论语正义·八佾》,注曰:"礼之本意失于奢,不如俭。丧失于和易,不如哀戚。""先王之制礼也,不可多也,不可寡也,唯其称也。不同者,礼之差等,礼贵得中。"载《诸子集成》第1卷,上海书店1986年版,第44页。
⑩ 《礼记·丧服四制》。

低碳的丧葬形式,是以节约资源、保护环境为价值导向的节地生态墓葬。① 遗体火化过程中的污染物减排与控制是生态殡葬的第一步。遗体、衣物、随葬品与燃料在火化过程中产生大量污染物,包括二恶英类强致癌物。从遗体处理的源头对火化过程进行污染物减排与控制,对生态殡葬的推行至关重要。2007 年 4 月 14 日,国务院批准《中华人民共和国履行〈关于持久性有机污染物的斯德哥尔摩公约〉国家实施计划》(简称 NIP)。2007 年 4 月 18 日,我国向国际组织正式递交了 NIP。NIP 确定了中国二恶英减排优先控制的六个重点行业,殡葬行业是其中之一。除了严格遵循 NIP 的相关条款规定,殡仪馆还必须严格执行《殡仪馆建筑设计规范》《殡仪场所致病菌安全限值》《燃油式火化机污染物排放限值及监测方法》等标准,使用对环境与人类无毒害的消毒防腐液进行遗体处理,火化后对骨灰进行无公害处理,并大力开发和使用经济实用型葬具与遗体包装物等生态殡葬用品。②

近年来,不建墓室、不进行尸体化学防腐处理、使用硬纸板棺材的生态殡葬在西方一些发达国家悄然兴起。在美国,随棺土葬或骨灰墓葬的传统葬礼平均每场需花费约 8000 美元,而一场生态葬礼的开销为 300 美元至 4000 美元不等,远远低于传统葬礼的开销。③ 目前英国苏格兰格拉斯歌一家公司推出了一种名为"生命轮回"的生态水葬机械。其流程大致如下:遗体被装入丝质棺材后送进一个特质的密闭舱,密闭舱内的两根水管根据舱内测压元件自动测出遗体的重量,分别注入水与碱性氢氧化钠将遗体浸没,随后密封舱加热至 150 摄氏度,经过两三个小时,遗体变成液体和白色钙质粉末,这些白色的钙质粉末就是"骨灰",交由家属保存。这一过程与自然分解原理相似,只不过速度被人为加快而已。一次"生命轮回"所需费用为 300 英镑(约 600 美元),与火葬费用基本相同,然而它比传统的土葬、火葬等方式更为节能与环保。④

骨灰的生态安葬是生态殡葬的第二步。公墓土地资源紧缺是我国殡葬行业面临的一个主要难题,也是事关民生的重大问题,在北京、上海、天津等大城市此问题更是迫在眉睫。适时规划扩展公墓用地,并有计划地使

---

① 《民政部等 9 部门关于推行节地生态安葬的指导意见》,新华网(http://www.xinhuanet.com/politics/2016 - 02/24/c - 128747582. htm)。
② 杨宝祥、孙钰林、翟媛媛:《绿色殡葬内涵及特征研究报告》,载朱勇主编、李伯森副主编《中国殡葬事业发展报告(2010)》,社会科学文献出版社 2010 年版,第 177 页。
③ 沙文婧:《国外殡葬方式面面观》,《济南日报》2011 年 4 月 6 日 A10 版。
④ 《水葬》,百度百科(http://baike.baidu.com/view/133374.htm)。

用墓地，是缓解城市墓园危机的有效手段。此外，还要大力倡导与推行生态殡葬。在北京、上海等大城市，火化率现已达到 99%，在遗体火化减重 99%和体积减量 90%的基础上，需要探索再减量的丧葬形式，以缩小骨灰体积、减少墓穴占地。从土葬到火葬是一次革命，从保留骨灰到不保留骨灰又是一次革命。据有关媒体报道，西安个别殡仪馆半小时悼念花费超过 6000 元；近 10 年来，哈尔滨的墓地价格涨了 10 倍；广州墓地的价格更是直逼别墅。在涨价恐慌心理的影响下，一些城市的市民开始抢购"活人墓"，致使墓地价格节节攀升。①难怪有人发出了"死不起、葬不起"的无奈叹息。生态殡葬无疑是缓解墓地紧缺危机、拉低墓地高价、减轻殡葬重负的现实途径，也是环境正义的内在要求。树葬、花葬、草坪葬就是由亲人们将逝者的骨灰撒入树坑，栽上树苗或花草，以后按编号前来祭奠的丧葬形成，此举简便、经济、低碳，既依循了入土为安的民俗，又能满足后人祭奠的要求，也美化了环境，更映射出"化作尘泥更护花"的奉献精神。与江河大海、高山故地融为一体，是另一种风格的丧葬形式，体现了人类源于自然、归于自然的法则。至 2010 年，上海顺利举行了 123 次骨灰撒海活动，共有 12690 户家庭 58234 人次参加，16957 份骨灰被撒入大海，节约土地约 26 万平方米。②

公墓生态化是生态殡葬的第三步。不少公墓的墓座、墓碑采用同一样式、同种材质、统一规格、颜色一致，正看一条线，斜看也是一条线，这种"排排坐"的样式虽然规整，但给人一种单调、死板、冷漠与阴森的感觉。上海市滨海古园的"七彩环保葬"代表了生态墓地建设的发展方向。它引进西班牙现代环保技术生产可降解骨灰坛，采用环保防腐木、玻璃纤维增强水泥、琉璃等材料组合成五星图案，得到丧家的肯定。③融园林、人文、历史、雕塑、美术、音乐等元素于一体，在幽雅的墓园环境中表达哀思与祭奠之情，是环保、低碳理念下生态墓地的基本特征。

第三，倡导网上祭奠，追思承志。"年年祭扫先人墓，处处犹存长者风。"每年清明节前后，很多墓园与墓地周围都弥漫着熏人的香烛，飘散着大量的元宝、冥币、纸钱，还有各式纸人、纸马、纸冰箱、纸轿车，甚至还有美元纸钞、纸笔记本电脑、纸手机、纸飞机、纸别墅等，它们一方

---

① 《"天价殡葬"费用攀升暴露殡葬市场无序和管理无力》，凤凰网（http: //news. ifeng. com/mainland/detail_ 2011_ 04/02/5520766_ 0. shtml）。
② 王万里：《上海市提高殡葬事业三个含量的实践与思考》，载朱勇主编、李伯森副主编《中国殡葬事业发展报告（2010）》，社会科学文献出版社 2010 年版，第 258 页。
③ 同上。

面寄托着后人对故亲的无限哀思;另一方面也浪费了不少钱财。相关统计数据显示,每年清明节期间,我国用于祭祀焚烧的纸张在千吨以上,每焚烧1千克纸钱则增加1.46千克的碳排放量。① 加上集中祭扫导致的交通拥堵,碳排放污染更为严重。祭品浪费现象也不容忽视。一般公墓若以1万个墓穴计算,每个墓主人的亲属花费祭奠费少则百元,多则三五百元,一个清明节过后大扫除的垃圾价值就超百万元。②

现代社会是一个信息化的网络社会,网络不仅是人们日常交往的重要手段,也为各种丧葬祭祀活动提供了一个平台。在丧祭网站,人们只要轻轻点击一下鼠标,就能为故亲献花、上香、点烛、献贡,甚至还能献上逝者生前喜欢的歌曲,既省钱省时省力,又环保、文明与私密。

第四,打破殡葬垄断,抑制"被厚葬"。厚葬诚然是表达哀思的一种形式,但在某种意义上是对后人的一种心理安慰。厚葬中的铺张浪费与当前我国关于建设资源节约型国家的主张以及全球化低碳经济的发展方向存在较大的冲突,还易导致死人与活人争土地、钱财及其他资源等诸多家庭矛盾与社会问题。殡葬行业的垄断性及其暴利性是"被厚葬"的一个重要因素。2004年《行政许可法》实施前,民政部门对殡葬用品与殡仪服务拥有前置审批权,形成了"只此一家别无分店"的长期垄断格局。一个成本仅百余元的骨灰盒,通过层层加价,最后售价可达万元。③ 2004年以后,虽然前置审批权被取消了,但殡葬用品的销售大多是在民政部门管理下的殡仪馆内,加上政府对于殡葬商品的价格调控尚未出台明确的政策与法规,因此,殡葬事业单位的垄断利益并未松动。曾有媒体报道,无锡殡仪馆垄断鲜花服务,6年卖花外包回扣157万元;吴江殡仪馆强卖高价骨灰盒,市民自带骨灰盒遭打;还有殡仪馆阻止死者亲友带花圈进门。④ 由此可见,我国殡葬行业只有真正允许民间资本参与殡葬服务的竞争即实现殡葬服务的完全市场化,才能打破殡葬垄断格局,抑制殡葬暴利,逐步消除"被厚葬"的消极态势。

美国的殡葬服务模式为我国殡葬改革提供了一定借鉴。目前美国的殡

---

① 《媒体聚焦:清明祭奠提倡"精神祭扫",摒弃"白色浪费"》,中央人民广播电台(http://www.cnr.cn/china/gdgg/201104/t20110404_507861360.html)。
② 《扫墓用品不该如此浪费 百万元祭品变遍地垃圾》,胶东在线(http://www.jiaodong.net/news/system/2011/04/06/011202021.shtml)。
③ 《"天价殡葬"费用攀升暴露殡葬市场无序和管理无力》,凤凰网(http://news.ifeng.com/mainland/detail_2011_04/02/5520766_0.shtml)。
④ 《殡葬垄断暴利有没有》,《中国青年报》2011年5月19日第2版。

仪馆全部私营，2.2万家殡葬服务机构仅有3000家为大企业所有，85%以上的殡葬业属于家族式经营。全美最大的殡葬连锁服务公司SCI在降低棺木与骨灰盒价格的同时，引入多样化的相关服务，在殡葬服务数量减少5.8%的情况下，每个殡葬服务平均增收9%。①

第五，尊重传统，因地制宜。《殡葬管理条例》第六条规定："尊重少数民族的丧葬习俗；自愿改革丧葬习俗的，他人不得干涉。"丧葬改革并不是在所有地方一律推行火葬，而是要尊重不同地区与不同民族的丧葬习俗，因地制宜。如：在一些偏远地区，尸体就地埋葬比火葬更方便、更经济，既能满足大多数农村老人入土为安的心愿，又能节省开支。一些少数民族还有不同的丧葬习俗，如藏族的天葬，傣族、门巴族的水葬，濮越族的悬棺葬，鄂温克族、鄂伦春族的树葬等。

此外，逐步扩展免费基本殡葬服务对象和服务项目也是推行文明丧葬的重要举措。目前我国惠民殡葬政策覆盖人口达4.73亿，每年投入资金总量为7.91亿元。② 2012年《民政部关于全面推行惠民殡葬政策的指导意见》指出，各地要有步骤、分层次地推动本地区惠民殡葬政策实施，逐步从重点救助对象扩大到户籍人口和常住人口，从减免基本殡葬服务费用延展到奖补生态安葬方式，努力实现殡葬基本公共服务均等化。③ 健全生态殡葬奖补激励机制是推行文明丧葬的有效途径。在进一步完善以减免基本殡葬服务费用为主要内容的惠民殡葬政策基础上，可以在有条件的地区建立节地生态安葬奖补制度，将树葬、海葬、格位存放等不占或少占土地的方式和遗体深埋不留坟头等生态葬纳入奖补范围。④ 2017年年底，浙江省温岭市民政局出台《关于实施温岭市海葬生前奖励有关规定的通知》，规定从2018年1月1日起，凡70周岁及以上温岭户籍人员，自愿海葬者，在原有的海葬后家属享受2000元奖励的基础上，另有生前奖励。在签订海葬协议后，70周岁及以上、80周岁及以上、90周岁及以上、100周岁及以上的温岭户籍老人每月分别奖励200元、300元、400元。这是全国第一个关于海葬生前奖励的政策，对于推动绿色环保的生态殡葬

---

① 《殡葬暴利：生难欢死多苦》，百度文库（http：//wenku.baidu.com/view/bd717520aaea998fcc220eaa.html）。
② 陈蟒：《免费基本殡葬服务将逐步推行》，《京华时报》2011年4月3日第4版。
③ 《民政部关于全面推行惠民殡葬政策的指导意见》，中国政府网（http：//www.gov.cn/zwgk/2012-12/-07/content_2285100.htm）。
④ 《民政部等9部门关于推行节地生态安葬的指导意见》，新华网（http：//www.xinhuanet.com/politics/2016-02/24/c_128747582.htm）。

将产生一定的示范作用。① 另外,各地还可以结合实际情况,探索建立生态殡葬用品补贴制度,对于带头推行无毒、可降解环保用品的殡葬服务单位或使用者亲属,给予适当奖励或补贴,以促进生态殡葬用品的推广应用。②

---

① 《温岭市海葬生前奖励办法出台,开全国政策先河》,台州市民政网(http://www.tzsmzj.gov.cn/art/2017/12/11/art_ 11225_ 1069006)。
② 《民政部等9部门关于推行节地生态安葬的指导意见》,新华网(http://www.xinhuanet.com/politics/2016-02/24/c_ 128747582. htm)。

主要参考文献

一 经典著作类

《马克思恩格斯全集》第一卷，人民出版社1995年版。
《马克思恩格斯全集》第三卷，人民出版社2002年版。
《马克思恩格斯全集》第三十卷，人民出版社1995年版。
《马克思恩格斯选集》第一卷，人民出版社2012年版。
《马克思恩格斯选集》第二卷，人民出版社2012年版。
《马克思恩格斯选集》第三卷，人民出版社2012年版。
《马克思恩格斯选集》第四卷，人民出版社2012年版。
《马克思恩格斯文集》第一卷，人民出版社2009年版。
《列宁专题文集——论辩证唯物主义和历史唯物主义》，人民出版社2009年版。
习近平：《决胜全面建成小康社会 夺取新时代中国特色社会主义伟大胜利——在中国共产党第十九次全国代表大会上的报告》，人民出版社2017年版。

二 中文著作类

（汉）司马迁：《史记》，韩兆琦主译，中华书局2008年版。
杨天宇：《礼记译注》（上，下），上海古籍出版社2004年版。
《诸子集成》第1、2、3、6卷，上海书店1986年版。
《辞海》（缩印本，第六版），上海辞书出版社2010年版。
《康熙字典》（标点整理本），上海辞书出版社2008年版。
《伦理学小辞典》，上海辞书出版社2004年版。
陈蕃、李伟长主编：《临终关怀与安乐死曙光》，中国工人出版社2004年版。
崔以泰、黄天中：《临终关怀学 理论与实践》，中国医药科技出版社1992年版。

丁建定、魏科科：《社会福利思想》，华中科技大学出版社 2005 年版。
费孝通：《乡土中国 生育制度》，北京大学出版社 1998 年版。
费成康主编：《中国的家法族规》（修订版），上海社会科学院出版社 2016 年版。
冯友兰：《中国哲学简史》，天津社会科学院出版社 2007 年版。
龚维斌等：《中外社会保障体制比较》，国家行政学院出版社 2008 年版。
郭沫若：《中国古代社会研究》，人民出版社 1954 年版。
郭大东：《东方死亡论》，辽宁教育出版社 1989 年版。
韩布新、李娟、陈天勇：《老年人心理健康研究报告》，中国科学技术出版社 2013 年版。
何建华：《分配正义论》，人民出版社 2007 年版。
侯晶晶：《关怀德育论》，人民教育出版社 2005 年版。
侯外庐、赵纪彬、杜国庠：《中国思想通史》第一卷，人民出版社 1957 年版。
黄健中：《比较伦理学》，山东人民出版社 1998 年版。
焦国成主编、李萍副主编：《公民道德论》，人民出版社 2004 年版。
靳凤林：《死，而后生——死亡现象学视域中的生存伦理》，人民出版社 2005 年版。
景天魁：《底线公平：和谐社会的基础》，北京师范大学出版社 2009 年版。
蓝淑慧、[德]鲁道夫·特劳普－梅茨、丁纯主编：《老年人护理与护理保险——中国、德国和日本的模式及案例》，上海社会科学院出版社 2010 年版。
李伯森主编，肖成龙副主编：《中国殡葬事业发展报告（2014—2015）》，社会科学文献出版社 2015 年版。
栗芳、魏陆等编著：《瑞典社会保障制度》，上海人民出版社 2010 年版。
李桂梅：《中西家庭伦理比较研究》，湖南大学出版社 2009 年版。
李军：《人口老龄化经济效应分析》，社会科学文献出版社 2005 年版。
廖小平：《伦理的代际之维》，人民出版社 2004 年版。
刘渝琳：《养老质量测评——中国老年人口生活质量评价与保障》，商务印书馆 2007 年版。
卢风、肖巍主编：《应用伦理学概论》，中国人民大学出版社 2008 年版。
罗国杰主编：《中国传统道德》（简编本），中国人民大学出版社 1995 年版。

罗国杰、宋希仁编：《西方伦理思想史》（上卷），中国人民大学出版社1985年版。
苗力田主编：《亚里士多德全集》第九卷，中国人民大学出版社1994年版。
穆光宗：《家庭养老制度的传统与变革》，华龄出版社2002年版。
瞿同祖：《中国法律与中国社会》，中华书局1981年版。
全国老龄工作委员会办公室编：《国外涉老政策概览》，华龄出版社2010年版。
沈善洪、王凤贤：《中国伦理思想史》（上），人民出版社2005年版。
《十八世纪法国哲学》，商务印书馆1963年版。
世界卫生组织编：《积极老龄化政策框架》，中国老龄协会译，华龄出版社2003年版。
施巍巍：《发达国家老年人长期照护制度研究》，知识产权出版社2012年版。
万俊人：《寻求普世伦理》，北京大学出版社2009年版。
万俊人：《正义为何如此脆弱》，北京大学出版社2010年版。
魏贤超、王小飞等著：《在历史与伦理之间——中西方德育比较研究》，浙江大学出版社2009年版。
汪子嵩、范明生、陈村富、姚介厚编：《希腊哲学史》1，人民出版社1988年版。
韦政通：《中国文化概论》，吉林出版集团有限责任公司2008年版。
徐行言主编：《中西文化比较》，北京大学出版社2004年版。
姚新中、焦国成著：《中西方人生哲学比论》，中国人民大学出版社2001年版。
俞可平：《治理与善治》，中国社会科学出版社2000年版。
于洪编：《外国养老保障制度》，上海财经大学出版社2005年版。
杨燕绥主编：《中国老龄社会与养老保障发展报告（2013）》，清华大学出版社2014年版。
杨燕绥主编：《中国老龄社会与养老保障发展报告（2014）》，清华大学出版社2015年版。
张文显：《法学基本范畴研究》，中国政法大学出版社1993年版。
张恺悌、郭平主编：《中国人口老龄化与老年人状况蓝皮书》，中国社会出版社2010年版。
郑功成著：《中国社会保障30年》，人民出版社2008年版。

周谷城：《中国通史》上册，上海人民出版社 1957 年版。

周辅成编：《西方伦理学名著选辑》上卷，商务印书馆 1964 年版。

朱贻庭主编：《中国传统伦理思想史》（第四版），华东师范大学出版社 2015 年版。

朱勇主编、李伯森副主编：《中国殡葬事业发展报告（2010）》，社会科学文献出版社 2010 年版。

《圣经》，中国基督教三自爱国运动委员会、中国基督教协会出版发行，2009 年版。

三 中译著作类

[美] 莫特玛·阿德勒，查尔斯·范多伦编：《西方思想宝库》，周汉林等编译，中国广播电视出版社 1991 年版。

[美] 理安·艾斯勒：《国家的真正财富 创建关怀经济学》，高铦、汐汐译，社会科学文献出版社 2009 年版。

[美] 阿瑟·奥肯：《平等与效率——重大抉择》，王奔洲等译，华夏出版社 2010 年版。

[古希腊] 柏拉图：《理想国》，张斌和、张竹明译，商务印书馆 1957 年版。

[古希腊] 柏拉图：《法律篇》，张智仁、何勤华译，上海人民出版社 2001 年版。

[美] 涛慕思·博格：《康德、罗尔斯与全球正义》，刘莘、徐向东等译，上海译文出版社 2010 年版。

[罗马] 查士丁尼著：《法学总论——法学阶梯》，张企泰译，商务印书馆 1989 年版。

[美] 乔治·恩德勒等主编：《经济伦理学大辞典》，李兆荣、陈泽环译，上海人民出版社 2001 年版。

[意] 朱塞佩·格罗索著：《罗马法史》（2018 年校订版），黄风译，中国政法大学出版社 2018 年版。

[英] 威廉·葛德文著：《政治正义论》（第一卷），何慕李译，商务印书馆 1980 年版。

[美] Neil Gilbert, Paul Terrell：《社会福利政策导论》，黄晨熹、周烨译，华东理工大学出版社 2003 年版。

[美] 尼尔·吉尔伯特（Neil Gilbert）编：《社会福利的目标定位——全球发展趋势与展望》，郑秉文等译，中国劳动社会保障出版社 2004

年版。

［英］金伯莉·哈钦斯：《全球伦理》，杨彩霞译，中国青年出版社2013年版。

［德］马丁·海德格尔：《存在与时间》，陈映嘉、王庆节译，生活·读书·新知三联书店1987年版。

［德］奥特弗利德.赫费：《经济公民、国家公民和世界公民——全球化时代中的政治伦理学》，沈国琴、尤岚岚、励洁丹译，上海译文出版社2010年版。

［古希腊］赫西俄德：《工作与时日 神谱》，张竹明、蒋平译，商务印书馆1991年版。

［美］乔恩·亨德里克斯、戴维斯·亨德里克斯：《金色晚年——老龄问题面面观》，程越、过启渊、陈奋奇译，上海译文出版社1992年版。

［德］弗兰茨-克萨韦尔·考夫曼：《社会福利国家面临的挑战》，王学东译，商务印书馆2004年版。

［德］柯武刚、史漫飞：《制度经济学——社会秩序与公共政策》，韩朝华译，商务印书馆2000年版。

［美］玛姬·克拉兰、派翠西亚·克莉：《最后的拥抱》，李文绮译，华夏出版社2013年版。

［法］卢梭：《社会契约论》，李平沤译，商务印书馆1980年版。

［美］约翰·罗尔斯：《正义论》，何怀宏、何包钢、廖申白译，中国社会科学出版社1988年版。

［英］罗素：《中国问题》，秦悦译，学林出版社1996年版。

［英］梅因：《古代法》，沈景一译，商务印书馆1959年版。

［法］孟德斯鸠：《论法的精神》上册，许家星译，商务印书馆1961年版。

［古希腊］色诺芬：《回忆苏格拉底》，吴永泉译，商务印书馆2010年版。

［美］保罗·萨缪尔森、［美］威廉·诺德豪斯：《经济学》（第十九版）上册，萧琛译，商务印书馆2011年版。

［印度］阿马蒂亚·森：《以自由看待发展》，任赜、于真译，中国人民大学出版社2002年版。

［美］罗兰德·斯哥（Roland Sigg）等编：《地球村的社会保障——全球化和社会保障面临的挑战》，华迎放等译，中国劳动社会保障出版社2004年版。

［英］苏珊·特斯特：《老年人社区照顾的跨国比较》，周向虹、张小明

译,中国社会出版社 2002 年版。

［美］丹尼尔·W. 布罗姆利:《经济利益与经济制度——公共政策的理论基础》,陈郁、郭宇峰、汪春译,上海三联书店,上海人民出版社 2006 年版。

［古希腊］亚里士多德:《政治学》,吴寿彭译,商务印书馆 1965 年版。

［古希腊］亚里士多德:《雅典政制》,日知、力野译,上海人民出版社 2011 年版。

四 中文论文类

《北京居民期望寿命 16 年增 4.57 岁》,《新京报》2017 年 10 月 16 日第 A01 版。

毕云天:《论底线福利公平》,《学术探索》2017 年第 11 期。

陈蟒:《免费基本殡葬服务将逐步推行》,《京华时报》2011 年 4 月 3 日第 4 版。

陈成文、孙秀兰:《社区老年服务:英、美、日三国的实践模式及其启示》,《社会主义研究》2010 年第 1 期。

陈皆明:《投资与赡养——关于城市居民代际交换的因果分析》,《中国社会科学》1998 年第 6 期。

成中英:《21 世纪中国哲学走向:诠释、整合与创新》,《中国社会科学院研究生院学报》2001 年第 6 期。

方军:《制度伦理与制度创新》,《中国社会科学》1997 年第 3 期。

费孝通:《家庭结构变动中的老年赡养问题——再论中国家庭结构的变动》,《北京大学学报》(哲学社会科学版) 1983 年第 3 期。

冯立天:《提高生活质量 实现社会和谐》,《党政干部文摘》2005 年第 11 期。

高兆明:《制度伦理与制度"善"》,《中国社会科学》2007 年第 6 期。

龚丽娟、陈海燕、闫立君:《癌症晚期患者临终需求的调查与护理》,《中国医药导刊》2008 年第 5 期。

顾大男:《我国老年人临终前需要完全照料的时间分析》,《人口与经济》2007 年第 6 期。

胡锦涛:《坚定不移沿着中国特色社会主义道路前进 为全面建成小康社会而奋斗》,《人民日报》2012 年 11 月 18 日第 3 版。

郝晓宁、胡鞍钢:《中国人口老龄化:健康不安全及应对政策》,《中国人口·资源与环境》2010 年第 3 期。

胡乃军、杨燕绥：《中国老龄人口有效赡养比研究》，《公共管理评论》2012年第2期。
黄匡华、陆杰华：《中国老年人平均预期照料时间研究》，《中国人口科学》2014年第4期。
霍哲楠：《"安乐死"立法台湾破冰》，《人人健康》2011年第7期。
江荷、蒋京川：《老年歧视的概念、工具、特点与机制》，《心理技术与应用》2017年第11期。
姜向群、杨菊华：《中国女性老年人口的现状及问题分析》，《人口学刊》2009年第2期。
姜向群、郑研辉：《中国老年人的主要生活来源及其经济保障问题分析》，《人口学刊》2013年第2期。
景天魁、毕天云：《论底线公平福利模式》，《社会科学战线》2011年第5期。
蒋志学：《老年人生活质量指标体系探析》，《市场与人口分析》2003年第3期。
雷达：《瑞典老人生活有三乐》，《燕赵老年报》2008年3月21日第4版。
李超：《关于我国长期护理保险制度设计的思考》，《商业时代》2008年第2期。
李德明、陈天勇、吴振云等：《城市空巢与非空巢老人生活和心理状况的比较》，《中国老年学杂志》2006年第3期。
李建华、张永义：《价值观外交与国际政治伦理冲突》，《河南师范大学学报》（哲学社会科学版）2009年第3期。
刘宇、郭桂芳：《我国老年护理需求状况及对老年护理人才培养的思考》，《中国护理管理》2011年第4期。
穆光宗：《老龄人口的精神赡养问题》，《中国人民大学学报》2004年第4期。
倪愫襄：《制度伦理视野中的中西文化之差异》，《湖北社会科学》2007年第1期。
邱月、刘坤：《中国家庭空巢率超50%"老有所依"该如何实现?》，《光明日报》2016年2月18日第15版。
沙文婧：《国外殡葬方式面面观》，《济南日报》2011年4月6日A10版。
沈建、张汉威：《德国社会养老保障及其启示》，《宏观经济管理》2008年第6期。
宋梅：《老龄化社会背景下的老年护理教育现状与伦理学思考》，《护理研究》2016 年第 2 期。

汤闻博：《社会学视野下的农村老年人心理需求状况的研究》，《学术前沿》2008 年第 9 期。

仝伟平：《虐待老人法不容 夫妻双双获刑罚》，《焦作日报》2010 年 2 月 6 日第 3 版。

万俊人：《社会公正为何如此重要》，《天津社会科学》2009 年第 5 期。

王庆华、杨玉霞、丁志荣等：《空巢老人生活质量与心理健康的相关研究》，《中国老年保健医学》2007 年第 5 期。

王世斌、申群喜、徐昀：《经济欠发达地区农村养老的调查与分析——以江西上饶市铅山县 S 村为个案》，《温州职业技术学院学报》2010 年第 3 期。

闻川：《"树葬"化为草木伴青山》，《百姓》2004 年第 8 期。

邬沧萍：《提高老年人生活质量的战略对策》，《长寿》2003 年第 5 期。

吴帆：《中国老年歧视的制度性根源与老年人公共政策的重构》，《社会》2011 年第 5 期。

吴帆：《青年人眼中的老年人：一项关于老年歧视问题的调查》，《青年研究》2008 年第 7 期。

辛酉：《英国老人的社区照顾》，《人民日报海外版》2008 年 12 月 6 日第 6 版。

杨立雄：《中国老年贫困人口规模研究》，《人口学刊》2011 年第 4 期。

杨中新：《构建有中国特色的老年人生活质量体系》，《深圳大学学报》（人文社会科学版）2002 年第 1 期。

杨自平：《先秦儒学与老年学》，《深圳大学学报》（人文社会科学版）2014 年第 6 期。

姚立：《荷兰老人出国躲避安乐死》，《环球时报》2004 年 2 月 11 日第六版。

姚丽萍：《"安康通"渐成"百事通"》，《新民晚报》2010 年 10 月 19 日第 A23 版。

叶莲侠：《住院晚期癌症患者的临终需求调查及护理对策》，《安徽医学》2012 年第 4 期。

易勇、风少杭：《老年歧视与老年社会工作》，《中国老年学杂志》2005 年第 4 期。

俞可平：《治理和善治分析的比较优势》，《中国行政管理》2001 年第 9 期。

喻文德、李伦：《国外的公共健康伦理研究》，《河北学刊》2010年第1期。

张奎良：《"以人为本"的哲学意义》，《哲学研究》2004年第5期。

《中共中央关于全面深化改革若干重大问题的决定》，《光明日报》2013年11月16日第3版。

张娜、苏群：《基于需要视角的我国老年照料问题分析》，《学术论坛》2014年第6期。

张文娟、魏蒙：《中国人口的死亡水平及预期寿命评估——基于第六次人口普查数据的分析》，《人口学刊》2016年第3期。

周长城：《生活质量测量方法研究》，《数量经济技术经济研究》2001年第10期。

周良荣、陈礼平、文红敏、颜文健：《国内外健康公平研究现状分析》，《卫生经济研究》2011年第2期。

周雯、倪平、毛靖：《患者临终决策意愿的研究现状》，《护理学杂志》2016年第1期。

五 外文著作类

Auerhahn, C., Kennedy-Malone, L. (2010). *Integrating gerontological content into advanced practice nursing education*. New York: Springer Publishing Company.

Phillipson, C. (1992). Family care of the elderly in Great Britain. In J. I. Kosberg (eds.). *Family care of the elderly: Social and cultural changes*. London: Sage Publication Inc.

Kessler, D. (2007). *The needs of the dying (Tenth anniversary edition)*. Harper Collins.

Tronto, J. C. (1993). *Moral boundaries: A political argument for an ethic of care*. New York, NY: Routledge.

Feldstein, M., Siebert, H. (2002). *Social security pension reform in Europe*. The University of Chicago Press.

Palomba, R. (1995). Italy, the invisible change. In H. Moors & R. Palomba (eds.). *Population, family, and welfare: A comparative survey of European attitudes*. Oxford: Clarendon Press.

Venkatapuram, S. (2011). *Health justice*. Polity Press.

World population prospects: The 1996 revision (United Nations Publication,

Sales No. E. 98. XIII. 5.）.

六 外文论文类

McCloskey, E. L. (1991). The Patient Self-Determination Act. *Kennedy Institute of Ethics Journal*, 1, 163-169.

Aboderin, I. (2012). Global poverty, inequalities and ageing in Sub-Saharan Africa: A focus for policy and scholarship. *Journal of Population Ageing*, 5, 87-90.

Mackenbach, J. et al. (1997). Socioeconomic inequalities in morbidity and mortality in western Europe. *The Lancet*, 349, 1655-1659.

Howse, K. (2012). Editorial: Health inequalities and social justice. *Journal of Population Ageing*, 5, 1-5.

Milligan, K. & Wise, D. A. (2015). Health and work at older ages: Using mortality to assess the capacity to work across countries. *Journal of Population Ageing*, 8, 27-50.

Gostin, L. O., Powers, M. (2006). What does social justice require for the public's health? Public health ethics and policy imperatives. *Health Affairs*, 25, 1053-1060.

Rosenburg, M., Everitt, J. (2001). Planning for aging populations: Inside or outside the walls. *Process in Planning*, 56, 119-168.

Villegas, S. Garay, et al. (2014). Social support and social networks mmong the elderly in Mexico. *Journal of Population Aging*, 7, 143-159.

七 电子文献类

《社科院：2030 年中国将成老龄化程度最高国家》，中国网（http://www.china.com.cn/aboutchina/zhuanti/zgrk/2011-05/30/content_22668179.htm）。

《2010 年我国城乡老年人口状况追踪调查情况》，豆丁网（http://www.docin.com/p-482023989.html）。

《2017 中国人平均寿命最新统计：女性增速比男性快》，至诚财经（http://www.zhicheng.com/n/20170726/159209.html）。

《2010 年第六次全国人口普查主要数据公报（第 1 号）》，凤凰网（http://news.ifeng.com/mainland/detail_2011_04/28/6037911_0.shtml）。

《加拿大议会众议院以绝对优势否决允许安乐死议案》，中国法院网（http：//www. chinacourt. org/html/article/201004/23/405811. shtml）。

《民政部等9部门关于推行节地生态安葬的指导意见》，新华网（http：//www. xinhuanet. com/politics/2016-02/24/c-128747582. htm）。

《媒体聚焦：清明祭奠提倡"精神祭扫"，摒弃"白色浪费"》，央广网（http：//www. cnr. cn/china/gdgg/201104/t20110404_507861360. html）。

《人力资源社会保障部 财政部关于2018年调整退休人员基本养老金的通知》，人力资源和社会保障部网站（http：//www. mohrss. gov. cn/gkml/shbx/ylbx/201803/t20180323_290386. html）。

《三部门发布第四次全国城乡老年人生活状况抽样调查成果》，民政部网站（http：//www. mca. gov. cn/article/zwgk/mzyw/201610/20161000001974. shtml）。

《社区"道德银行"储蓄好人好事》，太原新闻网（http：//www. tynews. com. cn/news_center/2010-12/28/content_3610999. htm）。

《温岭市海葬生前奖励办法出台，开全国政策先河》，台州民政网（http：//www. tzsmzj. gov. cn/art/2017/12/11/art_11225_1069006）。

《〈中国健康与养老追踪调查全国基线报告〉发布》，北京大学新闻网（http：//pkunews. pku. edu. cn/xxfz/2013-06/04/content_274291. htm）。

后　　记

"十年磨一剑",《中西老龄伦理比论》是我历时近十年的研究成果。从 2009 年开始,我围绕中西老龄伦理进行比较研究,相继发表相关论文。"中西文化比较视野中的老龄伦理"获得 2009 年度教育部人文社科研究规划基金项目立项。"中西老龄伦理比论"获得 2014 年度国家社科基金后期资助项目立项,《中西老龄伦理比论》就是该项目的最终成果。我反复打磨文稿,力求达最佳之境,然而,中西老龄伦理的比较研究是一个探不到底的"深窖",虽历时多年,我也只是在"深窖"的边缘闻其酒香而已。

面对"老龄伦理问题"这坛历久弥新的老酒,我不敢妄称酿酒师,而只是一定意义上的"品酒人"。时间是最好的酿酒师。前期的研究成果为中西老龄伦理的比较研究做了一些铺垫。1991 年到 1994 年,我在中南工业大学读研究生。在曾钊新教授的指导下,以"论劳动后阶段的道德延伸"为题进行硕士学位论文的写作。应该说从那时起,我就开始了老龄伦理问题的研究。2004 年至 2007 年,我在中国人民大学读博士,对老龄伦理问题进行了初步的系统化思考,在焦国成教授的指导下,完成了博士论文"老龄伦理研究"。在对博士论文进行修改的基础上,《老龄伦理研究》于 2009 年由中国社会科学出版社出版。该书以中国社会老龄化为背景,提出了"老龄伦理"的概念;论述了代际平等、代际互惠、代际补偿的代际公正理念;以老龄阶段的主要伦理问题为线索,提出了应对我国人口老龄化的相关社会伦理对策。

西方部分发达国家早在 20 世纪 50 年代就已进入老龄社会,我国则是在 2000 年左右进入老龄社会的。人口结构老龄化从发达国家向发展中国家逐渐铺展,是当前世界人口变迁和社会发展的一个重要趋势。这正是我对中西老龄伦理问题进行比较研究的一个基点。随着时间的推移,老龄型社会的人口老龄化程度逐步加剧,需要解决的老龄伦理问题将更为复杂。《中西老龄伦理比论》从利益伦理、制度伦理、关怀伦理、健康伦理和善终伦理进行中西比较研究，并提出了全球化视镜下中西老龄伦理优化发展的基本原则。至此，《中西老龄伦理比论》与《老龄伦理研究》成为我关于老龄伦理问题研究的姊妹篇。

伴随着老龄伦理问题研究的逐步深入，我从意气风发的青年，走过了不惑之年。曾有人问我：研究老龄伦理问题的感受是什么？我回答：人生短暂，好好珍惜。珍惜青春岁月，因为时不我待、青丝将成白发。珍惜与父母相处的幸福时光，好好孝敬父母，因为他们正在老去而终将离开我们。珍惜这个新时代，她传承五千年孝老爱亲的传统美德，老龄民生不断改善。时值暑假，我带着女儿回老家看望八十多岁的母亲。煮饭、摘菜、洗衣，她都是自己干，只是因白内障看东西有些模糊；每月还有两千元的退休金，看病可以报销一半。我们农场的老年人都有退休金。母亲说："感谢党的政策好嘞！"我感到很欣慰，劳累了一世的母亲终于可以享受有保障的退休生活了。与母亲聊天是一种享受，老屋、田土、果树、子女、亲邻，学校、老师、同学，还有前几年去世的父亲。父亲生前担任农场生产队队长和党支部书记，他总是想群众之所想、急群众之所急，为官清正，深得群众信任。我们兄弟姊妹五人笑称自己是"官二代"，父亲的言传身教就像春雨润物细无声，对我们立身成人产生了潜移默化的影响。晚上与母亲同睡一床，她时不时给我扇风纳凉，就像小时候一样。她还准备了好几斤晾干的洞庭湖刁子鱼、几袋芝麻豆子茶和新鲜莲子给我带回北京。临行时，母亲拄着拐杖来车站送我们。看到她渐行渐远的身影，我在心里默默祝福母亲寿比南山。父母无私的爱是我扎根大学讲坛和研究老龄伦理问题的无形的动力；这种爱和对爱的感恩正是学术研究的根。

历史的长河川流不息，人类的发展代代向前。前几天读到一篇文章"生娃是家事也是国事"，乃因娃娃是家庭血脉的延续，是社会发展的未来生力军。其实，人口老龄化和生娃是密切相关的两个问题。老龄社会作为一种人口结构老龄化的社会发展形式，是在人类繁衍生息的历史长河中逐渐形成的。它就像时空运动中慢慢发酵的醇醪，在时间的酝酿中散发出耐人寻味的醇香。如何积极应对人口老龄化，不仅是家事，也是国事，还是天下事。不论发达国家还是发展中国家，不论年轻人还是老年人，都应做出负有责任担当的道德回应。

2018 年 8 月 18 日